高职高专土建专业"互联网+"创新规划教材

建筑工程测量

U0187689

第四版

主　编◎张敬伟　马华宇

副主编◎王　伟　张文明

参　编◎魏华洁　杭　芬　陈春红

 北京大学出版社

PEKING UNIVERSITY PRESS

内 容 简 介

本书是"高职高专土建专业'互联网+'创新规划教材"之一，依据中华人民共和国住房和城乡建设部印发的对本门课程的教学基本要求编写。全书共分 11 个项目，包括测量基本知识、水准测量、角度测量、距离测量与直线定向、测量误差基本知识、小地区控制测量、民用建筑施工测量、工业建筑施工测量、变形观测及竣工测量、线路工程测量，以及地形图的知识与应用。各个项目后均附有习题，可供读者练习。

本书具有较强的实用性和通用性，可作为建筑工程、建筑学、建筑装饰、村镇规划、工程监理、隧道工程、市政工程、给水与排水、供热与通风、工程管理等专业的教学用书，也可作为建筑工程测量等相关专业技术人员的参考资料。

图书在版编目（CIP）数据

建筑工程测量/张敬伟，马华宇主编. —4 版. —北京：北京大学出版社，2023.6
高职高专土建专业"互联网+"创新规划教材
ISBN 978-7-301-32806-4

Ⅰ. ①建…　Ⅱ. ①张…②马…　Ⅲ. ①建筑测量—高等职业教育—教材　Ⅳ. ①TU198

中国版本图书馆 CIP 数据核字（2021）第 274238 号

书　　　名	建筑工程测量（第四版）	
	JIANZHU GONGCHENG CELIANG（DI-SI BAN）	
著作责任者	张敬伟　马华宇　主编	
策 划 编 辑	杨星璐	
责 任 编 辑	赵思儒	
数 字 编 辑	蒙俞材	
标 准 书 号	ISBN 978-7-301-32806-4	
出 版 发 行	北京大学出版社	
地　　　址	北京市海淀区成府路 205 号　100871	
网　　　址	http://www.pup.cn　新浪微博：@北京大学出版社	
电 子 邮 箱	编辑部 pup6@pup.cn　总编室 zpup@pup.cn	
电　　　话	邮购部 010-62752015　发行部 010-62750672　编辑部 010-62750667	
印 刷 者	河北滦县鑫华书刊印刷厂	
经 销 者	新华书店	

787 毫米×1092 毫米　16 开本　20.5 印张　490.5 千字
2009 年 8 月第 1 版　2013 年 1 月第 2 版　2018 年 1 月第 3 版
2023 年 6 月第 4 版　2024 年 1 月第 2 次印刷（总第 24 次印刷）

定　　　价	58.00 元

第四版 前言 Preface

本书第一版自 2009 年 8 月出版以来，得到了广大读者的好评，教师和学生使用后普遍反映内容丰富、实用；并分别于 2013 年 1 月、2018 年 1 月再版修订，出版第二版、第三版。为了与时俱进、查缺补漏，编者在前三版的基础上进行了修订工作。

本书根据高等职业院校土木工程专业的培养目标与教学大纲，以及现行的国家标准及规范进行编写和修订。在编写上，本书充分总结了编者的教学与实践经验，对基本理论的讲授以应用为目的，教学内容以"必需、够用"为度，突出实训、实例教学，紧跟时代和行业发展步伐，力求体现高职高专及应用型教育注重职业能力培养的特点；在内容上，本书注重测量基本计算和测绘仪器的基本操作，使学生学完本书后能够理论联系实际，学会分析和解决建筑工程测量中的实际问题。

本书介绍了建筑工程测量中普遍采用的水准仪、经纬仪和钢尺等常规测绘技术，还详细介绍了电子经纬仪、光电测距仪、全站仪和全球卫星导航系统定位等现代测绘技术。同时，在编写过程中收集了大量的优秀教材和测量规范，吸取了它们的精华，在总结近几年高职院校课堂教学和综合实训经验的基础上，结合我国实际情况，按高职高专土木工程专业的特点编成本书。

本次修订，融入了党的二十大精神，且在前三版的基础上，对结构进行了少量调整，增加了全站仪及其使用的内容，并更新了全球卫星导航系统的内容，删除了地籍测量简介的内容，使本书与测量行业的发展联系更为紧密，更贴近教学与行业需求。

本书教学时数建议按 64 学时安排，其中 20 学时为实训和习题课。各校可根据实际情况及不同专业灵活安排。

本书由河南建筑职业技术学院张敬伟和马华宇任主编，河南建筑职业技术学院王伟和张文明任副主编，河南建筑职业技术学院魏华洁、杭芬、陈春红参编。具体编写工作分工如下：项目 1、项目 6 由张敬伟编写，项目 2 由魏华洁编写，项目 3、项目 9 由王伟编写，项目 4、项目 7 由杭芬编写，项目 5 由陈春红编写，项目 8、项目 10 由张文明编写，项目 11 由马华宇编写。全书由张敬伟统稿。

由于时间较紧，加之编者水平有限，书中难免存在疏漏和不妥之处，恳请读者批评指正。如有意见或建议请发邮件至 1021126352@qq.com。

编 者
2023 年 1 月

资源索引

目 录

catalog

建筑工程测量

测量基本知识

测量的基本工作
- 水准测量
- 角度测量
- 距离测量
- 直线定向

测量基本知识
- 大地水准面
- 水准原点
- 水地原点
- 相对高程

线路工程测量
- 线路工程施工测量
- 桥梁工程施工测量
- 隧道工程施工测量
- 竣工总平面图的编绘

建筑施工测量

民用
- 测设距离、角度和高程
- 定位测量、放线
- 基础施工测量的方法
- 墙体施工测量的方法
- 高层建筑施工测量方法

工业
- 厂房控制网的建立
- 烟囱、水塔施工测量

变形观测及竣工测量
- 建筑物变形观测概述
- 建筑物的沉降观测
- 建筑物的倾斜观测
- 建筑物的裂缝与位移观测
- 竣工总平面图的绘制

测量学

控制测量方法
- 平面控制测量
- 高程控制测量
- 施工场地控制测量

地形图的知识与应用
- 地形图的基本知识
- 大比例尺地形图测绘
- 数字化测图方法
- 地形图的应用

分类
- 大地测量学
- 摄影测量学
- 普通测量学
- 海洋测量学
- 工程测量学
- 地图制图学

全书思维导图

项目 1 测量基本知识

思维导图

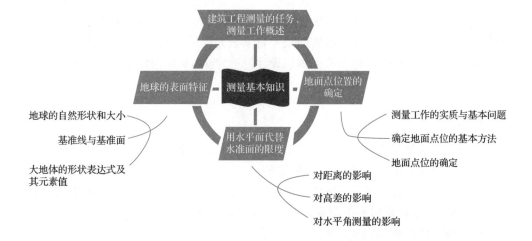

测量工作与人们的日常生活很紧密。人们居住的房子、外出行走的道路、使用的地图等，这些都需要测量人员事先测量好。在本项目里，先给大家介绍一些测量工作的基础知识和基本概念。

1.1　建筑工程测量的任务

1.1.1　测量学的定义、研究内容与作用

测量学

　　测量学是研究地球的形状、大小以及确定地面点空间位置的科学。其主要内容包括测定和测设两部分。测定是指使用测量仪器和工具，通过测量和计算，得到一系列测量数据，通过测量的数据把地球表面的形状缩绘成地形图，供经济建设、国防建设及科学研究使用。测设(放样)是指用一定的测量方法和精度，把图纸上规划设计好的建(构)筑物的位置标定在实地上，作为施工的依据。

拓展讨论

1. 我国古代最早的测量工具是什么？古人是如何进行测量工作的？
2. 你知道测量与中国语言文字的关系吗？
3. 党的二十大报告提出，中华优秀传统文化源远流长、博大精深，是中华文明的智慧结晶。讲一讲我国古代发明中的测量仪器——指南针、浑天仪。
4. 讨论最新的智能化测量工具——无人机。

浑天仪

　　测量学是一门历史悠久的科学。早在几千年前，由于当时社会生产发展的需要，中国、古埃及和古希腊等国家的劳动人民就开始创造与运用测量工具进行测量了。我国古代发明中就有指南针、浑天仪等测量仪器，为天文、航海及测绘地图做出了重要的贡献。随着人类社会的进步和近代科学技术的发展，测量技术已由常规的大地测量发展到卫星大地测量再到空间大地测量，由航空摄影测量发展到应用航天遥感技术测量；测量对象已由地球表面扩展到空间星球，由静态发展到动态；测量仪器已广泛趋向于数字化、自动化和智能化。自中华人民共和国成立以来，我国测绘事业蓬勃发展，在天文大地测量、人造卫星大地测量、航空摄影与遥感、精密工程测量、近代平差计算、测量仪器研制、地球南北极科学考察以及测绘人才培养等方面，都取得了令人瞩目的成就。我国的测绘科学技术已跃居世界先进行列。

拓展讨论

你知道什么是测绘精神吗？

测量技术是了解自然、改造自然的重要手段，也是国民经济建设中一项基础性、前期和超前期的信息性工作。在当前信息社会中，测绘资料是重要的基础信息之一，测绘成果也是信息产业中的重要内容之一。测量技术及成果的应用面很广，对于国民经济建设、国防建设和科学研究有着十分重要的作用。国民经济建设发展的总体规划，城市建设与改造，工矿企业建设，公路、铁路的修建，各种水利工程和输电线路的兴建，农业规划和管理，森林资源的保护和利用，以及矿产资源的勘探和开采等都需要测量资料。在国防建设中，测量技术对国防工程建设、作战战役部署和现代化诸兵种协同作战都起着重要的作用。测量技术对于空间技术研究、地壳形变、地震预报及地球动力学等领域的科学研究都是不可缺少的。

1.1.2　测量学的分类

测量学按照研究对象及采用技术的不同，分为多个学科分支，如大地测量学、摄影(遥感)测量学、普通测量学、海洋测量学、工程测量学及地图制图学等。

(1) 大地测量学——研究和测定地球的形状和大小，解决大范围的控制测量和地球重力场问题。近年来，随着空间技术的发展，大地测量正在向空间大地测量和卫星大地测量方向发展和普及。

(2) 摄影测量学——研究利用摄影或遥感技术获取被测物体的信息，以确定被摄物体的形状、大小和空间位置的理论和方法。根据摄影时摄影机所处的位置不同，摄影测量又分为航空摄影测量、水下摄影测量、地面摄影测量和航空遥感测量等。

(3) 普通测量学——研究小范围地球表面形状的测量问题，是不考虑地球曲率的影响，把地球局部表面当作平面看待来解决测量问题的理论方法。

(4) 海洋测量学——以海洋和陆地水域为研究对象，研究港口、码头、航道及水下地形测量的理论和方法。

(5) 工程测量学——研究各种工程在规划设计、施工放样、竣工验收和运营中测量的理论和方法。

(6) 地图制图学——研究各种地图的制作理论、原理、工艺技术和应用的学科。研究内容主要包括：地图编制、地图投影学、地图整饰及印刷等。现代地图制图学已发展到了制图自动化、电子地图制作及地理信息系统(GIS)阶段。

1.1.3　建筑工程测量的任务和作用

建筑工程测量是面向土木建筑类工程的勘测、规划、设计、施工与管理等专业的测量学，属于普通测量学和工程测量学范畴，其主要任务如下。

传承测绘
精神 两测
珠峰高程

(1) 研究测绘大比例尺地形图的理论和方法。大比例尺地形图是工程勘察、规划及设计的依据。测量学是研究确定地面局部区域建(构)筑物、天然地物和地貌的空间三维坐标的原理和方法，研究局部地区地图投影理论以及将测绘资料按比例绘制成地形图或电子地图的原理和方法。

(2) 研究在地形图上进行规划、设计的基本原理和方法。在地形图上进行土地平整、土方计算、道路选线、房屋设计和区域规划的基本原理和方法。

(3) 研究建(构)筑物施工放样及施工质量检验的技术和方法。研究将规划设计在图纸上的建(构)筑物准确地放样和标定在地面上的技术和方法。研究施工过程中的监测技术，以保证施工的质量和安全。

(4) 研究大型建(构)筑物位移和变形监测的技术和方法。在大型建(构)筑物施工过程中或竣工后，为确保工程施工和使用的安全，对建(构)筑物进行位移和变形监测的技术和方法。

测量工作贯穿于工程建设的整个过程中。离开了测绘资料，就难以进行科学合理的规划和设计；离开了施工测量，就不能安全、优质地施工；离开了位移和变形监测，就不能有效地研究规划设计和施工的技术质量，不能及时采取有效的安全措施，也不能为研究新的科学设计理论和方法提供依据。因此，从事土木建筑类专业的技术人员和相关的管理人员，必须掌握测量的基本知识和技能。

1.2　地球的表面特征

1.2.1　地球的自然形状和大小

测量工作是在地球的自然表面上进行的，而地球自然表面是极不平坦和不规则的。它上面有高山、平原、江河和湖泊，有位于我国青藏高原上高于海平面 8848.86m 的珠穆朗玛峰(原发布的数字为 8844.43m)，有位于太平洋西部低于海平面 10909m(2020 年"奋斗者"号坐底深度)的马里亚纳海沟，其形状十分复杂。但是这样的高低差距与地球平均半径 6371km 相比起来很微小，所以仍可以将地球作为球体看待。地球自然表面大部分是海洋，面积占地球表面的 71%，陆地面积仅占 29%。人们设想将静止的海水面向整个陆地延伸，用所形成的封闭曲面代替地球表面，这个曲面称为大地水准面。大地水准面所包含的形体，称为大地体，它代表了地球的自然形状和大小。

1.2.2　基准线与基准面

地球是太阳系中的一颗行星，它围绕着太阳公转，又绕着自身的旋转轴自转。地球上的各种物体都受到地心引力、地球自转的离心力及太阳、月亮等星体的引力作用。这里主要考虑地心引力和离心力作用，这两个力的合力称为重力，如图 1.1 所示。一条细绳系一个垂球，细绳在重力作用下形成的下垂线，称为铅垂线。铅垂线方向即重力的方向，铅垂线是测量工作的基准线。

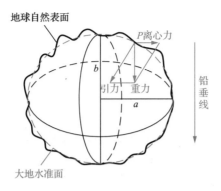

图 1.1 地球重力线

水是均质流体，而地球表面的水受重力的作用，其表面就形成了一个处处与重力方向垂直的连续曲面，称为水准面。水准面是重力等位面，是一个曲面，而与水准面相切的平面称为水平面。自由、静止的海洋和湖泊等的水面都是水准面。水准面因其高度不同而有无穷多个，但水准面之间因高度不同而不会相交。

大地水准面是水准面中的一个特殊水准面，即与静止的海水面重合的面。静止的海水面是不存在的，所以，测量中便将与平均海水面相吻合，并延伸穿过大陆岛屿而形成的封闭曲面，作为大地水准面。它最接近地球的真实形态和大小。通常以大地水准面作为测量工作的基准面。

1.2.3 大地体的形状表达式及其元素值

由于地球内部物质构造分布的不均匀，地球表面起伏不平，所以大地水准面各处重力线方向是不规则的，地球重力场是不均匀的。重力方向会偏离低密度物体，而偏向高密度物体，因此大地水准面是一个起伏变化的不规则曲面。这样的曲面很难在其上面进行测量数据的处理，如图 1.2 所示。

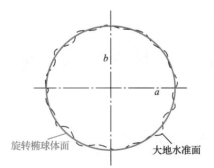

图 1.2 大地水准面与地球旋转椭球面示意图

为了正确地计算测量成果，准确地表示地面点的位置，测量中选用一个大小和形状接近大地体的旋转椭球体作为地球的参考形状和大小，如图 1.2 所示。这个旋转椭球体称为参考椭球体，它是一个规则的曲面体，可以用数学公式来表示，即

$$\frac{X^2}{a^2}+\frac{Y^2}{a^2}+\frac{Z^2}{b^2}=1 \qquad (1\text{-}1)$$

式中，a、b 分别为参考椭球体的几何参数。a 为长半轴，b 为短半轴。参考椭球体扁率 f 应满足下式

$$f=\frac{a-b}{a} \qquad (1\text{-}2)$$

我国采用的参考椭球体几何参数为 2000 国家大地坐标系，采用地心坐标系。其参数为
$$a=6378137\text{m},\ b=6356752.31414\text{m},\ f=1:298.257222101$$
参考椭球体参数值见表 1-1。

表 1-1　参考椭球体参数值

坐标系名称	椭球体名称	长半轴 a/m	参考椭球体扁率 f	推算年代和国家
1954 北京坐标系	克拉索夫斯基	6378245	1 : 298.3	1940 年苏联(参心)
1980 西安坐标系	IUGG—75	6378140	1 : 298.257	1975 年国际大地测量与地球物理联合会(参心)
WGS—84 坐标系(GPS)	WGS—84	6378137	1 : 298.257223563	1984 年美国(地心)
2000 国家大地坐标系 (GPS)	CGCS2000	6378137	1 : 298.257222101	2008 年中国(地心)

由于参考椭球体扁率很小，所以在测量精度要求不高的情况下，可以近似地把地球当作圆球体，其平均半径 $R=\frac{1}{3}(2a+b)$，R 的近似值可取 6371km。

> **特别提示**
>
> 2000 国家大地坐标系已于 2008 年 7 月 1 日开始使用。当确有必要采用其他坐标系统时，应与 2000 国家大地坐标系建立联系。

1.3　地面点位置的确定

1.3.1　测量工作的实质与基本问题

测量中，无论测图还是放样，都必须确定出所测对象的特征点的位置。只要将代表其地物地貌特征点的位置确定了，则其他各点、线、面及形的位置也就容易确定了。因此，测量的实质就是确定地物地貌特征点的位置。要研究地球表面形状和大小，以及地物地貌的位置问题，就必须从寻找基本规律开始，研究其实质性的东西，抓住其主要矛盾，其他

问题便迎刃而解了。如果能找到确定地面上任意一点位置的方法，就可以确定所有地物地貌特征点的位置。因此，研究任意一点位置的确定问题，是测量学的基本问题。

1.3.2 确定地面点位的基本方法

确定地面点位的基本方法是数学(几何)方法，用空间三维坐标表示。以参考椭球体表示的为"参心"坐标，以地球质心为坐标系中心的为"地心"坐标。

地面点的空间位置与一定的坐标系统相对应。在测量上常用的坐标系有空间直角坐标系、地理坐标系、高斯投影平面直角坐标系及平面独立直角坐标系等。地面点位的三维在空间直角坐标系中用 X、Y、Z 表示，在地理坐标系和高斯投影平面直角坐标系中，两个量为平面坐标，它表示地面点沿着基准线投影到基准面上后在基准面上的位置。基准线可以是铅垂线，也可以是法线。基准面是大地水准面、平面或椭球面。第三个量是高程，表示地面点沿基准线到基准面的距离，因此又称为球面坐标。

1.3.3 地面点位的确定

1. 高程系统

中华人民共和国成立以来，我国曾以青岛验潮站 1950—1956 年的观测资料求得的黄海平均海水面位置，作为我国的大地水准面(高程基准面)，由此建立了"1956 年黄海高程系统"，并于 1954 年在青岛市观象山上建立了国家水准基点，其基点高程 $H = 72.289\text{m}$。此后，根据 1952—1979 年 27 年验潮站观测资料的计算，更加精确地确定了黄海平均海水面，于是在 1987 年启用"1985 国家高程基准"，此时测定的国家水准基点高程 $H = 72.260\text{m}$。根据原国家测绘局国测发〔1987〕198 号文件通告，此后全国都应以"1985 国家高程基准"作为统一的国家高程系统。现在仍在使用的"1956 年黄海高程系统"及其他高程系统的，均应统一到"1985 国家高程基准"的高程系统上。在实际测量中，应根据业务性质执行相应的规范标准。

1985 国家高程基准

所谓地面点的高程(绝对高程或海拔)就是地面点到大地水准面的铅垂距离，一般用 H 表示，如图 1.3 所示。图中地面点 A、B 的高程分别为 H_A、H_B。

在个别的局部测区，若远离已知国家高程控制点或为便于施工，也可以假设一个高程起算面(即假定水准面)，这时地面点到假定水准面的铅垂距离，称为该点的假定高程或相对高程。如图 1.3 所示，A、B 两点的相对高程为 H'_A、H'_B。

地面上两点间的高程之差称为高差，一般用 h 表示。图 1.3 中 A、B 两点高差 h_{AB} 为

$$h_{AB} = H_B - H_A = H'_B - H'_A \tag{1-3}$$

式中，h_{AB}——A 点至 B 点方向的高差，有正有负。

式(1-3)也表明两点之间的高差与高程起算面无关。

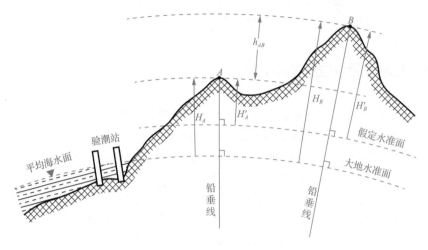

图 1.3 高程和高差

2. 坐标系统

1) 地理坐标

地面点在球面上的位置是用经度和纬度表示的，称为地理坐标。按照基准面和基准线及求算坐标方法的不同，地理坐标又可分为天文地理坐标和大地地理坐标两种。

天文地理坐标如图 1.4(a)所示，其基准是铅垂线和大地水准面，它表示地面点 A 在大地水准面上的位置用天文经度 λ 和天文纬度 φ 表示。天文经、纬度是用天文测量的方法直接测定的。

中央子午线

大地地理坐标如图 1.4(b)所示，其基准是法线和参考椭球面，它表示地面点在地球椭球面上的位置用大地经度 L 和大地纬度 B 表示。大地经、纬度是根据大地测量所得数据推算得到的。

图 1.4(b)所示为以 O 为球心的参考椭球体，N 为北极、S 为南极，NS 为短轴。过中心 O 与短轴垂直且与椭球相交的平面为赤道面，含有短轴的平面为子午面，P 为地面点。过 P 点沿法线 PK_P 投影到椭球面上，得到 P' 点。NP'S 是过 P 点子午面在椭球面上投影的子午线。过格林尼治天文台的子午线称为本初子午线或首子午线。NP'S 子午面与本初子午面所夹的两面角 L_P 称为 P 点的大地经度。法线 PK_P 与赤道平面的交角 B_P 称为 P 点的大地纬度。P 点沿法线到椭球面的距离 PP' 称为 P 点的大地高 H_P。

国际规定，过格林尼治天文台的子午面为零子午面，经度为 0°，以东为东经，以西为西经，其值域均为 0°～180°；纬度以赤道面为基准面，以北为北纬，以南为南纬，其值均为 0°～90°。椭球面上的大地高为零。沿法线在椭球面外为正，在椭球面内为负。我国处于东经 73°～135°05′，北纬 3°51′～53°34′。如北京位于北纬 40°、东经 116°，用 $B = 40°$ N，$L = 116°$ E 表示。

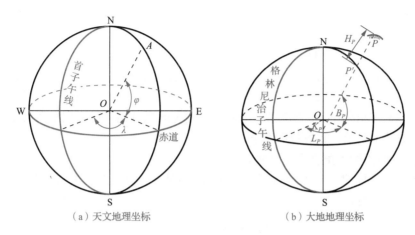

（a）天文地理坐标   （b）大地地理坐标

图 1.4　地理坐标示意图

地面点位也用空间直角坐标$(x，y，z)$表示，如 GPS 中使用的 WGS—84 系统，如图 1.5 所示。WGS 即 World Geodetic System，它是美国国防部为进行 GPS 导航定位于 1984 年建立的地心坐标系。该坐标系统以地心 O 为坐标原点，ON 即旋转轴为 z 轴方向；格林尼治子午线与赤道面交点与 O 的连线为 x 轴方向；过 O 点与 xOz 面垂直，并与 x、z 构成右手坐标系者为 y 轴方向。P 点的空间直角坐标为$(x_P，y_P，z_P)$，它与大地坐标 B、L、H 之间可用公式转换。

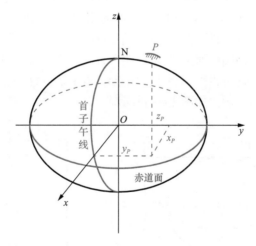

图 1.5　空间直角坐标

2）高斯平面直角坐标

(1) 测量问题的提出。大地坐标系是大地测量的基本坐标。常用于大地问题的解算、研究地球形状和大小、编制地图、火箭和卫星发射及军事方面的定位及运算，若将其直接用于工程建设规划、设计和施工等很不方便。所以要将球面上的大地坐标按一定数学法则归算到平面上，即采用地图投影的理论绘制地形图，才能用于规划建设。

上述地理坐标只能确定地面点在大地水准面或地球椭球面上的位置，不能直接用来测图。测量上的计算最好在平面上进行。

(2) 解决问题的方案。椭球面是一个不可直接展开的曲面。故将椭球面上的元素按一定条件投影到平面上，总会产生变形。测量上常以投影变形不影响工程要求为条件选择投影方法。地图投影有等角投影、等面积投影和任意投影 3 种，一般常采用等角投影。

等角投影又称正形投影，它可以保证在椭球面上的微分图形投影到平面后将保持相似。这是地形图的基本要求。正形投影有以下两个基本条件。

① 保角，即投影后角度大小不变。

② 长度变形固定性，即长度投影后会变形，但是在一点上各个方向的微分线段变形比 m 是不变的，为常数 k。

$$m = \frac{\mathrm{d}s}{\mathrm{d}S} = k \tag{1-4}$$

式中，$\mathrm{d}s$——投影后的长度；

$\mathrm{d}S$——椭球面上的长度。

(3) 高斯平面直角坐标概述。

① 高斯投影的概念。高斯是德国杰出的数学家、物理学家、天文学家和大地测量学家。在 1818—1826 年间，为解决德国汉诺威地区大地测量投影问题，提出了横椭圆柱投影方法(即正形投影方法)。1912 年起，德国学者克吕格将高斯投影公式加以整理和扩充并导出了实用的计算公式，所以，该方法又称为高斯-克吕格正形投影。它是将一个横椭圆柱面套在地球椭球体上，如图 1.6(a)所示。椭球体中心 O 在椭圆柱中心轴上，椭球体南北极与椭圆柱相切，并使某一子午线与椭圆柱相切。此子午线称为中央子午线。然后将椭球面上的点、线按正形投影条件投影到椭圆柱面上(假想在地心置一个点光源，向周围放射，则地球表面上与椭圆柱面相关的点，均可投影到椭圆柱面上)，再沿椭圆柱 N、S 点的母线割开，并展成平面，即成为高斯投影平面，如图 1.6(b)所示。

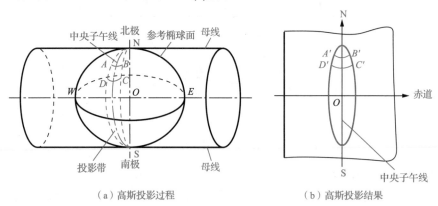

（a）高斯投影过程   （b）高斯投影结果

图 1.6　高斯投影

■ 拓展讨论

1. 了解中央子午线和经纬度的来历。

2. 中央子午线的应用意义是什么？

在高斯投影平面上，中央子午线是直线，其长度不变形，离开中央子午线的其他子午线是弧形，凹向中央子午线。离开中央子午线越远，变形越大。

投影后赤道是一条直线，赤道与中央子午线保持正交。离开赤道的纬线是弧线，凸向赤道。

高斯投影可以将椭球面变成平面，但是离开中央子午线越远，变形越大，这种变形将会影响测图和施工精度。为了对长度变形加以控制，测量中采用了限制投影宽度的方法，即将投影区域限制在靠近中央子午线两侧的狭长地带。这种方法称为分带投影。投影带宽度是以相邻两个子午线的经差来划分，有 6°带、3°带、1.5°带等。6°带投影是从英国格林尼治子午线开始，自西向东，每隔 6°投影一次。这样将椭球分成 60 个带，编号为第 1~60带，如图 1.7 所示。各带中央子午线经度(L_0^6)可用式(1-5)计算

$$L_0^6 = 6N - 3 \tag{1-5}$$

式中，N——6°带的带号。

已知某点大地经度 L，可按式(1-6)、式(1-7)计算该点所属的带号。

6°带

$$N = \frac{L}{6}(取整)+1(有余数时) \tag{1-6}$$

3°带

$$n = \frac{L}{3}(四舍五入) \tag{1-7}$$

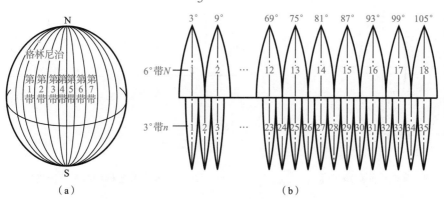

图 1.7　6°带和 3°带投影

3°带是在 6°带基础上划分的，其中央子午线在奇数带时与 6°带中央子午线重合，每隔 3°为一带，共 120 带，各带中央子午线经度 $\left(L_0^3\right)$ 为

$$L_0^3 = 3n \tag{1-8}$$

式中，n——3°带的带号。

我国幅员辽阔，含有 11 个 6°带，即从第 13~23 带(中央子午线从 75°~135°)，21 个3°带，从第 25~45 带。北京位于 6°带的第 20 号带，中央子午线经度为 117°。

② 高斯平面直角坐标系的建立。在高斯投影平面上，中央子午线和赤道的投影是两条相互垂直的直线。因此规定：中央子午线的投影为高斯平面直角坐标系的 x 轴，赤道的投影为高

斯平面直角坐标系的 y 轴，两轴交点 O 为坐标原点，并令 x 轴上原点以北为正，y 轴上原点以东为正，象限按顺时针 Ⅰ、Ⅱ、Ⅲ、Ⅳ 排列，由此建立了高斯平面直角坐标系，如图 1.8 所示。

由于我国国土全部位于北半球(赤道以北)，故我国国土上全部点位的 x 坐标值均为正值，而 y 坐标值则有正有负。为了避免 y 坐标值出现负值，我国规定将每个带的坐标原点向西移 500km。由于各投影带上的坐标系是采用相对独立的高斯平面直角坐标系，为了能正确区分某点所处投影带的位置，规定在横坐标 y 值前面冠以投影带的带号。例如，图 1.8 中 B 点位于高斯投影 6° 带第 20 号带内($n = 20$)，其真正横坐标 $y_B = -113424.690m$，按照上述规定 y 值应改写为 $y_B = (-113424.690+500000)m = 386575.310m$。在横坐标值前面冠以投影带的带号，则 $y_B=20386575.310m$。反之，从这个 y_B 值中可以知道，该点是位于第 20 号 6° 带，其真正横坐标 $y_B = (386575.310-500000)m = -113424.690m$。

高斯投影是正形投影，一般只需将椭球面上的方向、角度及距离等观测值经高斯投影的方向改化和距离改化后，归化为高斯投影平面上的相应观测值，然后在高斯平面坐标系内进行平差计算，从而求得地面点位在高斯平面直角坐标系内的坐标。

③ 高斯平面直角坐标系与数学中的笛卡儿坐标系不同，如图 1.9 所示。高斯直角坐标系纵坐标为 x 轴，横坐标为 y 轴。坐标象限为顺时针方向编号。角度起算是从 x 轴的北方向开始，顺时针计算。这些定义都与数学中的定义不同，目的是定向方便，并能将数学上的几何公式直接应用到测量计算中，而无须做任何变更。

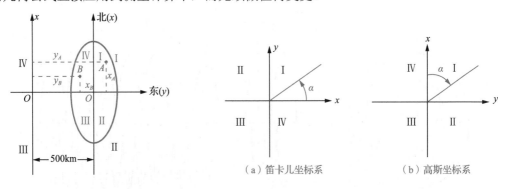

图 1.8　高斯平面直角坐标　　　　　图 1.9　笛卡儿坐标和高斯直角坐标

3) 独立(假定)平面直角坐标

《城市测量规范》(CJJ/T 8—2011)规定，面积小于 25km² 的城镇，可不经投影采用假定平面直角坐标系统在平面上直接进行计算。

实际测量中，一般将坐标原点选在测区的西南角，使测区内的点位坐标均为正值(第一象限)，与高斯平面直角坐标系的特点一样，以该测区的子午线的投影为 x 轴，向北为正，与之相垂直的为 y 轴，向东为正，象限顺时针编号，由此便建立了该测区的独立平面直角坐标系，如图 1.10 所示。

上述 3 种坐标系统之间也是相互联系的。例如，地理坐标与高斯平面直角坐标之间可以互相换算，独立平面直角坐标也可与高斯平面直角坐标(国家统一坐标系)之间联测和换算。它们都是以不同的方式来表示地面点的平面位置。

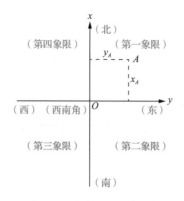

图 1.10　独立平面直角坐标

我国选择陕西泾阳县永乐镇北流村的一点为大地原点，进行大地定位。利用高斯平面直角坐标的方法建立了"1980 年国家大地坐标系"，简称"80系"或"西安系"。"1954 年北京坐标系"其原点位于苏联普尔科沃天文台中央，为与苏联 1942 年普尔科沃坐标系联测的坐标。自 2008 年 7 月 1 日起启用的 2000 国家大地坐标系，是采用原点位于地球质量中心的坐标系统作为国家大地坐标系。

大地原点

综上所述，通过测量与计算，求得表示地面点位置的 3 个量，即 x、y、H，那么地面点的空间位置也就可以确定了。

1.4　用水平面代替水准面的限度

普通测量是将大地水准面近似地看作圆球面，将地面点投影到圆球上，然后再描绘到平面图纸上，显然是一项很复杂的工作。在实际测量工作中，在一定的精度要求和测区面积不大的情况下，往往以测区中心的切平面代替水准面，直接将地面点沿铅垂线方向投影到测区中心的水平面上来决定其位置，这样可以简化计算和绘图工作。

从理论上讲，即使是将极小部分的水准面(曲面)当作水平面也是要产生变形的，这也必然给测量观测值(如距离、高差等)带来影响。但是由于测量和制图本身会有不可避免的误差，如当上述这种影响不超过测量和制图本身的误差范围时，认为用水平面代替水准面是可行的，而且是合理的。本节主要讨论用水平面代替水准面对距离和高差的影响(或称地球曲率的影响)，以便给出限制水平面代替水准面的限度。

1.4.1　对距离的影响

如图 1.11 所示，设球面(水准面)P 与水平面 P' 在 A 点相切，A、B 两点在球面上弧长为 D，在水平面上的距离(水平距离)为 D'，即

$$D = R\theta, \quad D' = R\tan\theta \tag{1-9}$$

式中，R——球面 P 的半径；

$\quad\quad\theta$——弧长 D 所对的圆心角。

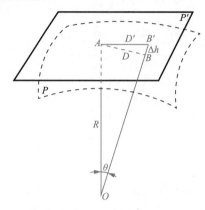

图 1.11　水平面代替水准面的影响

以 ΔD 表示用水平面的距离 D' 代替球面上弧长 D 后所产生的误差，则

$$\Delta D = D'-D = R(\tan\theta-\theta) \tag{1-10}$$

将式(1-10)中 $\tan\theta$ 按级数展开，并略去高次项，得

$$\tan\theta = \theta+\frac{1}{3}\theta^3+\frac{2}{15}\theta^5+\cdots \tag{1-11}$$

因此

$$\Delta D = R\left[\left(\theta+\frac{1}{3}\theta^3+\frac{2}{15}\theta^5+\cdots\right)-\theta\right] \approx R\cdot\frac{1}{3}\theta^3 \tag{1-12}$$

以 $\theta = \dfrac{D}{R}$ 代入式(1-12)，得

$$\Delta D \approx \frac{D^3}{3R^2} \tag{1-13}$$

$$\frac{\Delta D}{D} \approx \frac{1}{3}\left(\frac{D}{R}\right)^2 \tag{1-14}$$

若取地球平均曲率半径 $R = 6371\text{km}$，并以不同的 D 值代入式(1-13)或式(1-14)，则可得出距离误差 ΔD 和相对误差 $\Delta D/D$，见表 1-2。

表 1-2　水平面代替水准面的距离误差和相对误差

距离 D/km	距离误差 $\Delta D/\text{mm}$	相对误差 $\Delta D/D$
10	8	1/1220000
25	128	1/200000
50	1026	1/49000
100	8212	1/12000

由表 1-2 可知，当距离为 10km 时，用水平面代替水准面(球面)所产生的距离相对误差为 1/1220000，这么小的距离误差与常规量距的允许误差 1/150000～1/3000 相比是微不足道

的，即使是在地面上进行最精密的距离测量也是被允许的。可以认为在半径为 10km 的范围内(相当于面积为 320km²)，用水平面代替水准面所产生的距离误差可忽略不计，也就是可不考虑地球曲率对距离的影响。当精度要求较低时，还可以将测量范围的半径扩大到 25km。

1.4.2 对高差的影响

图 1.11 中，A、B 两点在同一球面(水准面)上，其高程应相等(即高差为零)。B 点投影到水平面上得 B' 点。则 BB' 即为水平面代替水准面产生的高差误差。设 $BB' = \Delta h$，则

$$(R+\Delta h)^2 = R^2+D'^2 \tag{1-15}$$

即

$$2R\Delta h+\Delta h^2 = D'^2 \tag{1-16}$$

$$\Delta h = \frac{D'^2}{2R+\Delta h} \tag{1-17}$$

式(1-17)中，可以用 D 代替 D'，同时 Δh 与 $2R$ 相比可略去不计，则

$$\Delta h = \frac{D^2}{2R} \tag{1-18}$$

以不同的 D 代入式(1-18)，取 $R = 6371km$，则得相应的高差误差值，见表 1-3。

由表 1-3 可知，用水平面代替水准面，在 1km 的距离上高差误差就有 78mm，即使距离为 0.1km(100m)时，高差误差也有 0.8mm。显然，在进行水准(高程)测量时，即使很短的距离也应考虑地球曲率对高差的影响，即应当用水准面作为高程测量的基准面。

表 1-3　水平面代替水准面的高差误差

距离 D/km	0.1	0.2	0.3	0.4	0.5	1	2	5	10
Δh/mm	0.8	3	7	13	20	78	14	1962	7848

1.4.3 对水平角测量的影响

从球面三角测量中可知(图 1.12)，球面上多边形内角之和比平面上多边形内角之和多一个球面角超 ε，其值可用多边形面积求得

$$\varepsilon = \rho \frac{P}{R^2} \tag{1-19}$$

式中，P——球面多边形面积；

　　　R——地球半径；

　　　ρ——1 弧度相应的秒值，$\rho = 206265''$。

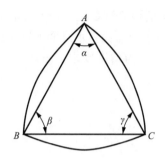

图 1.12　球、平面三角形

以不同面积代入式(1-19)，可求出球面角超，见表 1-4。

表 1-4　球面角超计算表

P/km^2	10	50	100	300	2000
$\varepsilon/('')$	0.05	0.25	0.51	1.52	10.16

当测区面积为 $300km^2$ 时，用水平面代替水准面，对角度影响最大仅为 1.52″，所以在这样的测区进行测量，其误差影响很小。

综上所述，当测区半径小于 10km 时，用水平面代替水准面，对测量距离和测量角度的影响都很小，可以忽略不计；而对于高程的影响却很大，所以测量高程时不可以用水平面代替水准面。

1.5　测量工作概述

1.5.1　测量的工作过程简述

测量工作的主要任务是测绘地形图和施工放样。地球表面的形状简称地形，其千姿百态、错综复杂。地形分为地物和地貌两类：地物是指地面上各种有形物(如居民点、山川、森林、建筑物、水利工程等)和无形物(如省、县界等)，用规定的符号、图标表示在地形图上的总称；地貌是地表高低起伏的自然形态(如山川、丘陵、平原等)和不同地质特性的面层与植被(如草原、沙漠、湿地、森林等)。

地形图测量实际是在地物和地貌上选择一些有其特征代表性的点进行测量，再将测量点投影到平面上，然后用点、折线、曲线连接起来成为地物和地貌的形状图，如房屋，用房屋底面轮廓折线围成的图形表示，如图 1.13 所示。测绘该房屋时，可在此房屋附近与房屋通视且坐标已知的点(如 A 点)上安置测量仪器，选择另一坐标已知的点(如 B 点)作为定向方向，即可利用这些点之间的几何关系，测量出这栋房屋角点的坐标。地貌形态虽然复杂，但仍可以将其看作由许多不同坡度、不同方向的面组成的，如图 1.13 所示。只要选择坡度变化点、山顶、鞍部及坡脚等能表现地貌特征的点进行测量，然后投影到平面上，将同等高度的点用曲线连起来，就可将地貌的形态表现出来。这些能表现地物和地貌特征的点称为特征点。特征点的测量方法有卫星定位和几何测量定位两种方法，如图 1.14、图 1.15 所示。

（a）现状地貌情况

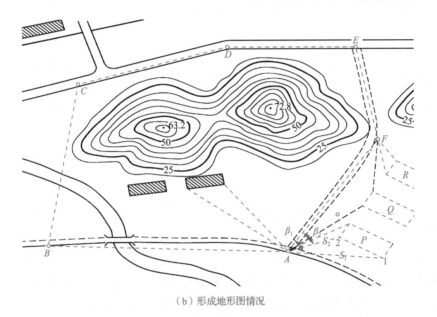

（b）形成地形图情况

图 1.13　地形图测绘方法

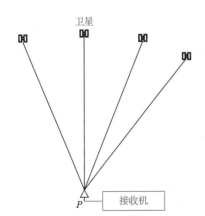

图 1.14　卫星定位原理

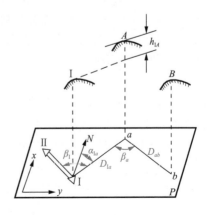

图 1.15　几何测量定位

放样则是先计算好放样地物特征点的平面坐标与高程作为放样数据，然后，根据放样数据即可用卫星定位和几何测量定位的方法测出点位，用放样标志在地面上表示出来。放样后根据地物的形状和细部尺寸，在实地上画线或拉线，即可进行施工。

■ 拓展讨论

1. 了解珠峰高程测量的历史。
2. 最近一次珠峰高程测量运用了哪些技术？
3. 珠峰高程测量的意义是什么？

1.5.2 几何测量定位的基本要素

地形测量中，常用几何测量定位法。如图 1.15 所示，地面点 A、B 在投影面上的位置是 a 和 b，Ⅰ、Ⅱ点是已知点。实际测量时，并不能直接测出 A、B 的高程和坐标，而是通过观测相关的水平角 β_1、β_a，水平距离 D_{1a}、D_{ab}，以及高差 h_{1A}，再根据已知点 Ⅰ 的平面坐标、方向和高程 H_1，推算出 A、B 的平面坐标和高程，以确定它们的点位。

测量的实践说明，不论测图还是放样，地面点间的位置关系是以其相对的水平角、水平距离和高差来确定的。角度、距离和高差是确定地面点位的 3 个基本要素，而距离测量、角度测量和高差测量是测量的 3 项基本工作。测量人员应当掌握这 3 项测量的基本功。

1.5.3 测量工作的程序和原则

1. 程序

测量中，仪器要经过多次迁移才能完成测量任务。为了使测量成果坐标一致，减小累积误差，应先在测区内选择若干有控制作用的点组成控制网，这种方法称为控制测量，所确定的点为控制点，如图 1.13 所示。先确定控制点的坐标，再以控制点坐标为依据，在控制点上安置仪器进行地物、地貌测量，该步骤称为碎部测量。控制点测量精度高，又经过统一严密的数据处理，在测量中起着控制误差积累的作用。有了控制点，就可以将大范围的测区工作进行分幅、分组测量。测量工作的程序是"先控制后碎部"，即先做控制测量，再在控制点上进行碎部测量。

2. 原则

为了保证测量工作的质量，必须遵守以下原则。

(1) 在布局上——"从整体到局部"。在进行测量前制订方案时，必须站在整体和全局的角度，科学分析实际情况，制订切实可行的施测方案。

(2) 在精度上——"由高级到低级"。测图工作是根据控制点进行的，控制点测量的精度必须符合使用的要求。为保证测量成果的质量，等级高、控制范围大的控制点的精度必须更高。只有当处于施工放样时，才会出现放样碎部点的精度有时更高的情况。

(3) 在程序上——"先控制后碎部"。由上述可知，违反程序进行的测量不仅误差难以控制，还会使工作量加大、效率降低，甚至会使成果失去价值，造成返工现象。

(4) 在管理上——"严格检核"。测量中要严格进行检核工作，即对测量的每项成果必须检核，保证前一步工作无误后，方可进行下一步工作，以确保成果的正确性。

测量的程序和原则不仅是测量工作质量的保证，而且对于人生的成长和工作、事业，都有宝贵的参考价值。

本项目小结

本项目主要包括建筑工程测量的任务、地球表面特征、地面点位的确定、用水平面代替水准面的限度和测量工作的概述。

本项目要求学生了解测量学的基本概念，了解测量学的基本原理和方法，掌握测量学的基准面和基准线，学会测量常用坐标系统和高程系统，掌握地面点位的确定方法，了解用水平面代替水准面的限度，以及掌握和理解测量工作的程序和原则。

习 题

一、名词解释

1. 测量学

2. 绝对高程

3. 地形测量

4. 工程测量

5. 直线比例尺

6. 水准面

7. 大地水准面

8. 地理坐标

9. 大地测量

10. 相对高程

二、填空题

1. 测量工作的基本内容有_____、_____和_____。

2. 我国位于北半球，x 坐标均为_____，y 坐标则有_____。为了避免出现负值，将每带的坐标原点向_____km。

三、简答题

1. 测定与测设有何区别？

2. 何为大地水准面？它有什么特点和作用？

3. 何为绝对高程、相对高程及高差？

4. 为什么高差测量(水准测量)必须考虑地球曲率的影响？

5. 测量上的平面直角坐标系和数学上的平面直角坐标系有什么区别？

6. 高斯平面直角坐标系是怎样建立的？

四、计算题

1. 已知某点位于高斯投影 6° 带第 20 号带，若该点在该投影带高斯平面直角坐标系中的横坐标 $y = -306579.210$m，写出该点不包含负值且含有带号的横坐标 y 及该带的中央子午线经度 L_0。

2. 某宾馆首层室内地面±0.000 的绝对高程为 45.300m，室外地面设计标高为-1.500m，女儿墙设计标高为+88.200m，则室外地面和女儿墙的绝对高程分别为多少？

思维导图

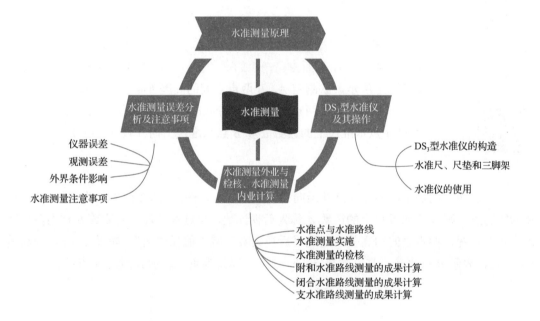

引例

　　项目 1 介绍了测量的 3 项基本工作，其中之一就是高差测量。高差测量按使用的仪器和观测方法的不同，又分为水准测量、三角高程测量和气压高程测量。水准测量是精确测定地面两点之间高差的一种方法，得到高差就可以求出地面点的高程。本项目主要介绍用水准测量的方法来求两点之间的高差，然后计算出待测点的高程。

▇ 拓展讨论

　　1. 你知道海拔的来历吗？
　　2. 郭守敬在测量方面有哪些贡献？

2.1　水准测量原理

水准测量
原理

　　水准测量的原理是利用水准仪提供的水平视线，借助水准尺读数来测定地面点之间的高差，从而由已知点的高程推算出待测点的高程。

　　如图 2.1 所示，欲测定 A、B 两点之间的高差 h_{AB}，可在 A、B 两点分别竖立水准尺，在 A、B 两点之间安置水准仪。利用水准仪提供的水平视线，分别读取 A 点水准尺上的读数 a 和 B 点水准尺上的读数 b，则 A、B 两点高差为

$$h_{AB} = a - b \tag{2-1}$$

　　水准测量方向是由已知高程点开始向待测点方向行进的。在图 2.1 中，A 为已知高程点，B 为待测点，则 A 点水准尺上的读数 a 称为后视读数，B 点水准尺上的读数 b 称为前视读数。由此可见，两点之间的高差一定是"后视读数"减"前视读数"。如果 $a > b$，则高差 h_{AB} 为正，表示 B 点比 A 点高；如果 $a < b$，则高差 h_{AB} 为负，表示 B 点比 A 点低。

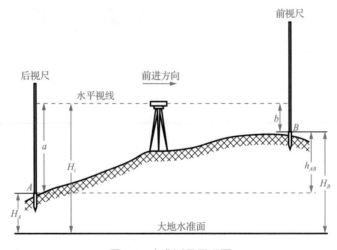

图 2.1　水准测量原理图

在计算高差 h_{AB} 时，一定要注意 h_{AB} 下标的写法：h_{AB} 表示 A 点至 B 点的高差，h_{BA} 则表示 B 点至 A 点的高差，两个高差应该是绝对值相同而符号相反，即

$$h_{AB} = -h_{BA} \tag{2-2}$$

测得 A、B 两点之间的高差 h_{AB} 后，则未知点 B 的高程 H_B 为

$$H_B = H_A + h_{AB} = H_A + (a-b) \tag{2-3}$$

由图 2.1 可以看出，B 点高程也可以通过水准仪的视线高程 H_i(也称为仪器高程)来计算，视线高程 H_i 等于 A 点的高程加 A 点水准尺上的后视读数 a，即

$$H_i = H_A + a \tag{2-4}$$

则

$$H_B = (H_A + a) - b = H_i - b \tag{2-5}$$

一般情况下，用式(2-3)计算未知点 B 的高程 H_B，称为高差法(或中间水准法)。当安置一次水准仪需要同时求出若干个未知点的高程时，则用式(2-5)计算较为方便，这种方法称为视线高程法。此法是在每一个测站上测定一个视线高程作为该测站的常数，分别减去各待测点上的前视读数，即可求得各未知点的高程，这在土建工程施工中经常用到。

2.2 DS₃型水准仪及其操作

水准测量使用的仪器为水准仪，按仪器精度分，有 DS_{05}、DS_1、DS_3、DS_{10} 四种型号的仪器，见表 2-1。D、S 分别为"大地测量"和"水准仪"的汉语拼音第一个字母；数字 05、1、3、10 表示该仪器的精度。如 DS_3 型水准仪，表示该型号仪器进行水准测量精度可达±3mm。DS_3 型水准仪是土木工程测量中常用的仪器。图 2.2 是我国生产的 DS_3 型微倾式水准仪。

表 2-1 常用水准仪系列及精度

水准仪系列型号	DS_{05}	DS_1	DS_3	DS_{10}
测量精度	≤0.5mm	≤1mm	≤3mm	≤10mm

注：测量精度为每千米往返高差中数的中误差。

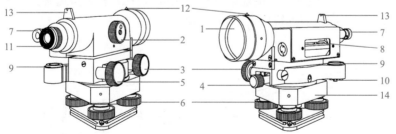

1—物镜；2—调焦螺旋；3—微动螺旋；4—制动螺旋；5—微倾螺旋；6—脚螺旋；
7—符合水准器放大镜；8—水准管；9—圆水准器；10—圆水准器校正螺旋；
11—目镜；12—准星；13—照门；14—基座。

图 2.2 DS₃型微倾式水准仪

2.2.1 DS₃型水准仪的构造

DS₃型微倾式水准仪主要由望远镜、水准器和基座 3 部分组成。

1. 望远镜

望远镜的作用是能使我们看清不同距离的目标，并提供一条照准目标的视线。

图 2.3 是 DS₃型水准仪望远镜的构造图，主要由物镜、镜筒、调焦透镜、十字丝分划板、目镜等部件构成。物镜、调焦透镜和目镜多采用复合透镜组。物镜固定在物镜筒前端，调焦透镜通过调焦螺旋可沿光轴在镜筒内前后移动。十字丝分划板是安装在物镜与目镜之间的一块平板玻璃，上面刻有两条相互垂直的细线，称为十字丝。中间横的一条称为中丝(或横丝)。与中丝平行的上、下两短丝称为视距丝，用来测距离。十字丝分划板通过压环安装在分划板座上，套入物镜筒后再通过校正螺钉与镜筒固连。

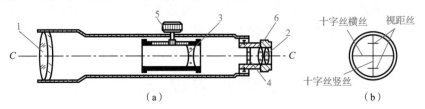

1—物镜；2—目镜；3—调焦透镜；4—十字丝分划板；5—物镜调焦螺旋；6—目镜调焦螺旋。

图 2.3 DS₃型水准仪望远镜构造

物镜光心与十字丝中丝交点的连线称为视准轴(图 2.3 中的 $C-C$)。视准轴是水准测量中用来读数的视线。

物镜和目镜采用多块透镜组合而成，调焦透镜由单块透镜或多块透镜组合而成。望远镜成像原理如图 2.4 所示，望远镜所瞄准的目标 AB 经过物镜的作用形成一个倒立而缩小的实像 ba，调节物镜调焦螺旋即可带动调焦透镜在望远镜筒内前后移动，从而将不同距离的目标都能清晰地成像在十字丝分划板平面上。调节目镜调焦螺旋可使十字丝分划板上成像清晰，再通过目镜，便可看到同时放大了的十字丝和目标影像 $b'a'$。通过目镜所看到的目标影像的视角 β 与未通过望远镜直接观察目标的视角 α 之比，称为望远镜的放大率，即放大率 $V = \beta/\alpha$。DS₃型水准仪望远镜放大率为 28 倍。

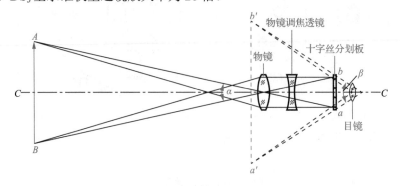

图 2.4 望远镜成像原理

由于物镜调焦螺旋调焦不完善,可能使目标形成的实像 ba 与十字丝分划板平面不完全重合,此时当观测者眼睛在目镜端略做上下移动时,就会发现目标的实像 ba 与十字丝分划板平面之间有相对移动,这种现象称为视差。

在检查视差是否存在时,观测者眼睛应处于松弛状态,不宜紧张,且眼睛在目镜上下移动量不宜过大,否则会引起错觉而误认为视差存在。

2. 水准器

水准器是水准仪上的重要部件,它是利用液体受重力作用后使气泡居于最高处的特性,指示水准器的水准轴位于水平或竖直位置的一种装置,从而使水准仪获得一条水平视线。水准器分管水准器和圆水准器两种。

1)管水准器

管水准器是由玻璃管制成的,又称"水准管",其纵向内壁研磨成具有一定半径的圆弧(圆弧半径一般为 7~20m),内装酒精和乙醚的混合液,加热密封冷却后形成一个长气泡,因气泡较轻,故处于管内最高处。

水准管顶面刻有 2mm 间隔的分划线,分划线的中点 O 称为水准管零点,通过零点 O 的圆弧切线 LL,称为水准管轴,如图 2.5(a)所示。当水准管的气泡中点与零点重合时,称为气泡居中,表示水准管轴水平。若保持视准轴与水准管轴平行,则当气泡居中时,视准轴也应位于水平位置。通常根据水准管气泡两端距水准管两端刻划的格数相等的方法来判断水准管气泡是否精确居中,如图 2.5(b)所示。

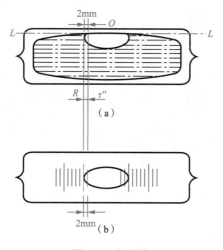

图 2.5 水准管

水准管上两相邻分划线间的圆弧(弧长为 2mm)所对的圆心角,称为水准管分划值 τ。用公式表示为

$$\tau = \frac{2}{R}\rho \tag{2-6}$$

式中,$\rho = 206265''$;

　　　 R——水准管圆弧半径,单位:mm。

式(2-6)说明分划值 τ 与水准管圆弧半径 R 成反比。R 越大,τ 越小,水准管灵敏度越高,

则定平仪器的精度也越高，反之定平精度就低。DS₃型水准仪水准管的分划值一般为
20″/2mm，表明气泡移动一格(2mm)，水准管轴倾斜20″。

为了提高水准管气泡居中精度，DS₃型水准仪的水准管上方安装有一组符合棱镜，如
图2.6所示。通过符合棱镜的反射作用，把水准管气泡两端的影像反射在望远镜旁的水准
管气泡观察窗内，当气泡两端的两个半像符合成一个圆弧时，就表示水准管气泡居中；若
两个半像错开，则表示水准管气泡不居中，此时可转动位于目镜下方的微倾螺旋，使气泡
两端的半像严密吻合(即居中)，达到仪器的精确置平。这种配有符合棱镜的水准器称为符
合水准器。它不仅便于观察，同时可以使气泡居中精度提高一倍。

2) 圆水准器

圆水准器是一个圆柱形的玻璃盒子，如图2.7所示。圆水准器顶面的内壁磨成圆球面，
顶面中央刻有一个小圆圈，其圆心 O 称为圆水准器的零点，过零点 O 的法线 $L'L'$，称为圆
水准器轴。由于它与仪器的旋转轴(竖轴)平行，所以当圆气泡居中时，圆水准器轴处于竖
直(铅垂)位置，表示水准仪的竖轴也大致处于竖直位置了。DS₃水准仪圆水准器分划值一般
为8′～10′，由于分划值较大，则灵敏度较低，只能用于水准仪的粗略整平，为仪器精确置
平创造条件。

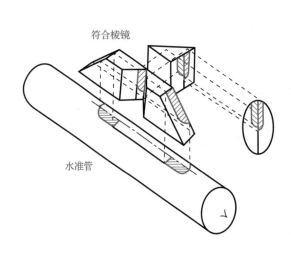

图2.6　水准管与符合棱镜

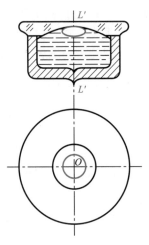

图2.7　圆水准器

3. 基座

基座主要由轴座、脚螺旋和连接板构成。仪器上部通过竖轴插入轴座内，由基座托承。
整个仪器用连接螺旋与三脚架联结。

2.2.2　水准尺、尺垫和三脚架

水准尺是水准测量时使用的标尺，其质量的好坏直接影响水准测量的精度，因此水准
尺是用不易变形且干燥的优良木材或玻璃钢制成的，要求尺长稳定，刻划准确，长度从2m
至5m不等。

水准尺尺面每隔 1cm 涂有黑白或红白相间的分格，每分米处注有数字，数字一般是倒写的，以便观测时从望远镜中看到的是正像字。

根据它们的构造，常用的水准尺可分为直尺(整体尺)和塔尺两种，如图 2.8 所示。直尺中又有单面分划尺和双面(红黑面)分划尺。

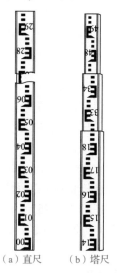

水准尺

（a）直尺   （b）塔尺

图 2.8   常用水准尺

双面分划尺的两面均有刻划，一面为黑白分划，称为黑面尺(也称主尺)，另一面为红白分划，称为红面尺。通常用两根尺组成一对进行水准测量，两根尺的黑面尺尺底读数均从零开始，而红面尺尺底，一根从固定数值 4.687m 开始，另一根从固定数值 4.787m 开始，此数值称为零点差(或红黑面常数差)。水平视线在同一根水准尺上的黑面与红面的读数之差称为尺底的零点差，可作为水准测量时读数的检核。

塔尺是由 3 节小尺套接而成的，不用时套在最下一节之内，长度仅 2m。如把 3 节全部拉出可达 5m。塔尺携带方便，但应注意塔尺的连接处，务必使其套接准确稳固，塔尺一般用于地形起伏较大，精度要求较低的水准测量。

如图 2.9 所示，尺垫一般由三角形的铸铁制成，下面有 3 个尖脚，便于使用时将尺垫踩入土中，使之稳固。上面有一个凸起的半球体，水准尺竖立于球顶最高点。在精度要求较高的水准测量中，转点处应放置尺垫，以防止观测过程中水准尺下沉或位置发生变化而影响读数。

图 2.9   尺垫

三脚架是水准仪的附件，用以安置水准仪，由木材(或金属)制成。三脚架一般可伸缩，便于携带及调整仪器高度，使用时用中心连接螺旋与仪器固紧。

2.2.3 水准仪的使用

水准仪的操作包括安置仪器、粗略整平(粗平)、瞄准水准尺、精确整平(精平)和读数等步骤。

1. 安置仪器

在测站上安置三脚架，调节架脚使高度适中，目估使架头大致水平，检查脚架伸缩螺旋是否拧紧。然后用连接螺旋把水准仪安置在三脚架架头上，应用手扶住仪器，以防仪器从架头滑落。

2. 粗略整平(粗平)

粗平即初步整平仪器，通过调节 3 个脚螺旋使圆水准器气泡居中，从而使仪器的竖轴大致铅垂。具体做法是：如图 2.10(a)所示，外围 3 个圆圈为脚螺旋，中间为圆水准器，虚线圆圈代表气泡所在位置。首先用双手按箭头所指方向转动脚螺旋 1、2，使圆气泡移到这两个脚螺旋连线方向的中间，然后再按图 2.10(b)中箭头所指方向，用左手转动脚螺旋 3，使圆气泡居中(即位于黑圆圈中央)。在整平的过程中，气泡移动的方向与左手大拇指转动脚螺旋时的移动方向一致。

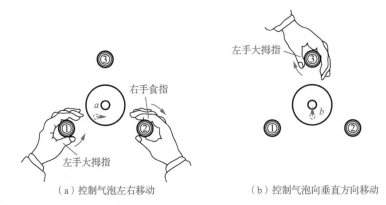

（a）控制气泡左右移动　　　　　　　　　（b）控制气泡向垂直方向移动

图 2.10　圆水准器气泡整平

3. 瞄准水准尺

先将望远镜对着明亮背景，转动目镜调焦螺旋使十字丝成像清晰。再松开制动螺旋，转动望远镜，用望远镜筒上部的准星和照门大致对准水准尺后，拧紧制动螺旋。然后从望远镜内观察目标，调节物镜调焦螺旋，使水准尺成像清晰。最后用微动螺旋转动望远镜，使十字丝竖丝对准水准尺的中间稍偏一点，以便读数。

瞄准时应注意消除视差。产生视差的原因是目标通过物镜所成的像没有与十字丝平面重合。视差的存在将影响观测结果的准确性，应予以消除。消除视差的方法是仔细地反复进行目镜和物镜调焦，如图 2.11 所示。

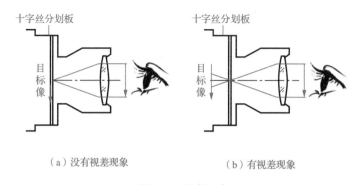

（a）没有视差现象　　　　　　　　（b）有视差现象

图 2.11　视差现象

4. 精确整平(精平)

精平是精确整平仪器，通过调节微倾螺旋，使目镜左边观察窗内的符合水准器的气泡两个半边影像完全吻合，这时视准轴处于精确水平位置。由于气泡移动有一个惯性，所以转动微倾螺旋的速度不能太快。只有符合水准器的气泡两端影像完全吻合而又稳定不动时气泡才居中。

5. 读数

符合水准器气泡居中后，即可读取十字丝中丝在水准尺上的读数。直接读出米、分米和厘米，估读出毫米(图 2.12)。读数时观测者应先估读水准尺上毫米数(小于一格的估值)，然后读出米、分米及厘米值，一般应读出 4 位数。读数应迅速、果断、准确，读数后应立即重新检视符合水准器气泡是否仍旧居中，如仍居中，则读数有效，否则应重新使符合水准器气泡居中后再读数。

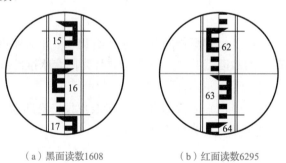

（a）黑面读数1608　　　　　　　　（b）红面读数6295

图 2.12　水准尺读数

水准点

2.3　水准测量外业与检核

2.3.1　**水准点与水准路线**

1. 水准点

用水准测量方法测定的高程控制点称为水准点(Bench Mark，BM)。水准点的位置应选在土质坚实、便于长期保存和使用方便的地方。水准点按其精度分为不同的等级。国家水准点分为 4 个等级，即一、二、三、四等水准点，按国家规范要求埋设永久性标石标志。地面水准点按一定规格埋设，在标石顶部设置有不易腐蚀的材料制成的半球状标志[图 2.13(a)]；墙上水准点应按规格要求设置在永久性建筑物的墙脚上[图 2.13(b)]。

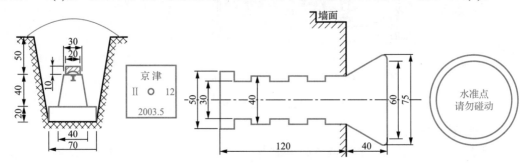

（a）混凝土普通水准标石（单位：cm）　　　　（b）墙角水准标志埋设（单位：mm）

图 2.13　二、三等水准点标石埋设图

地形测量中的图根水准点和一些施工测量使用的水准点常采用临时性标志，可用木桩或道钉打入地面，也可在地面上突出的坚硬岩石或房屋四周水泥面、台阶等处用油漆做出标志。

2. 水准路线

水准测量是按一定的路线进行的。将若干个水准点按施测前进的方向连接起来，称为水准路线。水准路线有附合水准路线、闭合水准路线和支水准路线(往返路线)。

1) 附合水准路线

如图 2.14(a)所示，从一个已知高程的水准点 BM_1 出发，沿各水准点进行水准测量，最后联测到另一个已知高程的水准点 BM_2，这种形式称为附合水准路线。

2) 闭合水准路线

如图 2.14(b)所示，从一个已知高程的水准点 BM_5 出发，沿环形路线进行水准测量，最后测回到水准点 BM_5，这种形式称为闭合水准路线。

3) 支水准路线

如图 2.14(c)所示，从一个已知高程的水准点 BM_8 出发，最后没有联测到另一已知水准点上，也未形成闭合路线，称为支水准路线。

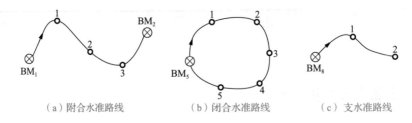

（a）附合水准路线　　　　（b）闭合水准路线　　　　（c）支水准路线

图 2.14　水准路线的布设形式

2.3.2 水准测量实施

水准点的
引测

当已知水准点与待测高程点的距离较远或两点间高差很大、安置一次仪器无法测到两点高差时，就需要把两点间分成若干测站，连续安置仪器测出每站的高差，再依次推算两点间高差和高程。

如图 2.15 所示，水准点 BM_A 的高程为 158.365m，现拟测定 B 点高程，施测步骤如下所示。

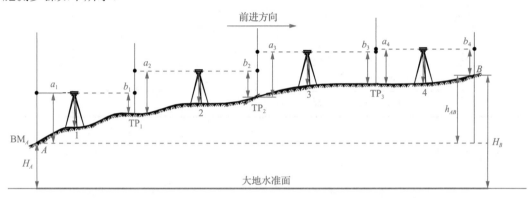

图 2.15 水准测量的实施方法

在离 A 适当距离处选择点 TP_1，安放尺垫，在 A、TP_1 两点分别竖立水准尺。在距 A 点和 TP_1 点大致相等距离处(1 点)安置水准仪，瞄准后视点 A，精平后读得后视读数 a_1 为 1.568m，记入水准测量手簿(表 2-2)。旋转望远镜，瞄准前视点 TP_1，精平后读得前视读数 b_1 为 1.245m，记入手簿。计算出 A、TP_1 两点高差为+0.323m。此为一个测站的工作。

TP_1 点的水准尺不动，将 A 点水准尺立于点 TP_2 处，水准仪安置在 TP_1、TP_2 点之间(2 点)，与上述相同的方法测出 TP_1、TP_2 两点的高差，依次测至终点 B。

每一测站可测得前、后视两点间的高差，即

$$\left.\begin{array}{l} h_1 = a_1 - b_1 \\ h_2 = a_2 - b_2 \\ h_3 = a_3 - b_3 \\ h_4 = a_4 - b_4 \end{array}\right\} \tag{2-7}$$

将各式相加，得

$$\sum h_{AB} = \sum h = \sum a - \sum b \tag{2-8}$$

B 点高程为

$$H_B = H_A + \sum h_{AB} \tag{2-9}$$

在上述施测过程中，TP_1、TP_2、TP_3 点是临时的立尺点，作为传递高程的过渡点，称为转点(Turning Point，TP)。转点无固定标志，无须算出高程。

表 2-2 水准测量手簿

测段编号	测点	水准尺读数		高差/m	高程/m	备注
		后视 a/m	前视 b/m			
1	BM$_A$	1.568		+0.323	158.365	已知高程
	TP$_1$		1.245			
2	TP$_1$	1.689		+0.344		
	TP$_2$		1.345			
3	TP$_2$	2.025		+0.527		
	TP$_3$		1.498			
4	TP$_3$	1.258		+0.194	159.753	
	B		1.064			
计算检核	$\sum$	$\sum a = 6.540$	$\sum b = 5.152$	$\sum h = +1.388$	$H_B - H_A = +1.388$	
		$\sum a - \sum b = +1.388$				

特别提示

　　A、B 两点间增设的转点起着传递高程的作用。为了保证高程传递的正确性，在连续水准测量过程中不仅要选择土质稳固的地方作为转点位置(须安放尺垫)，而且在相邻测站的观测过程中要保持转点(尺垫)稳定不动；同时要尽可能保持各测站的前后视距大致相等；还要通过调节前后视距，尽可能保持整条水准路线中的前视视距之和与后视视距之和相等，这样有利于消除(或减弱)地球曲率和某些仪器误差对高差的影响。

　　注意在每站观测时，应尽量保持前后视距相等，视距可由上下丝读数之差乘以 100 求得。每次读数时均应使符合水准气泡严密吻合，每个转点均应安放尺垫，但所有已知水准点和待求高程点上不能放置尺垫。

2.3.3　水准测量的检核

1. 测站检核

　　在水准测量每一站测量时，任何一个观测数据出现错误都将导致所测高差不正确。为保证观测数据的正确性，通常采用变动仪高法或双面尺法进行测站检核。

　　1) 变动仪高法

　　在每测站上测出两点高差后，改变仪器高度再测一次高差，两次高差之差不超过容许值(如图 2.15 水准测量容许值为±6mm)，取其平均值作为最后结果；若超过容许值，则须重测。

　　2) 双面尺法

　　在每测站上，仪器高度不变，分别测出两点的黑面尺高差和红面尺高差。若同一水准尺红面读数与黑面读数之差，以及红面尺高差与黑面尺高差均在容许值范围内，取平均值作为最后结果，否则应重测。

2. 计算检核

目的：检核高差计算和高程计算是否正确。

检核条件：

$$\sum a - \sum b = \sum h = H_B - H_A$$

由表 2-2 可知

$$\sum a - \sum b = (6.540-5.152)\text{m} = +1.388\text{m}$$

$$\sum h = +1.388\text{m}$$

$$H_B - H_A = (159.753-158.365)\text{m} = +1.388\text{m}$$

以上 3 个等式条件成立，说明本次测量计算正确，否则应重新计算，直至上述 3 个等式条件成立。

3. 成果检核

测站检核能检查每个测站的观测数据是否存在错误，但有些错误，例如，在转站时转点的位置被移动，测站检核是查不出来的。此外，每一测站的高差误差如果出现符号一致性，随着测站数的增多，误差积累起来，就有可能使高差总和的误差积累过大。因此，还必须对水准测量进行成果检核，其方法如下所示。

1) 附合水准路线的成果检核方法

附合水准路线中各测站实测高差的代数和应等于两已知水准点间的高差。由于实测高差存在误差，使两者之间不完全相等，其差值称为高差闭合差 f_h，即

$$f_h = \sum h_{测} - (H_{终} - H_{始}) \tag{2-10}$$

式中，$H_{终}$——附合水准路线终点高程；

　$H_{始}$——附合水准路线起点高程。

2) 闭合水准路线的成果检核方法

闭合水准路线中各段高差的代数和应为零，但实测高差总和不一定为零，从而产生高差闭合差 f_h，即

$$f_h = \sum h_{测} \tag{2-11}$$

3) 支水准路线的成果检核方法

支水准路线要进行往返测，往测高差总和与返测高差总和应大小相等、符号相反。但实测值两者之间存在差值，即产生高差闭合差 f_h。

$$f_h = h_{往} + h_{返} \tag{2-12}$$

往返测量即形成往返路线，其实质已与闭合路线相同，可按闭合路线计算。

高差闭合差是各种因素产生的测量误差，故其差值应该在容许值范围内，否则应检查原因，返工重测。

图根水准测量高差闭合差容许值为

平地　　　　　　　$f_{h容} = \pm 40\sqrt{L}$

山地　　　　　　　$f_{h容} = \pm 12\sqrt{n}$ $\Big\}$ $\tag{2-13}$

四等水准测量高差闭合差容许值为

平地 $\qquad f_{h容} = \pm 20\sqrt{L}$

山地 $\qquad f_{h容} = \pm 6\sqrt{n}$ $\qquad\qquad\qquad$ (2-14)

式(2-13)和式(2-14)中，L——水准路线总长(以 km 为单位)；

$\qquad\qquad\qquad$ n——测站总数。

2.4　水准测量内业计算

2.4.1　附合水准路线测量的成果计算

水准测量的成果计算首先要算出高差闭合差，它是衡量水准测量精度的重要指标。当高差闭合差在容许值范围内时，再对闭合差进行调整，求出改正后的高差，最后求出待测水准点的高程。下面通过实例介绍内业成果计算的方法与步骤。

图 2.16 是根据水准测量手簿整理得到的观测数据、各测段高差和测站数。A、B 为已知高程水准点，1、2、3 三点为待求高程的水准点。表 2-3 进行高差闭合差的调整和高程计算。其步骤如下所示。

图 2.16　附合水准路线计算图

1. 高差闭合差的计算

由式(2-10)得 $f_h = \sum h_{测} - (H_B - H_A) = [-9.811 - (32.509 - 42.365)]\text{m} = +0.045\text{m}$，按山地及图根水准精度计算闭合差容许值为

$$f_{h容} = \pm 12\sqrt{n} = \pm 12\sqrt{24}\,\text{mm} = \pm 58\text{mm}$$

$|f_h| < |f_{h容}|$，其精度符合要求。

2. 闭合差的调整

一般来说，水准路线越长或测站数越多，测量误差的积累就越大，闭合差也就越大，即误差与路线长度或测站数成正比。因此，高差闭合差调整的原则和方法是将高差闭合差按测站数(或测段长度)成正比例，并反其符号分配到各相应测段的高差上，得改正后高差。即

$$v_i = \frac{-f_h}{\sum n}n_i \text{ 或 } v_i = \frac{-f_h}{\sum l}l_i \qquad\qquad (2-15)$$

式中，n——路线测站总数；

$\qquad$ n_i——第 i 段测站数；

$\qquad$ l——路线总长；

l_i——第 i 段距离。

由式(2-15)算出第 1 测段($A-1$)的改正数为

$$v_1 = -\frac{0.045\text{m}}{24} \times 6 = -0.011\text{m}$$

其他各测段改正数按式(2-15)算出后列入表 2-3 中。改正数的总和与高差闭合差大小相等，符号相反。每测段实测高差加相应的改正数便得到改正后的高差。

即

$$h_{i\text{改}} = h_{i\text{测}} + v_i \tag{2-16}$$

3. 计算各点高程

用每段改正后的高差，由已知水准点 A 开始，逐点算出各点高程，见表 2-3。由计算得到的 B 点高程应与 B 点的已知高程相等，以此作为计算检核。

表 2-3　附合水准路线成果计算

测点	测站数	实测高差/m	高差改正数/m	改正后的高差/m	高程/m	备注
A					42.365	
	6	−2.515	−0.011	−2.526		
1					39.839	
	6	−3.227	−0.011	−3.238		
2					36.601	H_A=42.365m
	8	+1.378	−0.015	+1.363		H_B=32.509m
3					37.964	H_B−H_A=−9.856m
	4	−5.447	−0.008	−5.455		
B					32.509	
$\sum$	24	−9.811	−0.045	−9.856	−9.856	
辅助计算	$f_h = +45\text{mm}$ $f_{h容} = \pm12\sqrt{24}$ mm = ±58mm $\|f_h\| < \|f_{h容}\|$，精度符合要求					

2.4.2 闭合水准路线测量的成果计算

图 2.17 为顺时针进行方向的图根闭合水准路线，水准点 BM_A 的高程为 72.213m，1、2、3 三点为待定点，各段高差及测站数均注于图 2.17 中。现以图 2.17 为例说明计算步骤，并将计算成果列于表 2-4 相应栏内。

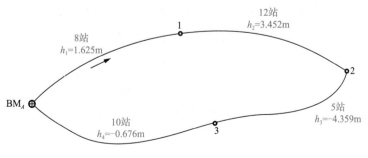

图 **2.17**　闭合水准测量路线

1. 填写观测数据

将图 2.17 中所注的各点号、测站数、实测高差及已知高程按测量进行方向的顺序依次填入表 2-4 相应栏内。

2. 计算高差闭合差和闭合差容许值

按式(2-11)计算高差闭合差为

$$f_h = \sum h_{测} = +0.042(\text{m})$$

按山地及图根水准精度计算闭合差容许值为

$$f_{h容} = \pm 12\sqrt{n} = \pm 12\sqrt{35}\ \text{mm} = \pm 71\text{mm}$$

$|f_h| < |f_{h容}|$，其精度符合要求，可以调整高差闭合差。

3. 高差闭合差的调整

利用式(2-15)计算各测段的高差闭合差的改正数。

$$v_i = \frac{-f_h}{\sum n} n_i$$

即

$$v_1 = -\frac{0.042\text{m}}{35} \times 8 = -0.010\text{m}$$

检核：$\sum v = -f_h$，即水准路线的改正数之和应与高差闭合差绝对值相等，符号相反。

将各测段高差改正数分别填入表 2-4 相应"高差改正数"栏内。

4. 计算改正后高差

各测段改正后的高差等于实测高差加上相应的改正数，即

$$h_{i改} = h_{i测} + v_i$$

$$h_{1改} = h_{1测} + v_1 = (+1.625 - 0.010)\text{m} = +1.615\text{m}$$

检核：$\sum h_{改} = 0$(闭合水准路线改正后高差总和应等于零)。

将各测段改正数分别填入表 2-4 中相应栏内。

5. 计算待定点的高程

从已知水准点 BM_A 的高程开始，逐一加上各测段改正后高差，即得各待定点高程，并填入表 2-4 相应栏内。例如

$$H_1 = H_A + h_{1改} = (72.213 + 1.615)\text{m} = 73.828\text{m}$$

$$H_2 = H_1 + h_{2改} = (73.828 + 3.438)\text{m} = 77.266\text{m}$$

$$H_3 = H_2 + h_{3改} = [77.266 + (-4.365)]\text{m} = 72.901\text{m}$$

$$H_A = H_3 + h_{4改} = [72.901 + (-0.688)]\text{m} = 72.213\text{m}$$

检核：$H_{A(推算)} = H_{A(已知)}$(推算的 A 点的高程 $H_{A(推算)}$ 应等于该点的已知高程 $H_{A(已知)}$，若不相等，则说明高程计算有误)。

表 2-4　闭合水准路线成果计算表

测段编号	测点	测站数	实测高差/m	高差改正数/m	改正后的高差/m	高程/m	备注
1	BM_A	8	+1.625	−0.010	+1.615	72.213	已知
2	1	12	+3.452	−0.014	+3.438	73.828	
3	2	5	−4.359	−0.006	−4.365	77.266	
4	3	10	−0.676	−0.012	−0.688	72.901	
$\sum$	BM_A	35	+0.042	−0.042	0	72.213	与已知高程相等
辅助计算			$f_h = \sum h_{测} = +0.042\text{m}$ $f_{h容} = \pm12\sqrt{n} = \pm12\sqrt{35}\ \text{mm} = \pm71\text{mm}$ $\|f_h\| < \|f_{h容}\|$，精度符合要求 $\sum v - f_h = -42\text{mm}$					

2.4.3　支水准路线测量的成果计算

图 2.18 为一支水准路线，已知水准点 BM_A 的高程为 105.432m，1 为待测点，往、返测站总和为 16 站。

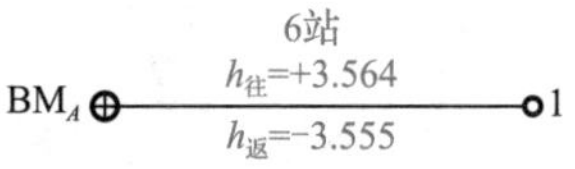

图 2.18　支水准路线

1. 计算高差闭合差和容许闭合差

按式(2-12)计算高差闭合差为

$$f_h = \sum h_{往} + \sum h_{返} = (3.564-3.555)\text{m} = +0.009\text{m}$$

按山地及图根水准精度计算闭合差容许值为

$$f_{h容} = \pm12\sqrt{n} = \pm12\sqrt{16}\ \text{mm} = \pm48\text{mm}$$

$\|f_h\| < \|f_{h容}\|$，其精度符合要求。

2. 计算平均高差

取往测和返测高差绝对值的平均值，作为 A、1 两点间的高差，其符号与往测符号相同，即

$$h_{A1} = \left(\frac{|+3.564| + |-3.555|}{2}\right)\text{m} = 3.560\text{m}$$

3. 计算待定点高程

$$H_1 = H_A + h_{A1} = (105.432+3.560)\text{m} = 108.992\text{m}$$

水准仪的
使用检验与
校正

2.5　微倾式水准仪的检验与校正

水准仪检验就是查明仪器各轴线是否满足应有的几何条件，只有这样水准仪才能真正提供一条水平视线，正确地测定两点间的高差。如果不满足几何条件，且超出规定的范围，则应进行仪器校正，所以校正的目的是使仪器各轴线满足应有的几何条件。

2.5.1　水准仪的轴线及其应满足的几何条件

如图 2.19 所示，水准仪的轴线主要有：视准轴 CC，管水准器轴 LL，圆水准器轴 $L'L'$，仪器竖轴 VV。

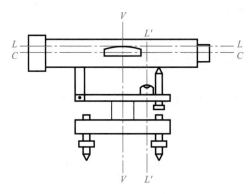

图 2.19　水准仪的轴线

根据水准测量原理，水准仪必须提供一条水平视线(即视准轴水平)，而视线是否水平是根据管水准器气泡是否居中来判断的，如果管水准器气泡居中，而视线不水平，则不符合水准测量原理。因此水准仪在轴线构造上应满足管水准器轴平行于视准轴这个主要的几何条件。

此外，为了便于迅速有效地用微倾螺旋使符合水准器的气泡精确置平，应先用脚螺旋使圆水准器气泡居中，使仪器粗略整平，仪器竖轴基本处于铅垂位置，故水准仪还应满足圆水准器轴平行于仪器竖轴；为了准确地用横丝进行读数，当水准仪的竖轴铅垂时，横丝应当水平。

综上所述，水准仪轴线应满足的几何条件如下。

(1) 管水准器轴应平行于视准轴($LL /\!/ CC$)。

(2) 圆水准器轴应平行于仪器竖轴($L'L' /\!/ VV$)。

(3) 十字丝横丝应垂直于仪器竖轴(即中丝应水平)。

2.5.2 水准仪的检验与校正

1. 圆水准器轴平行于仪器竖轴的检验与校正

1） 检验

安置仪器后，用脚螺旋调节圆水准器气泡居中，然后将望远镜绕竖轴旋转 $180°$，若气泡仍居中，表示此项条件满足要求；若气泡不再居中，则应进行校正。

当圆水准器气泡居中时，圆水准器轴处于铅垂位置，若圆水准器轴与竖轴不平行，使竖轴与铅垂线之间出现倾角 δ ［图 2.20(a)］。当望远镜绕倾斜的竖轴旋转 $180°$ 后，仪器的竖轴位置并没有改变，而圆水准器轴却转到了竖轴的另一侧。这时，圆水准器轴与铅垂线夹角 2δ，则圆水准器气泡偏离零点，其偏离零点的弧长所对的圆心角为 2δ ［图 2.20(b)］。

2） 校正

根据上述检验原理，校正时，用脚螺旋使气泡向零点方向移动偏离长度的一半，这时竖轴处于铅垂位置 ［图 2.20(c)］。然后用校正针调整圆水准器下面的 3 个校正螺钉，使气泡居中。这时，圆水准器轴便平行于仪器竖轴 ［图 2.20(d)］。

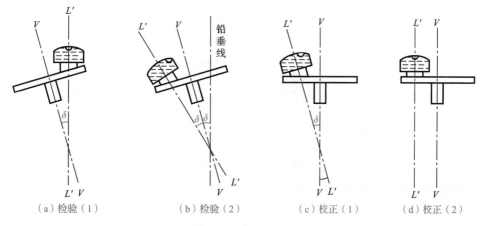

（a）检验（1）　　　（b）检验（2）　　　（c）校正（1）　　　（d）校正（2）

图 2.20　圆水准器检验与校正的原理

圆水准器下面的校正螺钉构造如图 2.21 所示。校正时，一般要反复进行数次，直到仪器旋转到任何位置圆水准器气泡都居中为止。

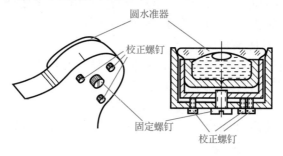

图 2.21　圆水准器下面的校正螺钉构造

2. 十字丝横丝垂直仪器竖轴的检验与校正

1）检验

水准仪整平后，先用十字丝横丝的一端对准一个点状目标，如图 2.22(a)的 P 点，拧紧制动螺旋，然后用微动螺旋缓缓地转动望远镜。若 P 点始终在横丝上移动［图 2.22(b)］，说明此条件满足；若 P 点移动的轨迹离开了横丝［图 2.22(c)、(d)］，则条件不满足，需要校正。

（a）　　　　　（b）　　　　　（c）　　　　　（d）

图 2.22　圆水准器十字丝检验原理

2）校正

校正方法因十字丝分划板座安置的形式不同而异。其中一种十字丝分划板的安置将其固定在目镜筒内，目镜筒插入物镜筒后，再由 4 个固定螺钉与物镜筒连接。校正时，用螺丝刀放松 4 个固定螺钉，然后转动目镜筒，使横丝水平(图 2.23)。最后将 4 个固定螺钉拧紧。

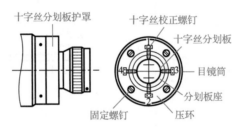

图 2.23　十字丝的校正

3. 水准管轴平行于视准轴的检验与校正

1）检验原理与方法

设水准管轴不平行于视准轴，它们在竖直面内投影之夹角为 i，如图 2.24 所示。当水准管气泡居中时，视准轴相对于水平线方向向上(有时向下)倾斜了 i 角，则视线(视准轴)在尺上读数偏差 x，当前、后视相等时，则所求高差不受影响。前、后视距的差距增大，则 i 角误差对高差的影响也会随之增大。基于这种分析，提出以下检验方法。

(1) 在平坦地区选择相距约 80m 的 A、B 两点(可打下木桩或安放尺垫)，并在 A、B 两点中间处选择一点 C，且使 $S_1 = S_2$。

(2) 将水准仪安置于 C 点处，分别在 A、B 两点上竖立水准尺，读数为 a_1 和 b_1，因 $S_1 = S_2$，故 A、B 两点处 x 值相等，则 A、B 两点间正确高差为

$$h_{AB} = (a_1 - x) - (b_1 - x) = a_1 - b_1 \tag{2-17}$$

为了确保观测的正确性也可用两次仪高法测定高差 h_{AB}，若两次测得高差之差不超过 ±3mm，则取平均值作为最后结果。

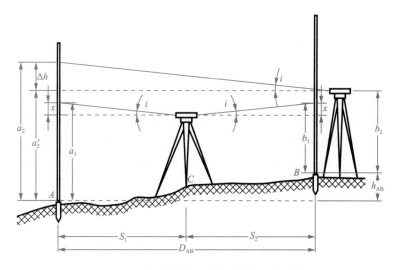

图 2.24　管水准器轴平行于视准轴的检验

(3) 将水准仪搬到靠近 B 点处，整平仪器后，瞄准 B 点水准尺，读数为 b_2，再瞄准 A 点水准尺，读数为 a_2，则 A、B 间高差 h'_{AB} 为

$$h'_{AB} = a_2 - b_2 \tag{2-18}$$

若 $h'_{AB} = h_{AB}$，则表明管水准器轴平行于视准轴，几何条件满足。若 $h'_{AB} \neq h_{AB}$，则计算

$$i = \frac{h'_{AB} - h_{AB}}{D_{AB}} \rho \tag{2-19}$$

其中 $\rho = 206265''$。如果 i 角大于 $20''$，则需要进行校正。

2) 校正方法

水准仪不动，先计算视线水平时 A 尺(远尺)上应有的正确读数 a'_2，即

$$a'_2 = b_2 + h_{AB} = b_2 + (a_1 - b_1) \tag{2-20}$$

若 $a_2 > a'_2$，说明视线向上倾斜；反之向下倾斜。瞄准 A 尺，旋转微倾螺旋，使十字丝横丝对准 A 尺上的正确读数 a'_2，此时符合水准气泡就不再居中了，但视线已处于水平位置。用校正针拨动位于目镜端的水准管上、下两个校正螺钉，如图 2.25 所示，使符合水准气泡严密居中。此时，管水准器轴也处于水平位置，达到了管水准器轴平行于视准轴的要求。

校正时，应先松动左右两个校正螺钉，再根据气泡偏离情况，遵循"先松后紧"规则，拨动上下两个校正螺钉，使符合气泡居中，校正完毕后，再重新固紧左右两个校正螺钉。

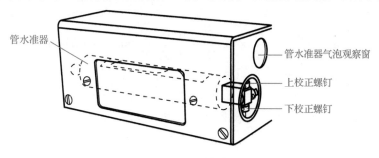

图 2.25　管水准器轴的校正

2.6 水准测量误差分析及注意事项

测量人员总是希望在进行水准测量时能够得到非常准确的观测数据，但由于使用的水准仪不可能完美无缺，观测人员的感官也有一定的局限，再加上野外观测必定要受到外界环境的影响，使水准测量不可避免地存在误差。为了保证应有的观测精度，测量人员应对水准测量误差产生的原因以及如何将误差控制在最小范围内的方法有所了解，尤其要避免读错、听错、记错、碰动脚架或尺垫等观测错误。

水准测量误差按其来源可分为仪器误差、观测误差以及外界条件影响 3 个方面。

2.6.1 仪器误差

1. 仪器校正后的残余误差

水准仪经过校正后，不可能绝对满足水准管轴平行视准轴的条件，因而使读数产生误差。此项误差与仪器至立尺点距离成正比。在测量中，使前、后视距相等，在高差计算中就可消除该项误差的影响。

2. 水准尺误差

水准尺误差包括水准尺长度变化、刻划误差和零点误差等。此项误差主要会影响水准测量的精度，因此，不同精度等级的水准测量对水准尺有不同的要求。精密水准测量应对水准尺进行检定，并对读数进行尺长误差改正。零点误差在成对使用水准尺时可采取设置偶数测站的方法来消除，也可在前、后视中使用同一根水准尺来消除。

2.6.2 观测误差

1. 水准尺读数误差

此项误差主要由观测者瞄准误差、符合水准气泡居中误差以及估读误差等综合影响所致，这是一项不可避免的偶然误差。对于 S_3 型水准仪，望远镜放大率 V 一般为 28 倍，水准管分划值 $\tau = 20''/2\text{mm}$，当视距 $D = 100\text{m}$ 时，其照准误差 m_1 和符合水准气泡居中误差 m_2 可由下式计算。

$$m_1 = \pm \frac{60''}{V} \cdot \frac{D}{\rho} = (\pm \frac{60''}{28} \times \frac{100 \times 10^3}{206265''})\text{mm} \approx \pm 1.04\text{mm}$$

$$m_2 = \pm \frac{0.15\tau}{2\rho} D = (\pm \frac{0.15 \times 20''}{2 \times 206265''} \times 100 \times 10^3)\text{mm} \approx \pm 0.73\text{mm}$$

若取估读误差 $m_3 = \pm 1.5\text{mm}$，则水准尺上读数误差为

$$m = (\sqrt{m_1^2 + m_2^2 + m_3^2})\text{mm} \approx \pm 2\text{mm}$$

因此观测者应认真读数与操作，以尽量减少此项误差的影响。

2. 水准尺竖立不直(倾斜)的误差

根据水准测量的原理，水准尺必须竖直立在点上，否则总会使水准尺上读数增大。这种影响随着视线的抬高(即读数增大)，其影响也随之增大。例如，当水准尺竖立不直，倾斜角 $\alpha = 3°$，视线离开尺底(即尺上读数)为 2m 时，则对读数影响为

$$\delta \approx 2 \times 10^3 \times (1-\cos\alpha) \approx 2.7mm$$

因此，一般在水准尺上安装有圆水准器，扶尺者操作时应注意使尺上圆气泡居中，表明水准尺竖直。如果水准尺上没有安装圆水准器，可采用摇尺法，使水准尺缓缓地向前、后倾斜，当观测者读取到最小读数时，即为水准尺竖直时的读数，水准尺左右倾斜可由仪器观测者指挥持尺员纠正。

2.6.3 外界条件影响

1. 仪器下沉

仪器安置在土质松软的地方，在观测过程中会产生下沉。若观测程序是先读后视再读前视，显然前视读数比应读数小。用双面尺法进行测站检核时，采用"后、前、前、后"的观测顺序可减小其影响。此外，应选择坚实的地面作测站，并将脚架踏实。

2. 尺垫下沉

仪器搬站时，尺垫下沉会使后视读数比应读数大。所以转点也应选在坚实地面，并将尺垫踏实。

3. 地球曲率的影响

如图 2.26 所示，水准测量时，水平视线在尺上的读数为 b，理论上应改算为相应水准面截于水准尺的读数 b'，两者的差值 c 称为地球曲率差。

$$c = \frac{D^2}{2R} \tag{2-21}$$

式中，D——视线长；

R——地球半径，取 6371km。

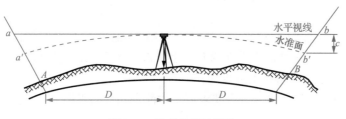

图 2.26 地球曲率的影响

水准测量中，当前、后视距相等时，通过高差计算可消除该误差对高差的影响。

4. 大气折光影响

由于地面上空气密度不均匀，使光线发生折射，因而水准测量中，实际的尺读数不是

水平视线的读数，而是一向下弯曲视线的读数。两者之差称为大气折光差，用 γ 表示。在稳定的气象条件下，大气折光差约为地球曲率差的 1/7，即

$$\gamma \approx \frac{1}{7}c = 0.07\frac{D^2}{R} \tag{2-22}$$

这项误差对高差的影响也可采用前、后视距相等的方法来消除。精密水准测量还应选择良好的观测时间(一般认为在日出后或日落前 2h 为好)，并控制视线高出地面一定距离，以避免视线发生不规则折射而引起误差。

地球曲率差和大气折光差是同时存在的，两者对读数的共同影响可用式(2-23)计算。

$$f = c - \gamma = 0.43\frac{D^2}{R} \tag{2-23}$$

5. 温度的影响

温度的变化会引起大气折射光线变化，造成水准尺影像在望远镜内十字丝面内上、下跳动，难以读数。烈日直晒仪器会影响水准管气泡居中，造成测量误差。因此水准测量时，应撑伞保护仪器，并选择有利的观测时间。

2.6.4 水准测量注意事项

水准测量是一项集观测、记录及扶尺为一体的测量工作，只有全体参加人员认真负责，按规定要求仔细观测与操作，才能取得良好的成果。归纳起来应注意如下几点。

1. 观测

(1) 观测前应认真按要求检校水准仪，检定水准尺。

(2) 仪器应安置在土质坚实处，并踩实三脚架。

(3) 水准仪至前、后视水准尺的视距应尽可能相等。

(4) 每次读数前，注意消除视差，只有当符合水准气泡居中后，才能读数，读数应迅速、果断、准确，特别应认真估读毫米数。

(5) 晴好天气，仪器应打伞防晒，操作时应细心认真，做到"人不离仪器"，确保安全。

(6) 只有当一测站记录计算合格后方能搬站，搬站时先检查仪器连接螺旋是否固紧，一手扶托仪器，一手握住脚架稳步前进。

2. 记录

(1) 认真记录，边记边复报数字，准确无误地记入记录手簿相应栏内，严禁伪造和转抄。

(2) 字体要端正、清楚，不准在原数字上涂改，不准用橡皮擦改，如按规定可以改正时，应在原数字上划线后再在上方重写。

(3) 每站应当场计算，检查符合要求后，才能通知观测者搬站。

3. 扶尺

(1) 扶尺员应认真竖立水准尺，注意保持尺上圆水准器气泡居中。

(2) 转点应选择土质坚实处，并将尺垫踩实。

(3) 水准仪搬站时，要注意保护好原前视点尺垫位置不受碰动。

2.7 精密水准仪简介

测量中将 DS_{05} 型(如徕卡新 N3，蔡司 Ni004)和 DS_1 型(如蔡司 Ni007)水准仪作为精密水准仪，并配有相应的精密水准尺。精密水准仪用于国家一等、二等水准测量，大型工程建筑物施工及变形测量，以及地下建筑测量、城镇与建(构)筑物沉降观测等。

精密水准仪的构造与 DS_3 水准仪基本相同。其主要区别是装有光学测微器。此外，精密水准仪较 DS_3 水准仪有更好的光学和结构性能，如望远镜孔径大于 40mm，放大率达 40 倍，符合水准管分划值为(6″~10″)/2mm，同时具有仪器结构坚固，管水准器轴与视准轴关系稳定等特点。精密水准仪应与精密水准尺配合使用。图 2.27 所示为徕卡新 N3 型精密水准仪。

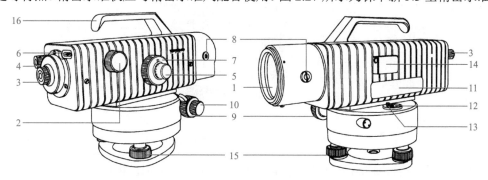

1—物镜；2—物镜调焦螺旋；3—目镜；4—测微分划尺与管水准器气泡观察窗；5—微倾螺旋；
6—微倾螺旋行程指示器；7—平行玻璃板测微螺旋；8—平行玻璃板旋转轴；9—制动螺旋；
10—微动螺旋；11—管水准器照明窗口；12—圆水准器；13—圆水准器校正螺钉；
14—圆水准器观察装置；15—脚螺旋；16—手柄。

图 2.27 徕卡新 N3 型精密水准仪

光学测微器的构造及读数原理如图 2.28 所示。在水准仪物镜前装有一可转动的平行玻璃板 P，其转动的轴线与视准轴垂直相交，平行玻璃板与测微分划尺之间用带有齿条的传动杆连接。当旋转测微螺旋时，传动杆推动平行玻璃板绕其轴 O 前后倾斜，视线通过平行玻璃板产生平行移动，移动的数值由测微分划尺读数反映出来。测微分划尺有 100 个分格，与水准尺上的分划值相对应，若水准尺上的分划值为 1cm，则测微分划尺能直接读到 0.1mm。

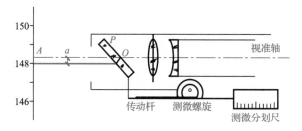

图 2.28 光学测微器的构造及读数原理

当平行玻璃板与水平的视准轴垂直时，视线不受平行玻璃板的影响，对准水准尺的 A 处，即读数为 148(148cm)+a。为了精确读出 a 的值，需转动测微螺旋使平行玻璃板倾斜一个小角，视线经平行玻璃板的作用而上、下移动，准确对准水准尺上 148cm 分划后，再从读数显微镜中读取 a 值，从而得到水平视线的读数。

图 2.29 为国产 DS_1 型精密水准仪，其望远镜放大率为 40 倍，水准管分划值为 10″/2mm，转动水准仪测微螺旋可以使水平视线在 5mm 范围内作平行移动(安有平行玻璃板测微器装置)，测微器的分划值为 0.05mm，共有分划 100 格。

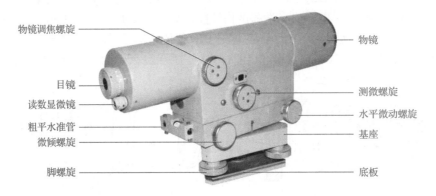

图 2.29　国产 DS_1 型精密水准仪

DS_1 型水准仪目镜视场中见到的水准尺影像如图 2.30 所示，视场左侧为水准管气泡的影像，目镜右下方为测微器读数显微镜。作业时，先转动微倾螺旋使符合水准气泡居中，再转动测微螺旋用楔形丝精确地夹准水准尺上某一整分划，如在图 2.30 视场中，读出水准尺上整分划读数为 194(194cm)，然后从测微器读数显微镜中读出尾数值为 152(0.152cm)，其末位 2 为估读数(即 0.002cm)，全部读数为 194.152cm。由于国产 DS_1 型水准仪配套是 5mm 分划的水准尺，为了便于读数，尺上注字和观测时的读数值均比实际扩大一倍，因此实际读数应为 194.152cm÷2 = 97.076cm = 0.97076m。在水准测量中，仍可按上述方法读数，把计算得到的高差除以 2，即得真正高差值。

图 2.31 是 N3 精密水准仪目镜视场及测微器显微镜视场。N3 水准仪望远镜放大率为 42 倍，水准管分划值为 6″/2mm，转动测微螺旋可使水平视线在 10mm 范围内做平行移动，测微器分划值为 0.1mm，共有 100 个分划格。作业时，也是先转动微倾螺旋使符合气泡居中，再转动测微螺旋用楔形丝精确夹准水准尺上某一整分划(如基本分划)，其读数为 148(148cm)，再在测微器显微镜中读出尾数值为 650(0.650cm)，故基本分划全部读数为 148.650cm。由于 N3 水准仪配套 10mm 分划水准尺，并有基本分划(图 2.31 左侧)和辅助分划(图 2.31 右侧)之分。因此，读得全部读数即为实际读数(基本分划)。同理，也可读得辅助分划的读数。对于 N3 水准仪配套的水准尺，其辅助分划读数与基本分划读数(同一水平视线时)之差为某一常数(301.550cm)。

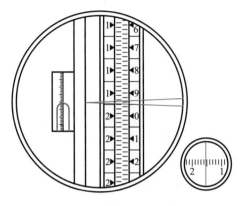

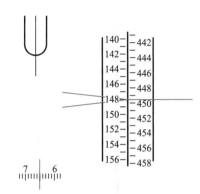

图 2.30　DS₁ 型水准仪目镜视场　　　　图 2.31　N3 水准仪目镜视场及测微器显微镜视场

　　精密水准尺是在木质或金属尺身槽内置一因瓦合金带，在带上标有分划线，数字注在周边木尺或金属尺上，尺上两排分划彼此错开，分划宽度有 10mm 和 5mm 两种。图 2.30 所示水准尺属 5mm 分划的水准尺，注记从尺底 0m 开始，直至 4m 或 6m。图 2.31 所示水准尺属 10mm 分划的水准尺，注记左排从尺底 0m 开始，直至 2m 或 3m(称为基本分划)；右排从尺底 3.01550m 开始，直至 5.01550m 或 6.01550m(称为辅助分划)。精密水准尺比一般水准尺准确，同时应注意与所使用的精密水准仪配套。

自动安平
水准仪

2.8　自动安平水准仪和激光扫平仪

自动安平水准仪的基本原理

　　自动安平水准仪是用设置在望远镜内的自动补偿器代替水准管，观测时，只需将水准仪上的圆水准器气泡居中，便可通过横丝读到水平视线在水准尺上的读数。由于仪器不用调节水准管气泡居中，从而简化了操作，提高了观测速度。

　　自动安平水准仪原理如图 2.32 所示。当视准轴水平时，设在水准尺上的正确读数为 a，因为没有管水准器和微倾螺旋，依据圆水准器将仪器粗平后，视准轴相对于水平面将有微小的倾斜角 α。如果没有补偿器，此时在水准尺上的读数设为 a'；当在物镜和目镜之间设置有补偿器后，进入十字丝分划板的光线将全部偏转 β 角，使来自正确读数 a 的光线经过补偿器后正好通过十字丝分划板的横丝，从而读出视线水平时的正确读数。

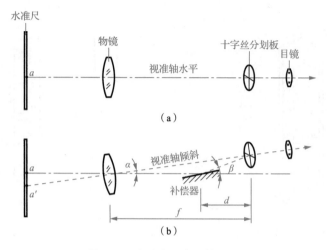

（a）

（b）

图 2.32　自动安平水准仪原理

2.8.2　自动安平补偿器

　　补偿器的结构形式较多,我国生产的 DSZ$_3$ 型自动安平水准仪采用悬吊棱镜组借助重力作用达到补偿。

　　图 2.33 为该仪器的补偿结构图。补偿器装在对光透镜和十字丝分划板之间,其结构是将一个屋脊棱镜固定在望远镜筒上,在屋脊棱镜下方用交叉金属丝悬吊着两块直角棱镜。当望远镜有微小倾斜时,直角棱镜在重力的作用下与望远镜做相反的偏转。空气阻尼器的作用是使悬吊的两块直角棱镜迅速处于静止状态(在 1～2s 内)。

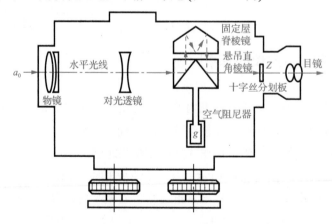

图 2.33　DSZ$_3$ 型自动安平水准仪的补偿结构

　　当仪器处于水平状态、视准轴水平时,水平光线与视准轴重合,不发生任何偏转。如图 2.33 所示,水平光线进入物镜后经第一个直角棱镜反射到屋脊棱镜,在屋脊棱镜内做 3 次反射,到达另一个直角棱镜,又被反射一次,最后水平光线通过十字丝交点 Z,这时可读到视线水平时的读数 a_0。

当望远镜倾斜了角 α 时(图 2.34、图 2.35),屋脊棱镜也随之倾斜 α 角,两个直角棱镜在重力作用下相对望远镜的倾斜方向沿反方向偏转 α 角。这时,经过物镜的水平光线经过第一个直角棱镜后产生 2α 的偏转,再经过屋脊棱镜,在屋脊棱镜内做 3 次反射,到达另一个直角棱镜后又产生 2α 的偏转,水平光线通过补偿器产生两次偏转的和为 $\beta = 4\alpha$。要使能过补偿器偏转后的光线经过十字丝交点 Z,将补偿器安置在距十字丝交点 Z 的 $f/4$ 处(f 为焦距),便可使水平视线的读数 a_0 正好落在十字丝交点上,从而达到自动安平的目的。使用自动安平水准仪观测时,在安置好仪器、将圆水准器气泡居中后,即可瞄水准尺,直接读出水准尺读数。

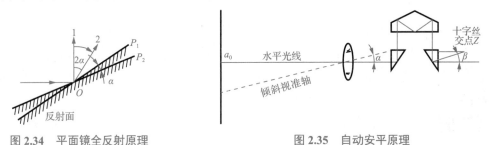

图 2.34 平面镜全反射原理　　　　　　　图 2.35 自动安平原理

2.8.3 激光扫平仪

激光扫平仪是一种新型的自动安平平面的定位仪器。这种仪器根据置在仪器内的激光器发射橙红色激光束进行扫描,从而形成一个可见的激光水平面,用专用测尺可测定任意点的标高,特别适用于施工测量,各垫层或层面的抄平工作中。

图 2.36 所示为我国生产的 ZPJP-771 型自动安平激光扫平仪的构造。氦氖激光管竖直安装在仪器内,用万向支架悬吊在望远镜下面,使之能自由摆动,在重力作用下处于铅垂位置,阻尼器的作用可使激光管尽快静止。当仪器精确整平后,激光束通过非调焦望远镜处于竖直方向,经过扫描头内的五棱镜折射成水平的激光束。五棱镜在电动机驱动下旋转时,便连续地扫描出可见的激光水平面。借助专用标尺可在扫描范围内测出任意点的标高。仪器一经安置好,就无须人工操作,提高了工效及整体精度。

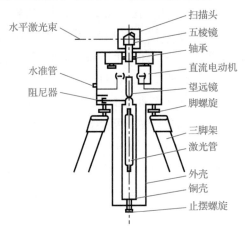

图 2.36 ZPJP-771 型自动安平激光扫平仪的构造

2.9 数字水准仪和条码水准尺

2.9.1 概述

徕卡 LS
数字水准仪

数字水准仪(Digital Level)是在仪器望远镜光路中增加了分光镜和光电探测器等部件,采用条形码分划水准尺(Coding Level Staff)和图像处理电子系统构成光、机、电及信息存储与处理的一体化水准测量系统。与光学水准仪相比,数字水准仪有以下特点。

(1) 用自动电子读数代替人工读数,不存在读错、记错等问题,没有人为读数误差。

(2) 精度高。多条码(等效为多分划)测量,削弱标尺分划误差;自动多次测量,削弱外界环境变化的影响。

(3) 速度快、效率高,自动记录、检核、处理和存储,从而实现水准测量从外业数据采集到最后成果计算的内外业一体化。

(4) 数字水准仪一般是设置有补偿器的自动安平水准仪,当采用普通水准尺时,数字水准仪又可当作普通自动安平水准仪使用。

2.9.2 数字水准仪的原理

数字水准仪
的使用

数字水准仪的关键技术是自动电子读数及数据处理,目前各厂家采用了原理上相差较大的 3 种数据处理算法方案,如徕卡 NA 系列采用相关法;蔡司 DiNi 系列采用几何法;托普康 DL 系列采用相位法,3 种方法各有优势。图 2.37 为采用相关法的徕卡 NA3003 数字水准仪的机械光学结构图。当望远镜照准标尺并调焦后,标尺上的条形码影像入射到分光镜上,分光镜将其分为可见光和红外光两部分,可见光影像成像在分划板上,供目视观测;红外光影像成像在电荷耦合器件(Charge-Coupled Device,CCD)线阵光电探测器上(探测器长约 6.5mm,由 256 个口径为 25μm 的光敏二极管组成,一个光敏二极管就是线阵的一个像素),探测器将接收到的光图像先转换成模拟信号,再转换为数字信号传送给仪器的处理器,通过与机内事先存储好的标尺条形码本源数字信息进行相关比较,当两信号处于最佳相关位置时,即可获得水准尺上的水平视线读数和视距读数,最后将处理结果存储并送往屏幕显示。

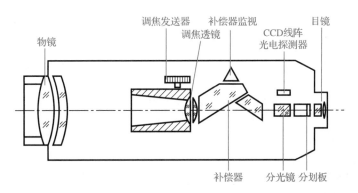

图 2.37　徕卡 NA3003 数字水准仪的机械光学结构图

2.9.3　条码水准尺

与数字水准仪配套的条码水准尺一般为因瓦合金、玻璃钢或铝合金制成的单面或双面尺，形式有直尺和折叠尺两种，规格有 1m、2m、3m、4m、5m 几种，双面尺的一面为二进制伪随机码分划线(配徕卡仪器，如图 2.38 所示)或规则分划线(配蔡司仪器)，其外形类似于一般商品外包装上印制的条纹码。双面尺的另一面为长度单位的分划线，用于普通水准测量。

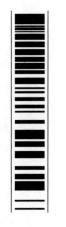

图 2.38　条码水准尺

❖ 本项目小结

本项目主要包括水准测量原理、水准仪的构造及使用、水准测量的施测方法、水准测量成果计算及水准仪的检验与校正、精密水准仪简介、自动安平水准仪和激光扫平仪、数字水准仪和条码水准尺的简介。

本项目要求了解水准测量的原理，了解水准仪的构造，掌握水准仪的使用方法，学会用水准测量方法求得地面点的高程，掌握水准仪的检验与校正方法，熟悉精密水准仪的作用和实际用途。

习 题

一、填空题

1. 水准仪的操作步骤是_____、_____、_____和_____。

2. 水准仪主要由_____、_____和_____组成。

3. 水准仪上的圆水准器的作用是_____；管水准器的作用是_____。

4. 水准路线的布设形式有_____、_____和_____。

5. 水准测量测站检核的方法有_____和_____两种。

二、选择题

1. 水准测量中，后尺 A 点的尺读数是 2.713m，前尺 B 点的尺读数是 1.401m，已知 A 点的高程为 15.000m，则视线高程为(   )m。

A. 13.688   B. 16.312   C. 16.401   D. 17.713

2. 在水准测量中，若后视点 A 的读数大，前视点 B 的读数小，则有(   )。

A. A 点比 B 点低   B. A 点比 B 点高

C. A 点与 B 点可能同高   D. A、B 两点的高差取决于仪器高度

3. 水准仪的(   )应平行于仪器竖轴。

A. 视准轴   B. 十字丝横丝

C. 圆水准器轴   D. 管水准器轴

4. 水准测量时，尺垫应该指在(   )上。

A. 水准点   B. 转点

C. 土质松软的水准点   D. 需要立尺的所有点

三、简答题

1. 什么是后视点、前视点及转点？什么是后视读数、前视读数？

2. 什么是视差？产生视差的原因是什么？如何消除视差？

3. 水准仪上的圆水准器与符合水准器各起什么作用？当圆水准器气泡居中时，符合水准器的气泡是否也吻合？为什么？

4. 在一个测站的观测过程中，当读完后视读数、继续照准前视点读数时，发现圆水准器气泡偏离零点，此时能否转动脚螺旋使气泡居中，继续观测前视点？为什么？

5. 水准测量中，要做哪几方面的检核？并详细说明。

6. 将水准仪安置于距前、后尺大致相等处进行观测，可以消除哪些误差影响？

7. 水准测量中产生误差的原因有哪几方面？哪些误差可以通过适当的观测方法或经过计算，求出改正值加以减弱以致消除？

四、计算题

1. 用水准测量的方法测定 A、B 两点间高差，已知 A 点高程 $H_A = 75.543$m，A 点水准尺读数为 0.785m，B 点水准尺读数为 1.764m。计算 A、B 两点间高差 h_{AB} 是多少？B 点高程 H_B 是多少？并绘图说明。

2. 根据表 2-5 水准测量数据，计算 B 点高程，并绘图表示地面的起伏情况。

表 2-5　水准测量记录手簿(高差法)

测点	后视读数/m	前视读数/m	高差/m		高程/m
			+	−	
BM$_1$	1.666				165.000
TP$_1$	1.545	2.006			
TP$_2$	1.512	1.003			
TP$_3$	1.642	0.555			
B		1.747			
Σ					
计算校核					

3. 根据图 2.39 所示的等外符合水准路线的观测成果，计算各点的高程，并将计算过程填入表 2-6 中。

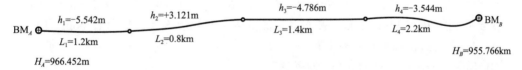

图 2.39　计算题 3 图

表 2-6　附合水准测量成果计算表

测段编号	测点	距离/m	实测高差/m	改正数/m	改正后高差/m	高程/m	备　注
1	BM$_A$						
2	1						
3	2						
4	3						
Σ	BM$_B$						
辅助计算							

4. 调整图 2.40 所示的等外闭合水准路线的观测成果，并计算各点的高程，并将计算过程填表 2-7 中。

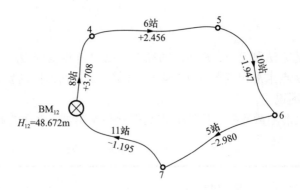

图 2.40　计算题 4 图

表 2-7　闭合水准测量成果计算表

测段编号	测点	测站数	实测高差/m	改正数/m	改正后高差/m	高程/m	备　注
1	BM$_{12}$					48.672	
2	4						
3	5						
4	6						
5	7						
$\sum$	BM$_{12}$						
辅助计算							

5. 设地面有 A、B 两点相距 80m，仪器在 A、B 两点的中间，测得高差 $h_{AB} = +0.468$m，现将仪器搬到距 B 点 3m 附近处，测得 A 尺读数为 1.694m，B 尺读数为 1.266m。问：

(1) A、B 两点正确高差为多少？

(2) 视准轴与水准管轴的夹角 i 为多少？

(3) 如何将视线调水平？

(4) 如何使仪器满足水准管轴平行于视准轴？

项目3 角度测量

思维导图

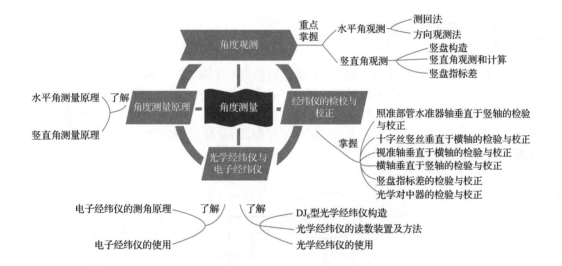

在测量工作中，经常会遇到这种问题，已知地面上两点 A、B 的位置(即坐标和高程)，现有一个地面点 C 的位置(坐标和高程)需要确定。那么，要解决这个问题，人们必然会想到先把 A、B、C 这 3 点构成三角形，然后利用在中学学过的三角形和三角函数关系式，通过计算来求得。要计算就需要先知道三角形的内角和边长，那么，内角怎么得到呢？下面就在本项目中，介绍如何进行角度测量，至于边长如何测量将在项目 4 中详细介绍。

角度测量
原理

3.1 角度测量原理

角度测量是测量的三项基本工作之一，包括水平角测量和竖直角测量。水平角测量是用于确定点的平面位置(即坐标)，竖直角测量是用于确定两点间的高差或将倾斜距离转化成水平距离。

3.1.1 水平角测量原理

地面上一点到两个目标点的方向线，垂直投影到水平面上所形成的角称为水平角，用 β 表示。也就是说，任意两个方向间的水平角，是通过这两个方向竖直面之间的二面角。

如图 3.1 所示，A、O、B 为地面上任意 3 点，将 A、O、B 这 3 点铅垂线方向投影到水平面 P，得到相应的 a、o、b 这 3 点，则水平投影线 oa 与 ob 的夹角 β，就是地面上 OA、OB 两方向线之间的水平角。

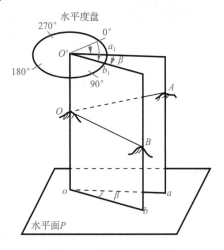

图 3.1　水平角测量原理

为了测出水平角的大小，可以设想，在过 O 点的铅垂线上水平安置一个水平度盘，水平度盘上有顺时针方向注记的 $0°\sim360°$ 刻度，过 OA 方向线沿竖直面投影到水平度盘上，得读数 a_1，过 OB 方向线沿竖直面投影到水平度盘上，得读数 b_1，则水平角 β 为两个读数之差。即

$$\beta = b_1 - a_1 \tag{3-1}$$

水平角的角值范围为 $0°\sim360°$。

3.1.2 竖直角测量原理

在一个竖直面内，方向线和水平线的夹角称为该方向线的竖直角，又称倾角，通常用α表示，如图 3.2 所示。方向线在水平线之上称为仰角，符号为正；方向线在水平线之下称为俯角，符号为负；角值变化范围为-90°～+90°。

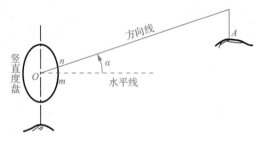

图 3.2　竖直角测量原理

如果在过 O 点的铅垂面上，安置一个垂直圆盘，并令其中心过 O 点，这个盘称为竖直度盘。当竖直度盘与过 OA 方向线的竖直面重合时，则过 OA 方向线与水平线的夹角为α。竖直角与水平角一样，其角值也是度盘上两个方向的读数之差，不同的是，竖直角两个方向中必有一个是水平方向。经纬仪设计时，将提供这一固定方向。即视线水平时，竖盘读数为固定值 90°或 270°。在竖直角测量时，只需读目标点一个方向值，便可算得竖直角。计算公式为

$$\alpha = 照准目标的读数-视线水平的读数 \tag{3-2}$$

根据上述角度测量原理，研制出的能同时完成水平角和竖直角测量的仪器称为经纬仪。经纬仪按测角精度不同又分成多种等级，如 DJ_1、DJ_2、DJ_6、DJ_{10} 等。"D"和"J"为"大地测量"和"经纬仪"的汉语拼音第一个字母。后面的数字代表该仪器测量精度。如 DJ_6 表示一测回方向观测中误差不超过±6″。在工程中常用经纬仪有 DJ_2 和 DJ_6。不同厂家生产的经纬仪其构造略有区别，但是基本原理一样。本项目重点介绍 DJ_6 型光学经纬仪的构造和使用方法。

■ 拓展讨论

1. 你了解经纬仪发明以及发展吗？
2. 经纬仪在我国的应用。

3.2　DJ_6型光学经纬仪

3.2.1 DJ_6型光学经纬仪构造

DJ_6型光学经纬仪适用于各种比例尺的地形图测绘和土木工程施工放样。图 3.3 所示是北京光学仪器厂生产的 DJ_6型光学经纬仪。

DJ_6型光学经纬仪主要由基座、照准部、度盘 3 个部分组成，如图 3.4 所示。

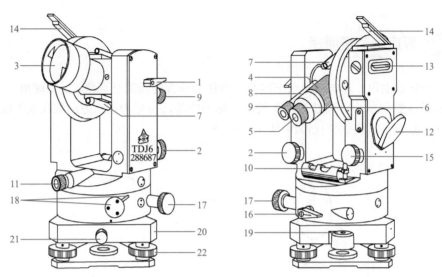

1—望远镜制动螺旋；2—望远镜微动螺旋；3—物镜；4—物镜调焦螺旋；5—目镜；6—目镜调焦螺旋；
7—光学瞄准器；8—度盘读数显微镜；9—度盘读数显微镜调焦螺旋；10—照准部管水准器；
11—光学对中器；12—度盘照明反光镜；13—竖盘指标管水准器；14—竖盘指标管水准器观察反射镜；
15—竖盘指标管水准器微动螺旋；16—水平制动螺旋；17—水平微动螺旋；
18—水平度盘变换螺旋与保护卡；19—基座圆水准器；20—基座；21—轴套固定螺旋；22—脚螺旋。

图 3.3　DJ$_6$型光学经纬仪

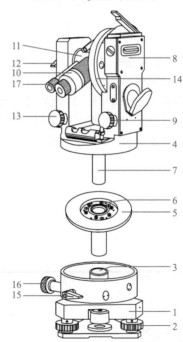

1—基座；2—脚螺旋；3—竖轴轴套；4—照准部；5—水平度盘；6—度盘轴套；7—旋转轴；
8—支架；9—竖盘指标管水准器微动螺旋；10—望远镜；11—横轴；12—望远镜制动螺旋；
13—望远镜微动螺旋；14—竖直度盘；15—水平制动螺旋；16—水平微动螺旋；17—度盘读数显微镜。

图 3.4　基座、照准部、度盘结构图

1. 基座

基座用于支撑整个仪器，利用中心螺旋使经纬仪照准部紧固在三脚架上。基座上有 3 个脚螺旋，用于整平仪器。基座上固连一个竖轴轴套及轴套固定螺旋。该螺旋拧紧后，可将照准部固定在基座上，使用仪器时切勿随意松动此螺旋，以免照准部与基座分离而坠落。中心螺旋有一个挂钩，用于挂垂球。当垂球尖对准地面测点，水平度盘水平时，水平度盘中心位于测点的铅垂线上。

2. 照准部

照准部是指经纬仪上部的可转动部分，主要包括望远镜、水准器、旋转轴、横轴、支架、度盘读数显微境及制动和微动装置等。经纬仪望远镜和水准器构造及作用同水准仪。

照准部下部有个旋转轴，可插在水平度盘空心轴内，水平度盘空心轴插在基座竖轴轴套内。旋转轴几何中心线称为竖轴。照准部上部有支架，望远镜与横轴固连，安置在支架上。望远镜可以绕横轴在竖直面内上、下转动，又能随着支架绕竖轴做水平方向360°旋转。利用水平和竖直制动和微动螺旋，可以使望远镜固定在任一位置。望远镜边上设有度盘读数显微镜，通过它可以读出水平角和竖直角。

3. 度盘

光学经纬仪有水平度盘和竖直度盘，它们都是由光学玻璃刻制而成的。度盘全圆周刻划 0°～360°，最小间隔有 1°、30′、20′ 3 种。水平度盘顺时针注记。在水平角测角过程中，水平度盘固定不动，不随照准部转动。

为了改变水平度盘位置，设置了水平度盘转动装置。这种装置有两种结构：一种是采用水平度盘位置变换手轮，或称转盘手轮。使用时，将手轮推压进去，转动手轮，水平度盘跟着转动。待转到所需位置时，将手松开，手轮退出，水平度盘位置即安置好；另一种是采用复测装置，如图 3.5 所示。复测装置的底座固定在照准部外壳上，随照准部一起转动。当复测扳手拨下时，由于偏心轮的作用，使顶轴向外移，在簧片的作用下，使两滚珠之间距离变小，簧片与铆钉的间距缩小，从而把外轴上的复测盘夹紧。此时，照准部转动将带动水平度盘一起转动，度盘读数不变。若将复测扳手拨上，顶轴往里移，使簧片与铆钉的间距扩大，复测盘与复测装置相互脱离，照准部转动不会带动水平度盘，读数窗中的读数随之改变。所以在测角过程中，复测扳手应始终保持在向上的位置。

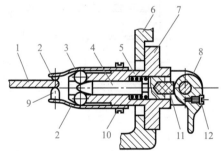

1—复测盘；2—簧片；3—滚珠；4—顶轴；5—弹簧片；
6—照准部；7—复测卡座；8—复测扳手；9—铆钉；
10—簧片固定螺钉；11—垫块；12—复测扳手固定螺钉。

图 3.5 复测装置

3.2.2 光学经纬仪的读数装置及方法

光学经纬仪的水平度盘和竖直度盘的分划是通过一系列的棱镜和透镜成像在望远镜目镜边的读数显微镜内的。由于度盘尺寸有限，最小分划间隔难以直接刻划到秒。为了实现精密测角，要借助光学测微技术。

1. DJ$_6$型光学经纬仪读数装置及其读数方法

不同的测微技术读数方法也不同，DJ$_6$型光学经纬仪常用分微尺测微器和单平板玻璃测微器两种方法。

1) 分微尺测微器及其读数方法

图 3.6 所示为 DJ$_6$型光学经纬仪分微尺测微器读数系统的光路图。外来光线 1 经度盘照明反光镜反射，经度盘照明进光窗进入经纬仪内部，一部分光线经竖盘照明棱镜照到竖直度盘上。竖直度盘像经竖盘照准棱镜、竖盘显微物镜组放大，再经过竖盘转像棱镜，到达刻有分微尺的读数窗，再通过度盘读数转像棱镜，在读数显微镜内能看到竖直度盘分划及

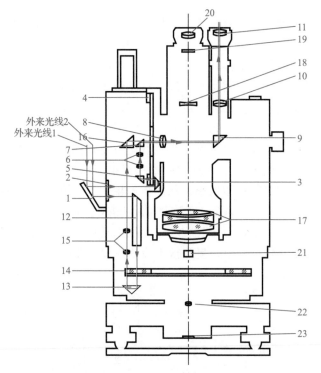

1—度盘照明反光镜；2—度盘照明进光窗；3—竖盘照明棱镜；4—竖直度盘；5—竖盘照准棱镜；
6—竖盘显微物镜组；7—竖盘转像棱镜；8—分微尺；9—度盘读数转像棱镜；10—读数显微镜物镜；
11—读数显微镜目镜；12—水平度盘照明棱镜；13—水平度盘折光棱镜；14—水平度盘；
15—水平度盘显微物镜组；16—水平度盘转像棱镜；17—望远镜物镜；18—望远镜调焦透镜；
19—十字丝分划板；20—望远镜目镜；21—光学对中反光棱镜；22—光学对中器物镜；23—光学对中器保护玻璃。

图 3.6 DJ$_6$型光学经纬仪分微尺测微器读数系统的光路图

分微尺，如图 3.7 所示。外来光线 2 经水平度盘照明棱镜、水平度盘折光棱镜到达水平度盘。水平度盘像经过水平度盘显微物镜组放大，经过水平度盘转像棱镜进入分微尺，再通过度盘读数转像棱镜，在读数显微镜内能看到水平度盘分划及分微尺，如图 3.7 所示。由于度盘分划间隔是 1°，因此分微尺分划总宽度刚好等于度盘一格的宽度。分微尺有 60 个小格，一小格代表 1′。光路中的竖盘和水平度盘显微物镜组起放大作用。调节透镜组上、下位置，可以保证分微尺上从 0 到 60 的全部分划间隔和度盘上一个分划的间隔相等。角度的整度值可从度盘上直接读出，不到一度的值在分微尺上读取。可估读到 0.1′，即 6″。图 3.7 中水平度盘的读数应是 214°54′42″，竖直度盘的读数为 79°05′30″。

2）单平板玻璃测微器及其读数方法

由于光线通过不同的介质会产生折射，因此光线以一定的入射角 i 穿过厚度为 d 的玻璃板时，会产生光线的平移现象，如图 3.8 所示。当玻璃材料选定后，其折射率 n 和厚度 d 一定，改变光线的入射角 i，就会改变光线移动量 h。单平板玻璃测微器就是根据这一原理设计的。

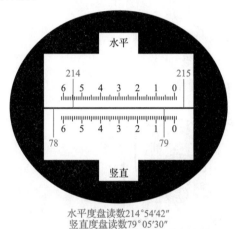

水平度盘读数214°54′42″
竖直度盘读数79°05′30″

图 3.7　读数显微镜内度盘成像

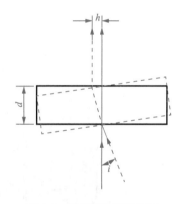

图 3.8　光折射平移原理图

单平板玻璃测微器原理如图 3.9 所示。测微尺和平板玻璃连接在一起。转动仪器照准部上的测微手轮，平板玻璃和测微尺都绕同一旋转轴旋转。由于平板玻璃的转动，使水平度盘和竖直度盘分划线在读数显微镜的视场内移动。读数窗刻有双指标线和单指标线。度盘分划线、测微尺分划线都分别呈现在读数窗内。当光线垂直入射到平板玻璃上，测微尺的读数应为零时，竖盘读数为 92°+a。调节测微手轮，平板玻璃转动，度盘像移动，同时测微尺也随之移动，使度盘像移动到刚好被双指标线夹住，此时双线夹住 92°，移动量可以从测微尺上读取。图 3.9 所示读数为 92°17′34″。

2. DJ$_2$ 型光学经纬仪读数装置及其读数方法

图 3.10 所示是北京光学仪器厂生产的 DJ$_2$ 型光学经纬仪，DJ$_2$ 型光学经纬仪的构造与 DJ$_6$ 型光学经纬仪大致相同，主要的差别是读数设备不同。DJ$_2$ 型光学经纬仪常用于国家三等、四等水准测量、精密导线测量和精度要求较高的工程测量，如施工平面控制网、建筑物的变形观测等。

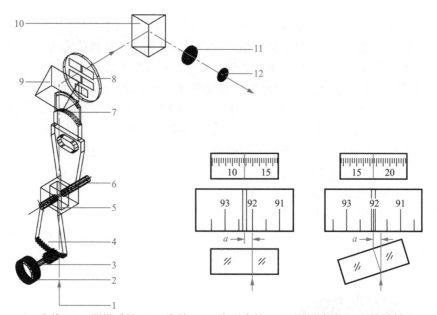

1—光线；2—测微手轮；3—齿轮；4—扇形齿轮；5—平板玻璃；6—旋转轴；7—测微尺；8—读数窗；9—转向棱镜；10—反光棱镜；11、12—读数显微镜。

图 3.9　单平板玻璃测微器原理

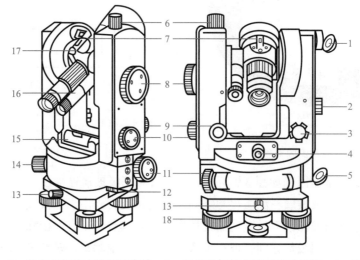

1—竖盘反光镜；2—竖盘指标管水准器观察镜；3—竖盘指标管水准器微动螺旋；4—光学对中器目镜；5—水平读盘反光镜；6—望远镜制动螺旋；7—光学对中器；8—测微手轮；9—望远镜微动螺旋；10—换像手轮；11—水平微动螺旋；12—水平度盘变换手轮；13—中心锁紧螺旋；14—水平制动螺旋；15—照准部管水准器；16—读数显微镜；17—望远镜反光板手轮；18—脚螺旋。

图 3.10　DJ₂ 型光学经纬仪

为了简化读数，新型的 DJ_2 型光学经纬仪采用数字式读数装置，其读数窗如图 3.11 所示。在图 3.11(a)中，右下方的小窗为度盘对径分划线重合后的影像，但无注记；右上方的小窗为读数窗，上面的数字为整度值，凸出的小方框中所注数字为整 10′ 数；左下方的小窗为测微尺读数窗，测微尺长度为 10′，刻划有 600 小格，每小格为 1″，可估读至 0.1″，测微尺读数窗中左边注记数字为分，右边注记为整 10″数。观测时读数方法如下。

(1) 转动测微手轮，使度盘对径分划线窗中上、下两排分划线重合，如图 3.11(a)所示。

(2) 在读数窗中读出度数和 10′的整倍数。

(3) 在测微尺读数窗中，以读数窗中间的横线作为测微尺读数指标线，读出分、秒数。

以上读数之和即为全部读数。图 3.11(a)所示读数为 74°47′15.7″；图 3.11(b)所示读数为 25°36′15.4″。

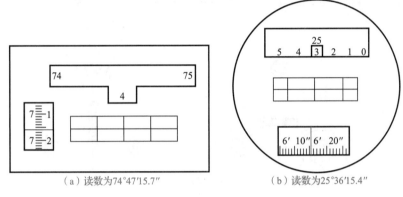

（a）读数为74°47′15.7″　　　　　（b）读数为25°36′15.4″

图 3.11　新型的 DJ₂ 型光学经纬仪读数窗

3.3　光学经纬仪的使用

在进行角度测量时，应将光学经纬仪安置在测站点(角的顶点)上，然后进行观测。光学经纬仪的使用包括光学经纬仪的安置、调焦与瞄准、读数 3 个步骤。

经纬仪的使用

1. 光学经纬仪的安置

光学经纬仪的安置就是把仪器安置于测站点上，使仪器的竖轴与测站点在同一铅垂线上，并使水平度盘成水平位置，包括仪器安装、对中、整平和检查对中和整平等工作。

1) 仪器安装

伸开三脚架于测站点上方，将仪器置于三脚架头中央位置，一只手握住仪器，另一只手将三脚架中心螺旋旋入仪器基座中心螺孔中并固紧。

2) 仪器对中

仪器对中的目的是使仪器中心与测站点中心位于同一铅垂线上。具体做法是观察光学对中器，分别旋转光学对中器目镜对光螺旋和测微手轮，使对中圈和测站点标志周边物体同时清晰。如果在视场内看不到测站点标志，则平移三脚架使测站点标志处于仪器对中圈附近，并用脚踏三脚架使其稳固，调节脚螺旋，使地面测站点处于对中圈内居中位置。对中误差一般不大于±1mm。

3）仪器整平

仪器整平的目的是使仪器竖轴竖直和水平度盘水平。具体做法分以下两步进行。

（1）粗略调平。观察圆水准器气泡，用左脚踏三脚架的左边脚架，伸缩脚架使圆水准器气泡移动到右边脚架的平行线上，再换右脚踏三脚架右边脚架，伸缩脚架使气泡居中，重复进行使气泡居中为止。

（2）精密调平。放松照准部水平制动螺旋使管水准器与一对脚螺旋的连线平行，两手同时向内或向外旋转，使管水准器气泡居中。气泡移动方向和左手大拇指运动方向一致，如图 3.12 所示，再将照准部旋转 90°，调节第三个脚螺旋，使气泡居中。

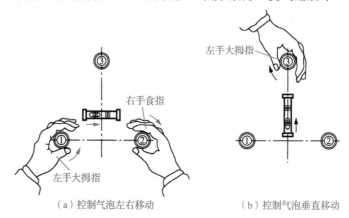

（a）控制气泡左右移动　　　　（b）控制气泡垂直移动

图 3.12　管水准器气泡调整

重复上述步骤，使气泡在垂直两个方向均居中为止，气泡居中误差不得大于一格。

4）检查对中和整平

重复检查光学对中器是否还对中，如果测站点偏离了对中圈中心，则松开中心螺旋，将仪器基座平移，使对中圈中心与测站点重合，旋紧中心螺旋，再检查管水准器气泡是否居中。

对中和整平是同时交替进行的，两项工作相互影响，因此，操作过程需要反复进行，直到对中和整平都达到要求。

2．调焦与瞄准

调焦与瞄准的方法同水准仪操作，只是测量水平角时应使十字丝竖丝平分或夹准目标，如图 3.13(a)所示，并使仪器尽量对准目标底部测量水平角时所用的目标点标记，如图 3.13(b)所示。

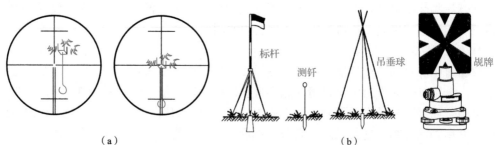

（a）　　　　　　　　（b）

图 3.13　水平角测量瞄准目标方法

3. 读数

读数时要先调节反光镜，使读数窗光线充足，旋转读数显微镜调焦螺旋，使数字及刻线清晰，然后读数。测竖直角时注意调节竖盘指标管水准器微动螺旋，使气泡居中后再读数。

望远镜位置设置

经纬仪望远镜可纵转 360°，根据望远镜与竖直度盘的位置关系，望远镜位置可设置为正镜和倒镜两个位置上。

正镜——观测者正对望远镜目镜时，竖直度盘位于望远镜左边，也称盘左位置。

倒镜——观测者正对望远镜目镜时，竖直度盘位于望远镜右边，也称盘右位置。即望远镜在正镜位置纵转 180°，再将照准部转 180°的位置。

在水平角观测中，为了消除仪器误差影响，通常用正镜和倒镜两个位置观测。实际上正镜是处于度盘的 0°～180°位置上，倒镜是处于度盘的 180°～360°位置上，用不同度盘位置观察同一结果，以达到复核的作用。

水平角观测

3.4 水平角观测

水平角观测的方法，一般根据目标的多少和精度要求而定，常用的水平角观测方法有测回法和方向观测法。

3.4.1 测回法

测回法常用于测量两个方向之间的单角，如图 3.14 所示。将仪器安置于 O 点，地面两目标为 A、B，欲测定$\angle AOB$，则可采用测回法观测，具体步骤如下。

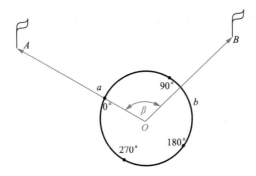

图 3.14 测回法

1. 上半测回

盘左位置观测(正镜)，其观测值为上半测回值。

(1) 在 O 点安置仪器，对中、整平。

(2) 正镜瞄准左目标 A，读取水平度盘读数 $a_左$ 为 $0°02'30''$，随即记入水平角观测手簿(表3-1)中。

(3) 顺时针方向旋转照准部，瞄准右目标 B，读取水平度盘读数 $b_左$ 为 $95°20'48''$，记入表3-1 中。以上便完成盘左半测回或称上半测回观测，盘左位置观测所得水平角为

$$\beta_左 = b_左 - a_左 = 95°20'48'' - 0°02'30'' = 95°18'18''$$

2. 下半测回

盘右位置观测(倒镜)，观测值为下半测回值。

(1) 纵转望远镜 $180°$，旋转照准部 $180°$ 成盘右位置。

(2) 瞄准右目标 B，读取水平度盘读数 $b_右$ 为 $275°21'12''$，记入表3-1 中。

(3) 逆时针方向旋转照准部，瞄准左目标 A，读取水平度盘读数 $a_右$ 为 $180°02'42''$，记入表3-1 中，完成盘右半测回或称下半测回观测。盘右位置观测所得水平角为

$$\beta_右 = b_右 - a_右 = 275°21'12'' - 180°02'42'' = 95°18'30''$$

表3-1　水平角观测手簿

测站	测回	盘位	目标	水平度盘读数 /(° ′ ″)	半测回角值 /(° ′ ″)	一测回角值 /(° ′ ″)	各测回平均角值 /(° ′ ″)	备注
O	第一测回	盘左	A	0 02 30	95 18 18	95 18 24	95 18 20	
			B	95 20 48				
		盘右	A	180 02 42	95 18 30			
			B	275 21 12				
O	第二测回	盘左	A	90 03 06	95 18 30	95 18 15		
			B	185 21 36				
		盘右	A	270 02 54	95 18 00			
			B	5 20 54				

3. 计算一测回角值

当盘左、盘右两个半测回角值的差数不超过限差($±40''$)时，则取平均值作为一测回的水平角值，即

$$\beta = \frac{1}{2}(\beta_左 + \beta_右) = 95°18'24''$$

特别提示

计算角值时始终为终点方向目标读数减初始方向目标读数(由于水平度盘为顺时针刻划)。若终点方向目标读数小于初始方向目标读数，则"终点方向目标读数+$360°$－初始方向目标读数"才是结果。例如，在表3-1 中，第二测回盘右的 B 目标读数小于 A 目标读数，这时就应将 B 目标读数加上 $360°$ 再减 A 目标读数。

当测角精度要求较高时，可以观测多测回，取其平均值作为水平角测量的最后结果。为了减小度盘刻划不均匀产生的误差，各测回间应根据测回数，按照 $180°/n$ 变换水平度盘位置。

例如：

观测两测回——$0°$、$90°$。

观测三测回——$0°$、$60°$、$120°$。

观测四测回——$0°$、$45°$、$90°$、$135°$。

观测六测回——$0°$、$30°$、$60°$、$90°$、$120°$、$150°$。

当各测回角值互差小于 $±40″$ 时，则取测回角值平均值作为最终结果；当各测回角值互差大于 $±40″$ 时，需对角值较大的和较小的测回重测。

3.4.2 方向观测法

1. 观测方法与步骤

当一个测站上需测量的方向数多于 2 个时，应采用方向观测法。当方向数多于 3 个时，每半个测回都从一个选定的起始方向(称为零方向)开始观测，在依次观测所需的各个目标之后，再观测起始方向，称为归零。此法也称为全圆方向法或全圆测回法，现以图 3.15 为例进行说明。

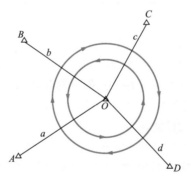

图 3.15 方向观测法

(1) 安置经纬仪于 O 点，成盘左位置，将度盘设置成略大于 $0°$。选择一个明显目标为起始方向 A，读取水平度盘读数，记入表 3-2 中。

(2) 松开水平和竖直制动螺旋，沿顺时针方向依次瞄准 B、C、D 各点，分别读数、记录。为了校核，应再次照准目标 A 读数。A 方向两次读数之差称为半测回归零差。对于 DJ_6 型光学经纬仪，半测回归零差不应超过 $18″$，否则说明观测过程中仪器度盘位置有变动，应重新观测。上述观测称为上半测回。

(3) 倒转望远镜成盘右位置，逆时针方向依次瞄准 A、D、C、B 各点，最后回到 A 点，该操作称为下半测回。如要提高测角精度，需观测多测回。各测回仍按 $180°/n$ 的角度间隔变换水平度盘的起始位置。

表 3-2　方向观测法记录手簿

时间　2022 年 4 月 17 日　　　　天气　晴　　　　仪器型号　DJ₆

观测者　×××　　　　　　　　　记录者　×××　　　　　测站　0

测站	测回	目标	水平度盘读数		2C=左−(右±180°) /(″)	平均读数 = 1/2 [左+(右±180°)] /(° ′ ″)	归零后的方向值/(° ′ ″)	各测回归零方向平均值/(° ′ ″)	简图与角度
			盘左/(° ′ ″)	盘右/(° ′ ″)					
O	第一测回	A	0 01 06	180 01 06	0	(0 01 09) 0 01 06	0 00 00	0 00 00	
		B	37 43 18	217 43 06	+12	37 43 12	37 42 03	37 42 06	
		C	115 28 06	295 27 54	+12	115 28 00	115 26 51	115 26 54	
		D	156 13 48	336 13 42	+6	156 13 45	156 12 36	156 12 32	
		A	0 01 18	180 01 06	+12	0 01 12			
O	第二测回	A	90 02 30	270 02 24	+6	(90 02 24) 90 02 27	0 00 00		
		B	127 44 36	307 44 28	+8	127 44 32	37 42 08		
		C	205 29 18	25 29 24	−6	205 29 21	115 26 57		
		D	246 14 54	66 14 48	+6	246 14 51	156 12 27		
		A	90 02 24	270 02 18	+6	90 02 21			

简图与角度：
A　B
37°42′06′
77°44′48″　C
O　40°45′38″
D

读数估读至 0.1，记录时可写作秒数

2. 方向观测法的计算

现举例说明方向观测法的记录计算方法、步骤及其限差。

(1) 计算上、下半测回归零差(即两次瞄准零方向 A 的读数之差)。见表 3-2 第一测回上、下半测回归零差分别为 12″和 0″，对于用 DJ₆ 型仪器观测，通常半测回归零差的限差为 18″，本例半测回归零差均满足限差要求。

(2) 计算两倍视准轴误差 2C 值。

$$2C = 盘左读数 - (盘右读数 \pm 180°) \tag{3-3}$$

式中，当盘右读数大于 180°时取"−"号，反之取"+"号。2C 值的变化范围(同测回各方向的 2C 最大值与最小值之差)是衡量观测质量的一个重要指标。见表 3-2，第一测回 B 方向 2C = 37°43′18″−(217°43′06″−180°) = +12″，第二测回 C 方向 2C = 205°29′18″−(25°29′24″+180°) = −6″等。由此可以计算各测回内各方向 2C 值的变化范围，如第一测回 2C 值变化范围为 12″−0″ = 12″，第二测回 2C 值变化范围为 8″−(−6″) = 14″。对于用 DJ₆ 型光学经纬仪观测，2C 值的变化范围不做规定，但对于用 DJ₂ 型以上仪器精密测角时，2C 值的变化范围不应超过 18″。

(3) 计算各方向的平均读数。

$$平均读数 = \frac{1}{2}[盘左读数 + (盘右读数 \pm 180°)] \tag{3-4}$$

由于零方向 A 有两个平均读数，故应再取平均值，填入表 3-2 第 7 栏上方小括号内，如第一测回括号内数值(0°01′09″) = 1/2(0°01′06″+0°01′12″)。各方向的平均读数均填入表 3-2 中。

(4) 计算各方向归零后的方向值。将各方向的平均读数减去零方向最后平均值(括号内数值),即得各方向归零后的方向值,填入表 3-2,注意零方向归零后的方向值为 0°00′00″。

(5) 计算各测回归零方向平均值。本例表 3-2 记录了两测回的测角数据,故取两测回归零后方向值的平均值作为各方向最后成果,填入表 3-2。在填入此栏之前应先计算各测回同方向的归零后方向值之差,称为各测回方向差。对于用 DJ₆ 型仪器观测,各测回方向差的限差为±24″。本例两测回方向差均满足限差要求。

为了查用角值方便,在表 3-2 简图与角度栏绘出方向观测简图、点号,并注出两方向间的角度值。

(6) 计算各方向间的水平角。

> **特别提示**
>
> 引例的两种测角方法中,是采用测回法还是方向观测法,要看所要观测的角是单角还是多角,规范规定:由 2 个方向构成的角度,称为单角,用测回法观测;2 个方向以上构成的角度,称为多角,其中 3 个方向构成的角度,应采用方向观测法观测;3 个以上方向构成的角度,应采用全圆方向法观测。
>
> 在本项目开始的引例中,三角形的 3 个内角都是由 2 个方向构成的角度,即单角,应采用测回法,分别测出这 3 个角度。

3.5 竖直角观测

3.5.1 竖盘构造

经纬仪竖盘包括竖直度盘、竖盘指标管水准器和竖盘指标管水准器微动螺旋。竖直度盘固定在横轴一端,可随着望远镜在竖直面内一起转动。竖盘指标同竖盘指标管水准器连接在一起,不随望远镜转动而转动,只有通过调节竖盘指标管水准器微动螺旋,才能使竖盘指标与竖盘指标管水准器(气泡)一起做微小移动。在正常情况下,当竖盘指标管水准器气泡居中时,竖盘指标就处于正确的位置。每次竖盘读数前,均应先调节竖盘指标管水准器气泡居中。

分微尺的零刻划线是竖盘读数的指标线,可看作与竖盘指标管水准器固连在一起,竖盘指标管水准器气泡居中时,竖盘指标就处于正确的位置。如果望远镜视线水平,竖盘读数应为 90°或 270°。当望远镜上下转动瞄准不同高度的目标时,竖盘随着转动,而竖盘指标不随着转动,即竖盘指标线不动,因而可读得不同位置的竖盘读数,用以计算不同高度目标的竖直角,如图 3.16 所示。

有些 DJ₆ 型光学经纬仪当视线水平且竖盘指标管水准器气泡居中时,盘左位置竖盘指标正确读数为 0°,盘右位置竖盘指标正确读数为 180°。在使用前应仔细阅读仪器使用说明书。

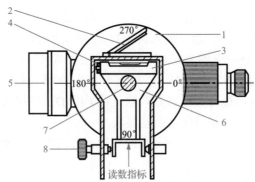

1—竖直度盘；2—竖盘指标管水准器反射镜；3—竖盘指标管水准器；4—竖盘指标管水准器校正螺钉；
5—望远镜视准轴；6—竖盘指标管水准器支架；7—横轴；8—竖盘指标管水准器微动螺旋。

图 3.16　经纬仪竖盘结构

目前新型的光学经纬仪多采用自动归零装置取代竖盘管水准器的结构与功能，它能自动调整光路，使竖盘及其指标满足正确关系，仪器整平后照准目标可立即读取竖盘读数。

竖盘是由光学玻璃制成，其刻划有顺时针方向和逆时针方向两种，如图 3.17 所示。不同刻划的经纬仪其竖直角计算公式不同。当物镜压低，竖盘读数增加时，竖直角为

$$\alpha = 读数-起始读数 = L-90° \tag{3-5}$$

反之，当物镜抬高，竖盘读数减小时，竖直角为

$$\alpha = 起始读数-读数 = 90°-L \tag{3-6}$$

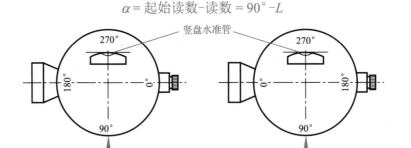

图 3.17　竖盘刻度注记(盘左)

3.5.2　竖直角观测和计算

（1）仪器安置在测站点上，对中、整平。盘左位置瞄准目标点，使十字丝横丝精确瞄准目标顶端，如图 3.18 所示。调节竖盘指标管水准器微动螺旋，使管水准器气泡居中。

（2）用盘右位置再瞄准目标点，调节竖盘指标管水准器微动螺旋，使管水准器气泡居中。

（3）计算竖直角时，需首先判断竖直角计算公式，如图 3.19 所示。

盘左位置，抬高望远镜，竖盘指标管水准器气泡居中时，竖盘读数为 L，则盘左竖直角为

$$\alpha_L = 90°-L \tag{3-7}$$

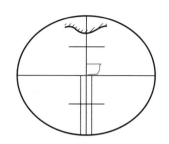

图 3.18　竖直角测量瞄准

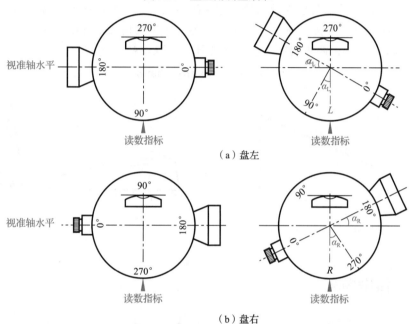

（a）盘左

（b）盘右

图 3.19　竖盘读数与竖直角计算

盘右位置，抬高望远镜，竖盘指标管水准器气泡居中时，竖盘读数为 R，则盘右竖直角为

$$\alpha_R = R - 270° \tag{3-8}$$

一测回角值为

$$\alpha = \frac{\alpha_L + \alpha_R}{2} = \frac{1}{2}(R - L - 180°) \tag{3-9}$$

将各观测数据填入手簿(表 3-3)，利用上列各式逐项计算，便得出一测回竖直角。

表 3-3　竖直角观测手簿

测站	目标	竖盘位置	竖盘读数 (° ′ ″)	半测回竖盘角 (° ′ ″)	指标差 (″)	一测回竖直角 (° ′ ″)	备 注
O	M	左	71 12 36	+18 47 24	−12	+18 47 12	
		右	288 47 00	+18 47 00			
	N	左	96 18 42	−6 18 42	−9	−6 18 51	
		右	263 41 00	−6 19 00			

知识链接

竖直角应用举例

1. 将斜距化为水平距离

如图 3.20 所示，测得 A、B 两点间的斜距 D' 及竖直角 α，可将斜距 D' 化为水平距离 D，其计算公式为

$$D = D'\cos\alpha$$

2. 用三角高程测量法测高程，测高大建(构)筑物、大树等的高度

如图 3.21 所示，欲求某铁塔的高度，可在距离大于铁塔高度的 C 点安置经纬仪，用十字丝横丝切准铁塔顶端 B 点，测得竖直角 α_1，再用十字丝横丝切准铁塔底部 A 点，测得竖直角 α_2，然后量取 A、C 两点间距离 D，即可计算出铁塔的高度 H。

$$H = h_1 + h_2 = D\tan\alpha_1 + D\tan\alpha_2$$

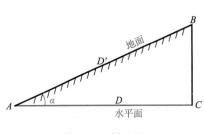

图 3.20 斜改平

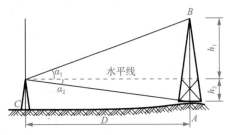

图 3.21 求高度

3.5.3 竖盘指标差

经纬仪由于长期使用及运输，会使望远镜视准轴水平、竖盘管水准器气泡居中时，其指标不能恰好对准 90° 或 270°，而与正确位置差一个小角度 δ，称为竖盘指标差，如图 3.22 所示。此时进行竖直角测量，盘左读数为 $90°+\delta$。正确的竖直角为

$$\alpha = (90°+\delta)-L \tag{3-10}$$

盘右时，正确的竖直角为

$$\alpha = R-(270°+\delta) \tag{3-11}$$

将式(3-7)、式(3-8)代入式(3-10)、式(3-11)得

$$\alpha = \alpha_L+\delta \tag{3-12}$$

$$\alpha = \alpha_R-\delta \tag{3-13}$$

将式(3-12)、式(3-13)相加除以 2，得

$$\alpha = \frac{\alpha_L + \alpha_R}{2}$$

式(3-13)与式(3-9)相同，而指标差可用式(3-10)与式(3-11)相减求得

$$\delta = \frac{\alpha_R - \alpha_L}{2} = \frac{1}{2}(R+L-360°) \tag{3-14}$$

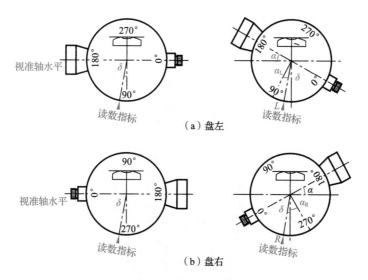

图 3.22 竖盘指标差

指标差互差是用于检查竖直角观测质量的。规范规定：DJ$_6$ 型经纬仪，在同一测站上观测不同目标时的指标差互差或同方向各测回指标差互差，不应超过 25″。此外，在精度要求不高或不便纵转望远镜时，可先测定指标差 δ，在以后观测时只做正镜观测，求得 α_L，然后按式(3-12)求得竖直角。指标差若超出 ±1′ 应校正。

3.6　经纬仪的检验与校正

如图 3.23 所示，经纬仪各部件主要轴线有竖轴 VV、横轴 HH、望远镜视准轴 CC 和照准部管水准器轴 LL。

根据角度测量原理和保证角度观测的精度，经纬仪的主要轴线之间应满足以下条件。

(1) 照准部管水准器轴 LL 应垂直于竖轴 VV。

(2) 十字丝竖丝应垂直于横轴 HH。

(3) 视准轴 CC 应垂直于横轴 HH。

(4) 横轴 HH 应垂直于竖轴 VV。

(5) 竖盘指标差应为零。

由于仪器长期在野外使用，其轴线关系可能被破坏，从而产生测量误差。因此，测量规范要求，正式作业前应对经纬仪进行检验。必要时需对调节部件加以校正，使之满足要求。

经纬仪的
检验与校正

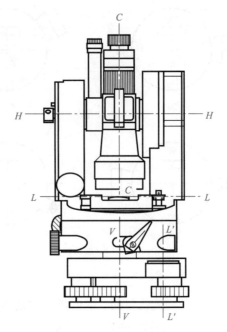

图 3.23　经纬仪的轴线

3.6.1 **照准部管水准器轴垂直于竖轴的检验与校正**

该检验的目的是使仪器满足照准部管水准器轴垂直于仪器竖轴的几何条件，使仪器整平后，保证竖轴铅直，水平度盘水平。

1. 检验

将仪器大致整平，转动照准部，使管水准器平行于任一对脚螺旋的连线。调节两脚螺旋，使管水准器气泡居中。将照准部旋转 $180°$，此时，若气泡仍然居中，则说明满足条件。若气泡偏离量超过一格，应进行校正。

2. 校正

如图 3.24(a)所示，若管水准器轴与竖轴不垂直，之间误差角为 α。当管水准器轴水平时，竖轴倾斜，竖轴与铅垂线夹角为 α。当照准部旋转 $180°$ 时，如图 3.24(b)所示，基座和竖轴位置不变，但气泡不居中，管水准器轴与水平面夹角为 2α，这个夹角反映气泡中心偏离的格值。校正时，可用校正针调整管水准器校正螺钉，使气泡退回偏移量的一半(即 α)，如图 3.24(c)所示，再调整脚螺旋使管水准器气泡居中，如图 3.24(d)所示。这时，管水准器轴水平，竖轴处于竖直位置。这项工作要反复检验，直到满足要求为止。

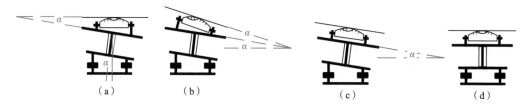

图 3.24 照准部管水准器轴的校正

3.6.2 十字丝竖丝垂直于横轴的检验与校正

1. 检验

该检验的目的是使仪器满足十字丝竖丝垂直于横轴的几何条件，保证十字丝竖丝铅直，精确瞄准目标。用十字丝中点精确瞄准一个清晰目标点 P，然后锁紧望远镜制动螺旋。慢慢转动望远镜微动螺旋，使望远镜上、下移动。如 P 点沿竖丝移动，则满足条件，否则需校正，如图 3.25 所示。

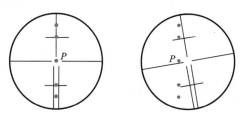

图 3.25 十字丝竖丝检验

2. 校正

十字丝竖丝校正方法同 2.5.2 水准仪的校正方法。

3.6.3 视准轴垂直于横轴的检验与校正

1. 检验

该检验的目的是当横轴水平时，望远镜绕横轴旋转，其视准面应是与横轴正交的铅垂面。若视准轴与横轴不垂直，望远镜将扫出一个圆锥面。用该仪器测量同一铅垂面内不同高度的目标时，所测水平度盘读数不一样，即产生测角误差。水平角测量时，对水平方向目标，正倒镜读数所求 C 即为这项误差。仪器检验常用四分之一法，如图 3.26(a)所示，在平坦地区选择距离 60m 的 A、B 两点。在其中 O 点安置经纬仪，A 点设标志，B 点横放一根刻有毫米分划的直尺。尺与 OB 垂直，并使 A 点、B 尺和仪器的高度大致相同。盘左位置瞄准 A 点，固定照准部，纵转望远镜，在 B 尺上读数为 B_1。然后用盘右位置照准 A 点，再纵转望远镜，在 B 尺上读数为 B_2。若 B_1 和 B_2 重合，表示视准轴垂直于横轴，否则条件不满足。$\angle B_1OB_2 = 4c$，为 4 倍照准差。由此算得

$$c = \frac{B_1B_2}{4D}\rho \tag{3-15}$$

式中，D——O 点到 B 尺之间的水平距离。

上式中，$\rho = 206265''$。对于 DJ_6 型经纬仪，当 $c > 60''$ 时必须校正。

2. 校正

在盘右位置保持 B 尺不动，在 B 尺上定出 B_3 点，如图 3.26(b)所示，使 $B_2B_3 = \frac{1}{4}B_1B_2$，$OB_3$ 便与横轴垂直。用校正针拨十字丝校正螺旋(左、右)，如图 3.27 所示，一松一紧，平移十字丝分划板，直到十字丝交点与 B_3 点重合，最后旋紧螺钉。

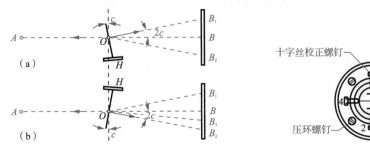

图 3.26　视准轴检验与校正　　　　图 3.27　十字丝分划板校正

3.6.4　横轴垂直于竖轴的检验与校正

1. 检验

横轴垂直于竖轴的检验是保证当竖轴铅直时，横轴应水平；否则，视准轴绕横轴旋转轨迹不是铅垂面，而是一个倾斜面。

检验时，在距墙 $D=30\text{m}$ 处安置经纬仪，在盘左位置瞄准墙上一个明显高点 P，如图 3.28 所示。要求仰角 α 应大于 $30°$。固定照准部，将望远镜大致放平。在墙上标出十字丝中点所对位置 P_1。再用盘右瞄准 P 点，同法在墙上标出 P_2 点。若 P_1 与 P_2 重合，表示横轴垂直于竖轴。如 P_1 与 P_2 不重合，则条件不满足，对水平角测量影响为 i 角，可用下式计算

$$i = \frac{P_1P_2}{2D\tan\alpha}\rho \tag{3-16}$$

式中，$\rho = 206265''$。对于 DJ_6 型经纬仪，若 $i > 60''$ 则需校正。

2. 校正

用望远镜瞄准 P_1P_2 直线的中点 P_M，固定照准部，然后抬高望远镜使十字丝中点移到 P' 点。由于 i 角的影响，P' 点与 P 点不重合。校正时应打开支架护盖，放松支架内的螺钉，使横轴一端升高或降低，直到十字丝中点对准 P 点。需要注意的是，由于经纬仪横轴密封在支架内，该项校正应由专业维修人员进行。

图 3.28　横轴垂直于竖轴检验与校正

3.6.5　竖盘指标差的检验与校正

竖盘指标差的检验的目的是使竖盘指标管水准器气泡居中时，指标处于正确的位置。

1. 检验

仪器整平后，以盘左、盘右先后瞄准同一目标，在竖盘指标管水准器气泡居中时，读取竖盘读数 L 和 R，按式(3-14)计算指标差 δ，若 δ 超过 $\pm1'$，则应进行校正。

2. 校正

校正时，应用盘右位置照准原目标。转动竖盘指标管水准器微动螺旋，使竖盘读数为正确值($\alpha_R-\delta$)。此时气泡不再居中。再用校正针拨动竖盘管水准器校正螺钉，使气泡居中。这项工作应反复进行，直至 δ 值在规定范围之内。

3.6.6　光学对中器的检验与校正

1. 检验

目的是使光学对中器的视准轴与仪器竖轴重合。先架好仪器，整平后在仪器正下方地面上安置一块白色纸板。将光学对中器分划板中心(或十字丝中心)投影到纸板上，如图 3.29(a)所示，并绘制标志点 P。然后将照准部旋转 180°，如果 P 点仍在分划板内，表示条件满足，否则应校正。

2. 校正

在纸板上画出分划板中心与 P 点之间连线中点 P' 点，如图 3.29(b)所示。松开两支架之间圆形护盖上的两颗螺钉，取下护盖，可见到转向棱镜座。调节调整螺钉，使分划板中心前后、左右移动，直至分划板中心与 P' 点重合为止。

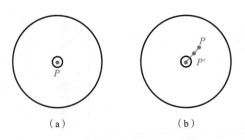

（a）　　　　　　　　　　（b）

图 3.29　光学对中器检验与校正

3.7　角度测量误差分析及注意事项

仪器误差、观测误差及外界条件的影响都会对角度测量的精度带来影响，为了得到符合规定要求的角度测量成果，必须分析这些误差的影响，采取相应有效的措施，将其消除或控制在容许的范围以内。

3.7.1　角度测量误差分析

角度测量误差按来源分类有仪器误差、观测误差和外界条件的影响造成的误差。研究这些误差是为了找出消除和减少这些误差的方法。

1. 仪器误差

仪器误差包括仪器校正之后的残余误差及仪器加工不完善引起的误差。

（1）视准轴误差是由视准轴不垂直于横轴引起的，对水平方向观测值的影响为 $2c$。由于盘左、盘右观测时符号相反，故水平角测量时，可采用盘左、盘右观测值取平均值的方法予以消除。

（2）横轴误差是由于支撑横轴的支架有误差，造成横轴与竖轴不垂直。盘左、盘右观测时对水平角影响为 i 角误差，并且方向相反。所以也可以采用盘左、盘右观测值取平均值的方法予以消除。

（3）竖轴倾斜误差是由管水准器轴不垂直于竖轴，以及照准部管水准器不居中引起的误差。这时，竖轴偏离竖直方向一个小角度，从而引起横轴倾斜及度盘倾斜，造成测角误差。这种误差与正、倒镜观测无关，并且随望远镜瞄准不同方向而变化，不能用正、倒镜取平均值的方法消除。因此，测量前应严格检校仪器，观测时仔细整平，并始终保持照准部管水准器气泡居中，气泡不可偏离一格。

（4）水平度盘偏心差主要是度盘加工及安装不完善引起的。使照准部旋转中心 C_1 与水平度盘圆心 C 不重合引起读数误差，如图 3.30 所示。若 C 和 C_1 重合，瞄准 A、B 目标时正确读数为 a_L、b_L、a_R、b_R。若不重合，其读数为 a'_L、b'_L、a'_R、b'_R，与正确读数相比改变了 x_a、x_b。从图 3.30 可见，在正、倒镜时，指标线在水平度盘上的读数具有对称性，而符号相反，因此，可用盘左、盘右观测值取平均值的方法予以消除。

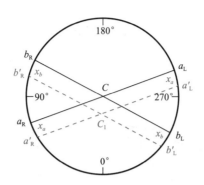

图 3.30　水平度盘偏心差

(5) 度盘刻划误差是由仪器加工不完善引起的。这项误差一般很小。在高精度测量时，为了提高测角精度，可利用度盘位置变换手轮或复测扳手在各测回间变换度盘位置，减小这项误差的影响。

(6) 竖盘指标差可以采用盘左、盘右观测值取平均值的方法予以消除。

2. 观测误差

1) 对中误差

在测角时，若经纬仪对中有误差，将使仪器中心与测站点不在同一条铅垂线上，造成测角误差。图 3.31 所示，O 为测站点，A、B 为目标点，O' 为仪器中心在地面上的投影。OO' 为偏心距，以 e 表示。则对中引起的测角误差为

$$\beta = \beta' + (\varepsilon_1 + \varepsilon_2) \tag{3-17}$$

$$\varepsilon_1 \approx \frac{\rho}{D_1} e\sin\theta, \quad \varepsilon_2 \approx \frac{\rho}{D_2} e\sin(\beta' - \theta) \tag{3-18}$$

$$\varepsilon = \varepsilon_1 + \varepsilon_2 \approx \rho e\left[\frac{\sin\theta}{D_1} + \frac{\sin(\beta' - \theta)}{D_2}\right] \tag{3-19}$$

式中，$\rho = 206\ 265''$。从上式可见，对中误差的影响 ε 与偏心距成正比，与边长成反比。当 $\beta' = 180°$、$\theta = 90°$ 时，ε 角值最大。以 $e = 3\text{mm}$，$D_1 = D_2 = 60\text{m}$ 为例，其对中误差为

$$\varepsilon = \rho e\left(\frac{1}{D_1} + \frac{1}{D_2}\right) = 20.6''$$

由于这项误差不能通过观测方法消除，因此测水平角时要仔细对中，在短边测量时更要严格对中。

2) 目标偏心误差

目标偏心误差是由标杆倾斜引起的。如标杆倾斜，又没有瞄准底部，则产生目标偏心误差，如图 3.32 所示，O 为测站，A 为地面目标点，AA' 为标杆，标杆倾角 α。目标偏心误差为

$$e = d\sin\alpha \tag{3-20}$$

目标偏斜对观测方向影响为

$$\varepsilon = \frac{e}{D}\rho = \frac{d\sin\alpha}{D}\rho \tag{3-21}$$

从式(3-21)可见，目标偏心误差对水平方向影响与 e 成正比，与边长成反比。为了减小

这项误差，测角时标杆应竖直，并尽可能瞄准底部。

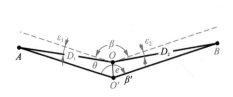 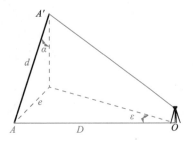

图 3.31　仪器对中误差　　　　　　　图 3.32　目标偏心误差

3) 照准误差

测角时因人眼通过望远镜瞄准目标产生的误差称为照准误差。影响照准误差的因素很多，如望远镜放大倍数、人眼分辨视角、十字丝的粗细、标志形状和大小、目标影像亮度、颜色等，通常以人眼最小分辨视角(60″)和望远镜放大率 v 来衡量仪器的照准精度，即

$$m_v = \pm \frac{60''}{v} \tag{3-22}$$

对于 DJ_6 型经纬仪，$v = 28$，$m_v \approx \pm 2.1''$。

4) 读数误差

读数误差主要取决于仪器读数设备。对于采用分微尺读数系统的经纬仪，读数误差为测微器最小分划值的 1/10，即 $0.1' = 6''$。

3. 外界条件的影响

外界条件的影响因素很多，也比较复杂。外界条件对测角的主要影响如下。

(1) 温度变化会影响仪器(如视准轴位置)的正常状态。

(2) 天气(如大风)会影响仪器和目标的稳定性。

(3) 大气折光会导致视线改变方向。

(4) 大气透明度(如雾气)会影响照准精度。

(5) 地面坚实程度、车辆振动等会影响仪器的稳定。

这些因素都会给测角的精度带来影响。要完全避免这些影响是不可能的，但如果选择有利的观测时间和避开不利的外界条件，并采取相应的措施，可以使这些外界条件的影响降低到较小的程度。

3.7.2　角度测量的注意事项

通过上述分析，为了保证测角的精度，观测时必须注意下列事项(表3-4)。

(1) 观测前应先检验仪器，如不符合要求应进行校正。

(2) 安置仪器要稳定，脚架应踩实，应仔细对中和整平。尤其对短边时应特别注意仪器对中，在地形起伏较大地区观测时，应严格整平。一测回内不得再对中、整平。

(3) 目标应竖直，仔细对准地面上标志中心，根据远近选择不同粗细的标杆，尽可能瞄准标杆底部，最好直接瞄准地面上标志中心。

表 3-4　水平角测量误差与注意事项

水平角测量误差		误差产生的主要原因	误差消除或减弱的方法 (注意事项)
仪器误差	视准轴误差	由视准轴不垂直于横轴引起	采用盘左、盘右观测值取平均值的方法消除误差
	横轴误差	由横轴不垂直于竖轴引起	采用盘左、盘右观测值取平均值的方法消除误差
	竖轴倾斜误差	由管水准器轴不垂直于竖轴引起	严格检校仪器,观测时细心整平仪器来减弱误差
	水平度盘偏心差	由照准部旋转中心与水平度盘中心不重合引起	采用盘左、盘右观测值取平均值的方法或采用对径重合的读数方法消除误差
	度盘刻划误差	由度盘刻划不均匀引起	用变换度盘位置的多测回观测方法来减弱误差
观测误差	对中误差	由安置仪器时对中不准确引起	用严格对中来减弱误差
	目标偏心误差	由标杆倾斜引起	将标杆竖直,并尺量观瞄准底部来减弱误差
	照准误差	由人眼的分辨视角、望远镜放大倍数、标志形状及目标影像亮度等引起	选择适宜的观测标志、有利的观测时间,并仔细观测来减弱误差
	读数误差	由测微尺的精度、人眼的分辨能力等引起	根据观测精度要求选择相应等级的经纬仪,并仔细观测来减弱误差
外界条件的影响带来的误差		由温度、天气、大气折光、大气透明度、地面坚实程度等外界条件的影响引起	选择有利的观测条件,尽量避免不利因素的影响来减弱误差

(4) 严格遵守各项操作规定和限差要求。采用盘左、盘右位置观测值取平均值的观测方法:照准时应消除视差,一测回内观测避免碰动度盘;竖直角观测时,应先使竖盘指标管水准器气泡居中后,才能读取竖盘读数。

(5) 当对一水平角进行 m 个测回(次)观测时,各测回间应变换度盘起始位置,每测回观测度盘起始读数变动值为 $180°/m$(m 为测回数)。

(6) 水平角观测时,应以十字丝交点附近的竖丝仔细瞄准目标底部;竖直角观测时,应以十字丝交点附近的横丝照准目标的顶部(或某一标志)。

(7) 读数应果断、准确,特别注意估读数。观测结果应及时记录在正规的记录手簿上,当场计算。当各项限差满足规定要求后,方能搬站。如有超限或错误,应立即重测。

(8) 选择有利的观测时间和避开不利的外界因素。

(9) 仪器安置的高度应合适,脚架应踩实,中心螺旋拧紧,观测时手不扶脚架,转动照准部及使用各种螺旋时,用力要轻。

3.8 电子经纬仪简介

世界上第一台电子经纬仪于 1968 年研制成功，但直到 20 世纪 80 年代初才生产出商品化的电子经纬仪。随着电子技术的飞速发展，电子经纬仪的制造成本急速下降，现在，国产电子经纬仪的售价已经逼近同精度的光学经纬仪的价格。

电子经纬仪利用光电转换原理和微处理器自动测量度盘的读数功能将测量结果显示在仪器显示窗上，如将其与电子手簿连接，可以自动储存测量结果。

3.8.1 电子经纬仪的测角原理

电子经纬仪的测角系统有 3 种：编码度盘测角系统、光栅度盘测角系统和动态测角系统。现在大部分电子经纬仪都采用光栅度盘测角系统，因此本节主要介绍光栅度盘测角系统的测角原理。

图 3.33(a)所示，在玻璃圆盘的径向，均匀地按一定的密度刻划有交替的透明与不透明的辐射状条纹，条纹与间隙的宽度均为 a，这就构成了光栅度盘。图 3.33(b)所示，如果将两块密度相同的光栅重叠，并使它们的刻线相互倾斜一个很小的角度 θ，就会出现明暗相间的条纹，这种条纹称为莫尔条纹。莫尔条纹的特性：两光栅的倾角 θ 越小，相邻明、暗条纹间的间距 w(简称纹距)就越大，其关系为

$$w = \frac{d}{\theta} \rho \tag{3-23}$$

式中，θ 的单位为(')，$\rho = 3\,438'$。例如，当 $\theta = 20'$ 时，$w = 172d$，即纹距 w 是栅距 d 的 172 倍。这样，就可以对纹距进一步细分，以达到提高测角精度的目的。

当两条光栅在与其刻线垂直的方向相对移动时，莫尔条纹将做上下移动。当相对移动一条刻线的距离时，莫尔条纹则上下移动一周期，即明条纹正好移到原来邻近的一条明条纹的位置上。

图 3.33(a)所示，为了在转动度盘时形成莫尔条纹，在光栅度盘上安装有固定的指示光栅。指示光栅与度盘下面的发光二极管和上面的光敏二极管固连在一起，不随照准部转动。光栅度盘与经纬仪的照准部固连在一起，当光栅度盘与经纬仪照准部一起转动时，即形成莫尔条纹。随着莫尔条纹的移动，光敏二极管将产生按正弦规律变化的电信号，将此电信号整形，可变为矩形脉冲信号，对矩形脉冲信号计数，即可求得光栅度盘旋转的角值。测角时，在望远镜瞄准起始方向后，可使仪器中心的计数器为 0°(度盘置零)。在度盘随望远镜瞄准第二个目标的过程中，对产生的脉冲进行计数，并通过译码器化算为度、分、秒送显示器窗口显示出来。

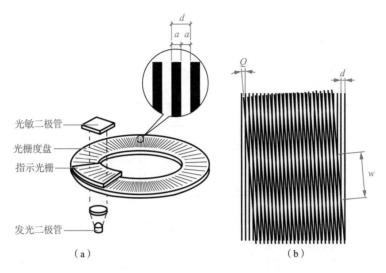

图 3.33 光栅度盘测角原理

3.8.2 ET-02 电子经纬仪的使用方法

我国南方测绘仪器公司生产的 ET-02 电子经纬仪如图 3.34 所示，各部件的名称见图中的注记。它一测回方向观测中误差为±2″，角度最小显示到 1″，竖盘指标自动归零补偿采用液体电子传感补偿器。它可以与南方测绘公司生产的光电测距仪和电子手簿连接，组成速测全站仪，完成野外数据的自动采集。

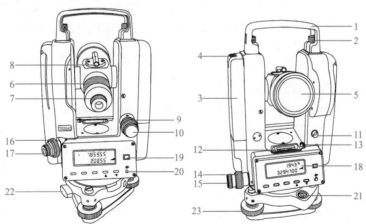

1—手柄；2—手柄固定螺钉；3—电池盒；4—电池盒按钮；5—物镜；6—物镜调焦螺旋；7—目镜调焦螺旋；
8—光学瞄准器；9—望远镜制动螺旋；10—望远镜微动螺旋；11—光电测距仪数据接口；12—管水准器；
13—管水准器校正螺钉；14—水平制动螺旋；15—水平微动螺旋；16—光学对中器物镜调焦螺旋；
17—光学对中器目镜调焦螺旋；18—显示窗；19—电源开关键；20—显示窗照明开关键；21—圆水准器；
22—轴套锁定钮；23—脚螺旋。

图 3.34 ET-02 电子经纬仪

仪器使用 NiMH 高能可充电电池供电，充满电的电池可供仪器连续使用 8～10h；设有双操作面板，每个操作面板都有完全相同的一个显示窗和 7 个功能键，便于正倒镜观测；望远镜的十字丝分划板和显示窗均有照明光源，以便于在黑暗环境中观测。

1. 开机

ET-02 电子经纬仪操作面板如图 3.35 所示，右上角的 PWR 键为电源开关键。

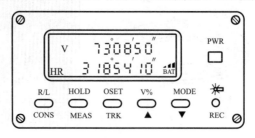

图 3.35　ET-02 电子经纬仪操作面板

当仪器处于关机状态时，按下 PWR 键 2s 后可打开仪器电源；当仪器处于开机状态时，按下 PWR 键 2s 可关闭仪器电源。仪器在测站上安置好后，打开仪器电源时，在显示窗中字符"HR"的右边显示的是当前视线方向的水平度盘读数；在显示窗中字符"V"的右边将显示"OSET"字符，它提示用户应将竖盘指标归零。将望远镜置于盘左位置，向上或向下转动望远镜，当其视准轴通过水平视线位置时，显示窗中字符"V"右边将变成当前视准轴方向的竖直度盘读数值，即可进行角度测量。

2. 键盘功能

除了电源开关键 PWR 键，其余的 6 个键都是双功能键。一般情况下，仪器执行按键上方注记文字的第一功能(测角操作)。如果先按 MODE 键，然后按其余各键，则执行按键下方所注记文字的第二功能(测距操作)。各键具体功能，读者可参阅《ET-02 电子经纬仪操作手册》。

3. 仪器的设置

ET-02 电子经纬仪可以设置如下内容。

(1) 角度测量单位。360°(出厂设置为 360°)、400gon、640mil。

(2) 竖直角零方向的位置。天顶为零方向(出厂设置为天顶为零方向)或水平为零方向。

(3) 自动关机时间。30min(出厂设置为 30min)或 10min。

(4) 角度最小显示单位。1″(出厂设置为 1″)或 5″。

(5) 竖盘指标零点补偿。自动补偿(出厂设置为自动补偿)或不补偿。

(6) 水平度盘读数经过 0°、90°、180°、270°时蜂鸣(出厂设置为蜂鸣)或不蜂鸣。

(7) 选择与不同类型的测距仪连接(出厂设置为与南方测绘公司的 ND3000 红外测距仪连接)。

如果用户要修改上述仪器设置内容，可以在关机状态，按住 CONS 键不放，再按住 PWR 键 2s 打开电源开关，至 3 声蜂鸣后松开 CONS 键，仪器进入初始模式状态。

按 MEAS 键或 TRK 键可使闪烁的光标向左或向右移动到要更改的数字位，按▲键或▼键可使闪烁的数字在 0～9 之间变化，根据需要完成设置后，按 CONS 键确认，即可退出设置状态，返回正常测角状态。

4. 角度测量

由于 ET-02 电子经纬仪采用光栅度盘测角系统，当转动仪器照准部时，即自动开始测角，所以观测员精确照准目标后，显示窗将自动显示当前视线方向的水平度盘和竖直度盘读数，无须再按任何键，仪器操作简单方便。

本项目小结

本项目主要包含水平角与竖直角测量原理，DJ$_6$ 型光学经纬仪的构造及使用，水平角的观测方法，竖直角的观测方法，经纬仪的检验与校正，角度测量误差分析及注意事项，电子经纬仪简介。

本项目要求学生熟练掌握 DJ$_6$ 型光学经纬仪的使用方法；了解水平角与竖直角的概念及测量原理，并熟练掌握水平角与竖直角的观测方法和计算方法；了解经纬仪的轴线及各轴线间应满足的几何关系，掌握经纬仪检验与校正的方法；了解角度测量时误差产生的原因，以及观测时的注意事项。简单了解电子经纬仪的构造。

习 题

一、选择题

1. 经纬仪测量水平角时，正倒镜瞄准同一方向所读的水平方向值理论上应相差(　　)。

A. 180° 　　　 B. 0°

C. 90° 　　　 D. 270°

2. 用经纬仪测水平角和竖直角，采用正倒镜方法可以消除一些误差，下面哪个仪器误差不能用正倒镜法消除？(　　)

A. 视准轴不垂直于横轴 　　　 B. 竖盘指标差

C. 横轴不水平 　　　 D. 竖轴不竖直

3. 测回法测水平角时，如要测四测回，则第二测回起始读数为(　　)。

A. 15°00′00″ 　　　 B. 30°00′00″

C. 45°00′00″ 　　　 D. 60°00′00″

4. 测回法适用于(　　)。

A. 单角 　　　 B. 测站上有 3 个方向

C. 测站上有 3 个方向以上 　　　 D. 所有情况

5. 用经纬仪测竖直角，盘左读数为 81°12′18″，盘右读数为 278°45′54″，则该仪器的竖盘指标差为(　　)。

A. 54″ 　　　 B. -54″

C. 6″ 　　　 D. -6″

6. 在竖直角观测中，盘左、盘右观测值取平均值能否消除竖盘指标差的影响？（　　）

A. 不能　　　　　　　　　　　　　B. 能消除部分影响

C. 可以消除　　　　　　　　　　　D. 两者没有任何关系

二、填空题

1. 视准轴是指_____与_____的连线。转动目镜对光螺旋的目的是_____。

2. 水平角的取值范围是_____。竖直角的取值范围是_____。

3. 经纬仪由_____、_____、_____3 个部分组成。

4. 经纬仪的使用主要包括_____、_____、_____和_____4 项操作步骤。

5. 测量水平角时，要用望远镜十字丝分划板的_____丝瞄准观测标志。测量竖直角时，要用望远镜十字丝分划板的_____丝瞄准观测标志。

三、简答题

1. 什么是水平角？什么是竖直角？经纬仪为什么既能测出水平角又能测出竖直角？

2. 试分述用测回法和方向观测法测量水平角的操作步骤。

3. 观测水平角时，如测两个以上测回，为什么各测回要变换度盘位置？若测回数为 4，各测回的起始读数应如何变换？

4. 经纬仪有哪些主要轴线？各轴线之间应满足什么几何条件？为什么？

5. 水平角测量的误差来源有哪些？在观测中应如何消除或削弱这些误差的影响？

6. 采用盘左、盘右观测水平角，能消除哪些仪器误差？

7. 经纬仪对中、整平的目的是什么？操作方法如何？

四、计算题

1. 整理表 3-5 中测回法观测水平角的记录。

2. 整理表 3-6 中方向观测法测水平角的记录。

3. 整理表 3-7 中竖直角观测的记录。

表 3-5　测回法观测手簿

测　站	竖盘位置	目　标	水平度盘读数/ (° ′ ″)	半测回角值/ (° ′ ″)	一测回角值/ (° ′ ″)	各测回平均角值/ (° ′ ″)	备注
第一测回 O	左	A	0 01 12				
	右	B	200 08 54				
	左	A	180 02 00				
	右	B	20 09 30				
第二测回 O	左	A	90 00 36				
	右	B	290 08 00				
	左	A	270 01 06				
	右	B	110 08 48				

表 3-6 方向观测法观测手簿

测站	测回数	目标	读数 盘左/(° ′ ″)	盘右/(° ′ ″)	2c/(° ′)	平均读数/(° ′ ″)	归零方向值/(° ′ ″)	各测回平均方向值/(° ′ ″)	备注
O	1	C	0 00 42	180 01 24					
		D	76 25 36	256 26 30					
		B	128 48 06	308 48 54					
		A	290 56 24	110 57 00					
		C	0 00 54	180 01 30					
		Δ=							
O	2	C	90 01 30	270 02 06					
		D	166 26 30	346 27 12					
		B	218 49 00	38 49 42					
		A	20 57 06	200 57 54					
		C	90 01 30	270 02 12					
		Δ=							

表 3-7 竖直角观测手簿

测站	目标	竖盘位置	竖盘读数/(° ′ ″)	半测回竖直角/(° ′ ″)	指标差/(″)	一测回竖直角/(° ′ ″)	备注
O	A	左	98 43 18				竖直度盘为顺时针注记
		右	261 15 30				
	B	左	75 36 00				
		右	284 22 36				

项目4 距离测量与直线定向

思维导图

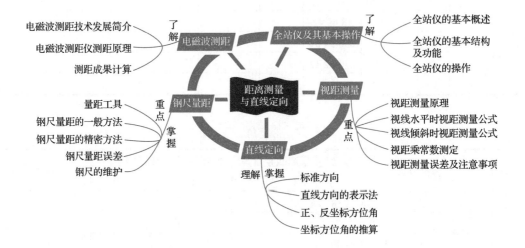

如果外出旅游，首先要知道目标地的路程(距离)和方位，那么这路程和方位是如何测量出来的？本项目将介绍这一问题。

距离测量就是测量地面两点之间的水平距离。如果测得的是倾斜距离，就必须将其换算为水平距离。根据量距工具和量距精度的不同，距离测量的方法有钢尺量距、普通视距测量和光电测距仪测距。直线定向就是确定直线与标准方向之间的水平夹角的关系，主要是方位角和象限角两种方法，来表示直线与标准方向之间的水平夹角的关系。

4.1 钢尺量距

钢尺量距

钢尺量距工具简单，是工程测量中最常用的一种距离测量方法，按精度要求不同又分为一般方法和精密方法。

4.1.1 量距工具

钢尺量距利用钢尺直接测量地面两点之间的距离，又称为距离丈量。钢尺量距时，根据不同的精度要求所用的工具和方法也不同。普通钢尺是钢制带尺，尺宽 10～15mm，长度有 20m、30m 和 50m 等多种。为了便于携带和保护，将钢卷尺放在圆形皮盒内或金属尺架上，如图 4.1 所示。

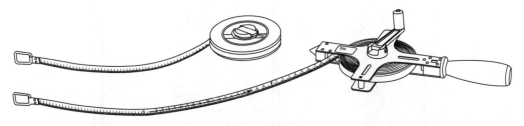

图 4.1　钢卷尺

钢尺的零分划位置有两种：一种是在钢尺前端有一条刻线作为尺长的零分划线，称为刻线尺［图 4.2(a)］；另一种是零点位于尺端，即拉环外沿，这种尺称为端点尺［图 4.2(b)］。端点尺的缺点是拉环易磨损。钢尺上在分米和米处都刻有注记，便于量距时读数。

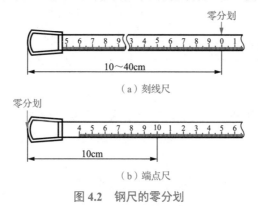

图 4.2　钢尺的零分划

量距工具还有皮尺，外形同钢卷尺，用麻皮制成，基本分划为厘米，零点在尺端。

皮尺精度低，只用于精度要求不高的距离丈量中。钢尺量距最高精度可达到 1/10000。由于其在短距离量距中使用方便，常在工程中使用。

钢尺量距中辅助工具还有测钎、标杆、弹簧秤和温度计(图 4.3)。测钎是用直径 5mm 左右的粗铁丝制成的，长 30～40cm。它的一端磨尖，便于插入土中，用来标志所量尺段的起止点，另一端做成环状便于携带。测钎 6 根或 11 根为一组，它用于计算已量过的整尺段数。标杆长 2～3m，杆上涂以 20cm 间隔的红、白漆，以便远处清晰可见，用于标定直线。弹簧秤和温度计，用以控制拉力和测定温度。

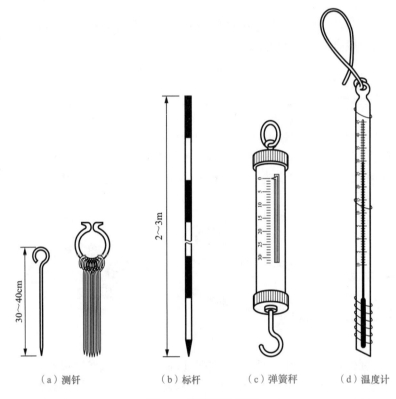

（a）测钎　　（b）标杆　　（c）弹簧秤　　（d）温度计

图 4.3　量距辅助工具

4.1.2　钢尺量距的一般方法

1. 直线定线

如果地面两点之间距离较长或地面起伏较大，需要分段进行量测。为了使所量线段在一条直线上，需要在每一尺段首尾立标杆。在所量尺段中，把相应标志标定在待测两点间直线上的工作称为直线定线。

一般量距用目估定线。在待测距离两个端点 A、B 上竖立标杆，如图 4.4 所示，作业员

甲立于端点 *A* 后 1m 处，瞄准端点 *A*、*B* 上的标杆，并指挥另一位持杆作业员乙左右移动标杆 2，直到 3 个标杆在一条直线上，然后将标杆竖直插下。直线定线一般由远到近进行。

当量距精度要求较高时，应使用经纬仪定线，其方法同目估法，只是将经纬仪安置在 *A* 点，用望远镜瞄准 *B* 点进行定线。

图 4.4　直线定线

2. 量距方法

1) 平坦地面的量距方法

如图 4.5 所示，欲量 *A*、*B* 两点之间的水平距离，先在 *A*、*B* 处竖立标杆，作为丈量时定线的依据；再在清除直线上的障碍物以后开始丈量。

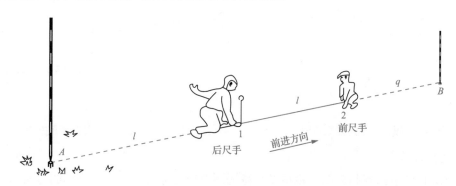

图 4.5　平坦地面的量距方法

丈量工作一般由两人进行，后尺手持尺的零端位于 *A* 点，前尺手持尺的末端并携带一组测钎(6~11 根)，沿 *AB* 方向前进，行至一尺段处停下。后尺手以尺的零点对准 *A* 点，当两人同时把钢尺拉紧、拉平和拉稳后，前尺手在尺的末端刻线处竖直地插下一测钎，得到点 1，这样便量完了一个尺段。如此继续丈量下去，直至最后不足一整尺段的长度，称为余长(图 4.5 中 2*B* 段)；丈量余长时，后尺手将尺上 0 点分划对准 *n* 点，由前尺手对准 *B* 点，在尺上读出读数，即可求得不足一尺段的余长，则 *A*、*B* 两点之间的水平距离 D_{AB} 为

$$D_{AB} = nl + q \tag{4-1}$$

式中，*n*——尺段数；

　　　l——尺长；

　　　q——余长。

2) 倾斜地面的量距方法

如果 A、B 两点间有较大的高差，但地面坡度比较均匀，大致成一倾斜面，如图 4.6 所示，则可沿地面丈量倾斜距离 D'，用水准仪测定两点间的高差 h，按式(4-2)或式(4-3)中任一式计算水平距离 D。

$$D = \sqrt{D'^2 - h^2} \tag{4-2}$$

$$D = D' + \Delta D_h = D' - \frac{h^2}{2D'} \tag{4-3}$$

式中，ΔD_h——量距时的高差改正(或称倾斜改正)。

3) 高低不平地面的量距方法

当地面高低不平时，为了能量得水平距离，前、后尺手同时抬高并拉紧钢尺，使尺悬空并大致水平(如为整尺段时则中间有一人托尺)，同时用垂球把钢尺两个端点投影到地面上，用测钎等做出标记，分别量得各段水平距离 l_i，然后取其总和，得到 A、B 两点间的水平距离 D。这种方法称为水平钢尺法或平量法。当地面高低不平并向一个方向倾斜时，可只抬高钢尺的一端，然后在抬高的一端用垂球投影，如图 4.7 所示。

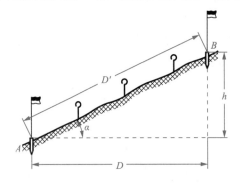

图 4.6　倾斜地面的量距方法

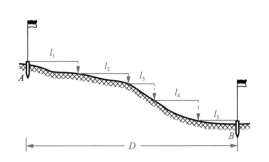

图 4.7　高低不平地面的量距方法

4) 成果计算

为了防止丈量错误和提高量距精度，待测距离要往返丈量。上述介绍的方法为往测，返测时要重新进行定线。把往返丈量所得距离的差数除以往、返测量距离的平均值，称为距离丈量的相对精度，或称相对误差。即

$$K = \frac{\left| D_{往} - D_{返} \right|}{D_{平均}} \tag{4-4}$$

【例 4-1】　距离 AB，往测时为 155.642m，返测时为 155.594m，则量距相对精度为

$$K = \frac{\left| 155.642 - 155.594 \right|}{(155.642 + 155.594)/2} = \frac{0.048}{155.618} \approx \frac{1}{3200}$$

在计算相对精度时，往、返丈量之差取其绝对值，并将结果化成分子为 1 的分式。相对精度的分母越大，说明量距的精度越高。在平坦地区钢尺量距的相对精度一般不应大于 1/3000；在量距困难地区，其相对精度也不应大于 1/1000。量距的相对精度没有超过规定值，可取往、返测量结果的平均值作为两点间的水平距离 D。

钢尺量距一般方法的记录及成果计算见表 4-1。

表 4-1　钢尺量距一般方法的记录及成果计算

线段	尺段长/m	往测			返测			往返差/m	相对精度	往返平均/m
		尺段数	余长数/m	总长/m	尺段数	余长数/m	总长/m			
AB	30	5	27.478	177.478	5	27.452	177.452	0.026	1/6800	177.465
BC	50	2	46.935	146.935	2	46.971	146.971	0.036	1/4100	146.953

4.1.3　钢尺量距的精密方法

钢尺量距的一般方法的精度只能达到 1/5000～1/1000，当量距精度要求较高时，例如要求量距精度达到 1/40000～1/10000 时，应采用精密方法进行丈量。钢尺量距的精密方法与钢尺量距的一般方法基本步骤是相同的，只不过前者在相应步骤中采用了较精密的方法，并对一些影响因素进行了相应的改正。

1. 钢尺检定

钢尺因刻划误差、使用中的变形、丈量时温度变化和拉力不同的影响，其实际长度往往不等于尺上所注的长度即名义长度。丈量时应对钢尺进行检定，求出在标准温度和标准拉力下的实际长度，以便对丈量结果加以改正。在一定的拉力下，以温度 t 为变量的函数式来表示尺长 l_t，这就是尺长方程式，其一般形式为

$$l_t = l_0 + \Delta l + \alpha (t-t_0) l_0 \tag{4-5}$$

式中，l_t——钢尺在温度 t(℃)时的实际长度，m；

l_0——钢尺的名义长度，m；

Δl——尺长改正数，即钢尺在温度 t_0 时的改正数，m；

α——钢尺的线膨胀系数，其值为$(1.25\times10^{-5}\sim1.15\times10^{-5})$/℃；

t——钢尺量距时的温度，℃；

t_0——钢尺检定时的温度，一般取 20℃。

每根钢尺都应有尺长方程式，用以对丈量结果进行改正，尺长方程式中的尺长改正数 Δl 要通过钢尺检定，与标准长度相比较而求得。

2. 定线

确定了距离丈量的两个端点后，即可开始直线定线工作。由于目估定线精度较低，在钢尺精密量距时，必须用经纬仪定线，其定线内容主要有经纬仪在两点间定线及经纬仪延长直线定线。

1) 经纬仪在两点间定线

如图 4.8 所示，欲在 AB 线内精确定出 1、2 点的位置。可由作业员甲将经纬仪安置于 A 点，用望远镜照准 B 点，固定照准部制动螺旋。然后将望远镜向下俯视，用手势指挥持杆作业员乙移动标杆至与十字丝竖丝重合时，便在标杆位置打下木桩，再根据十字丝在木桩上刻出十字细线(或钉上小钉)，即为准确定出的 1 点位置。用同样方法定出 2 点位置。

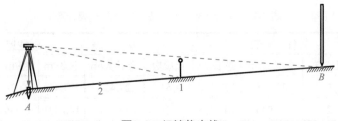

图 4.8　经纬仪定线

2) 经纬仪延长直线定线

如图 4.9 所示，如果需将直线 AB 延长至 C 点，置经纬仪于 B 点，对中整平后，望远镜以盘左位置用竖丝瞄准 A 点，制动照准部，松开望远镜制动螺旋，倒转望远镜，用竖丝定出 C' 点。望远镜以盘右位置再瞄准 A 点，制动照准部，再倒转望远镜定出 C'' 点。取 $C'C''$ 的中点，即为精确位于 AB 直线延长线上的 C 点。这种延长直线的方法称为经纬仪正倒镜分中法。用正倒镜分中法可以消除经纬仪可能存在的视准轴误差与横轴不水平误差对延长直线的影响。

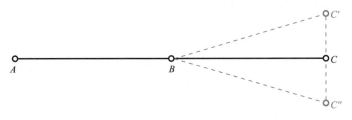

图 4.9　经纬仪延长直线

3. 量距

用检定过的钢尺精密丈量 A、B 两点间的距离，丈量组一般由五人组成，两人拉尺，两人读数，一人指挥兼记录读数及温度。

丈量时，前尺手拉伸钢尺置于相邻两木桩顶上，并使钢尺有刻划线的一侧贴切十字线或小钉。后尺手将弹簧秤挂在尺的零端，以便施加钢尺检定时的标准拉力，如图 4.10 所示。两端同时根据十字丝交点读取读数，估读到 0.5mm 记入手簿(表 4-2)，并计算尺段长度。

图 4.10　钢尺精密量距

前、后移动钢尺 2～3cm，同法再次丈量，每一尺段要读 3 组数，由 3 组读数算得的长度较差均应小于 3mm，否则应重量。如在限差之内，取 3 次结果的平均值，作为该尺段的观测结果。每一尺段应记温度一次，估读至 0.5℃。如此继续丈量至终点，即完成往测。完成往测后，应立即返测。每条直线所需丈量的往返次数视量距的精度要求而定。

4. 测定相邻桩顶间的高差

上述所量的距离，是相邻桩顶点间的倾斜距离，为了改算成水平距离，要用水准测量的方法测出各桩顶间的高差，以便进行倾斜改正。水准测量宜在量距前或量距后往、返观测一次，以资检核。相邻两桩顶往、返所测高差之差，一般不得超过±10mm，如在限差以内，取其平均值作为观测的成果。

5. 成果计算

精密量距中，将每一段丈量结果经过尺长改正、温度改正和倾斜改正后换算成水平距离，并求总和，得到直线往测或返测的全长。如相对精度符合要求，则取往、返测平均值作为最后成果。

1) 尺段长度的计算

(1) 尺长改正。钢尺在标准拉力、标准温度下的实际长度为 l'，它与钢尺的名义长度 l_0 的差数 Δl 即为整尺段的尺长改正数，$\Delta l = l'-l_0$，则有

$$\Delta l_d = \frac{l'-l_0}{l_0}l \tag{4-6}$$

式中，Δl_d——尺段的尺长改正数，m；

$\quad\quad l$——尺段的倾斜距离，m。

【例 4-2】 表 4-2 中 $A1$ 尺段，$l = l_{A1} = 29.8755$m，$\Delta l = l'-l_0 = 30.0025m-30$m $= +0.0025$m $= +2.5$mm。

故 $A1$ 尺段的尺长改正数为

$$\Delta l_d = \frac{2.5\text{mm}}{30\text{m}} \times 29.8755\text{m} \approx 2.5\text{mm}$$

(2) 温度改正。设钢尺在检定时的温度为 t_0℃，丈量时的温度为 t℃，钢尺的线膨胀系数为 α，则丈量一个尺段 l 的温度改正数 Δl_t 为

$$\Delta l_t = \alpha(t-t_0)l \tag{4-7}$$

式中，l——尺段的倾斜距离，m。

【例 4-3】 表 4-2 中，No.11 钢尺的膨胀系数为 0.000012/℃，检定时温度为 20℃，丈量 $A1$ 段时的温度为 26.5℃，$l = l_{A1} = 29.8755$m，则 $A1$ 尺段的温度改正数为

$$\Delta l_t = \alpha(t-t_0)l = 0.000012/℃ \times (26.5℃-20℃) \times 29.8755\text{mm} \approx 2.3\text{mm}$$

(3) 倾斜改正。如图 4.11 所示，设 l 为量得的斜距，h 为尺段两端点间的高差，现要将 l 改算成水平距离 D，故要加倾斜改正数 Δl_h，从图 4.11 可以看出

$$\Delta l_h = D-l$$

即

$$\Delta l_h = \sqrt{l^2-h^2}-l = l\left(1-\frac{h^2}{l^2}\right)^{\frac{1}{2}}-l \tag{4-8}$$

将 $\left(1-\dfrac{h^2}{l^2}\right)^{\frac{1}{2}}$ 展成级数后代入得

$$\Delta l_h = l\left(1-\frac{h^2}{2l^2}-\frac{h^4}{8l^4}-\cdots\right)-l \approx -\frac{h^2}{2l}$$

由上式可以看出，倾斜改正数永远为负值。

把表 4-2 中 $A1$ 段的数据带入上式，可得 $A1$ 段的倾斜改正数为

$$\Delta l_h = \left[-\frac{(-0.115)^2}{2 \times 29.8755} \right] mm \approx -0.2mm$$

综上所述，每一尺段改正后的水平距离 D 为

$$D = l + \Delta l_d + \Delta l_t + \Delta l_h \tag{4-9}$$

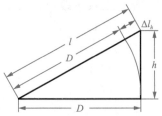

图 4.11　尺段倾斜改正

【例 4-4】　表 4-2 中，$A1$ 尺段实测距离为 29.8755m，三项改正值为 $\Delta l_d = +2.5mm$，$\Delta l_t = +2.3mm$，$\Delta l_h = -0.2mm$，则 $A1$ 尺段的水平距离为

$$D_{A1} = l + \Delta l_d + \Delta l_t + \Delta l_h = 29.8755m + 2.5mm + 2.3mm - 0.2mm = 29.8801m$$

2) 计算全长

将各个改正后的尺段和余长相加起来，便得到 AB 距离的全长。表 4-2 为往测结果，其值为 196.5186m，同样算出返测的全长，其值为 196.5136m，故平均距离为 196.5161m。其相对误差为

$$K_D = \frac{|D_{往} - D_{返}|}{D_{平均}} = \frac{|196.5186m - 196.5136m|}{196.5161m} \approx \frac{1}{39000}$$

如果相对误差在限差范围内，则平均距离即为观测结果；如果相对误差超限，则应重测。

钢尺精密量距的记录及成果计算见表 4-2。

表 4-2　钢尺精密量距的记录及成果计算

钢尺号码：No.11　　　钢尺膨胀系数：0.000012　　　钢尺检定时温度 t_0：20℃　　　计算者：×××
钢尺名义长度 l_0：30m　　钢尺检定长度 l'：30.0025m　　钢尺检定时拉力：100N　　　日　　期：××××

尺段编号	实测次数	前尺读数/m	后尺读数/m	前尺读数/m	温度/℃	高差/m	温度改正数/m	尺长改正数/mm	倾斜改正数/mm	改正后尺段长/m
$A1$	1	29.8955	0.0200	29.8755						
	2	29.9115	0.0345	29.8770						
	3	29.8980	0.0240	29.8740	26.5	-0.115	+2.3	+2.5	-0.2	29.8801
	平均			29.8755						
12	1	29.9350	0.0250	29.9100						
	2	29.9565	0.0460	29.9105						
	3	29.9780	0.0695	29.9085	25.0	+0.411	+1.8	+2.5	-2.0	29.9120
	平均			29.9097						
...	...	...	...	...	...	...	...	...	...	...

续表

尺段编号	实测次数	前尺读数/m	后尺读数/m	前尺读数/m	温度/℃	高差/m	温度改正数/m	尺长改正数/mm	倾斜改正数/mm	改正后尺段长/m
6B	1	19.9345	0.0385	19.8960	28.0	+0.0112	+0.19	+1.7	-0.3	19.8990
	2	19.9470	0.0610	19.8960						
	3	19.9565	0.0615	19.8950						
	平均			19.8957						
总和										196.5186

4.1.4 钢尺量距误差

钢尺量距误差主要有钢尺误差、人为误差及外界条件的影响。

1. 钢尺误差

如果钢尺的名义长度和实际长度不符，则产生尺长误差。尺长误差属系统误差，是累积误差，即所量距离越长，误差越大。因此新购置的钢尺必须经过检定，以求得尺长改正值。

2. 人为误差

人为误差主要有钢尺倾斜误差和垂曲误差、定线误差、拉力误差及丈量误差。

(1) 钢尺倾斜误差和垂曲误差。当地面高低不平、按水平钢尺法量距时，或者钢尺没有处于水平位置或因自重导致中间下垂而成曲线时，都会使所量距离增大，因此丈量时必须注意钢尺水平。

(2) 定线误差。由于丈量时钢尺没有准确地放在所量距离的直线方向上，使所量距离不是直线而是一组折线，因而丈量结果偏大，这种误差称为定线误差。一般丈量时，要求定线误差不大于 0.1m，可以用标杆目估定线。当直线较长或精度要求较高时，应用经纬仪定线。

(3) 拉力误差。钢尺在丈量时所受拉力应与检定时拉力相同，一般量距中只要保持拉力均匀即可，而对较精密的丈量工作则需使用弹簧秤。

(4) 丈量误差。丈量时在地面上标志尺端点位置插测钎不准，前、后尺手配合不佳，余长读数不准，都会引起丈量误差，这种误差对丈量结果的影响可正可负，大小不定。因此，在丈量中应尽力做到对点准确、配合协调、认真读数。

3. 外界条件的影响

外界条件的影响主要是温度的影响，钢尺的长度随温度的变化而变化，当丈量时的温度和标准温度不一致时，将导致钢尺长度变化。按照钢的膨胀系数计算，温度每变化 1℃，约影响长度为 1/80000。一般量距时，当温度变化小于 10℃时可以不予改正，但精密量距时必须考虑温度改正。

4.1.5　钢尺的维护

不论是一般量距还是精密量距，都要精心地维护和保养钢尺，主要有以下几点。

(1) 钢尺易生锈，收工时应立即用软布擦去钢尺上的泥土和水珠，涂上机油以防生锈。

(2) 钢尺易折断，在行人和车辆多的地区量距时，应严防钢尺被车辆压过而折断。当钢尺出现卷曲，切不可用力硬拉，应顺弯曲方向收卷钢尺。

(3) 不准将钢尺沿地面拖拉，以免磨损尺面刻划。

4.2　视　距　测　量

4.2.1　视距测量原理

视距测量是利用望远镜内的视距装置配合视距尺，根据几何光学和三角测量原理，同时测定距离和高差的方法。最简单的视距装置是在测量仪器(如经纬仪、水准仪)的望远镜十字丝分划板上刻制上、下对称的两条短线，称为视距丝，如图 4.12 所示。视距测量中的视距尺可用普通水准尺，也可用专用视距尺。

视距测量精度一般为 1/500～1/300，精密视距测量可达 1/2000。由于视距测量仅用一台经纬仪即可同时完成两点间平距和高差的测量，操作简便，所以当地形起伏较大时，常用于碎部测量和图根控制网的加密。

视距测量

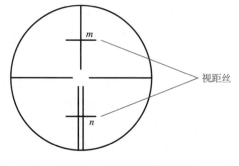

图 4.12　望远镜视距丝

4.2.2　视线水平时视距测量公式

目前测量上常用的望远镜是内调焦望远镜，其成像原理图如图 4.13 所示。R 为视距尺。L_1 为望远镜物镜，焦距为 f_1；L_2 为调焦透镜，焦距为 f_2。V 为仪器中心，即竖轴中心。K

为十字丝板，b 为十字丝板至调焦透镜 L_2 的距离。δ 为仪器中心至物镜 L_1 的距离。当望远镜瞄准视距尺时，移动 L_2 使标尺像落在十字丝面上。通过上、下两个视距丝 m、n 就可读取视距尺上 M、N 两点的读数。其差称为尺间隔 l，即

$$l = n - m \tag{4-10}$$

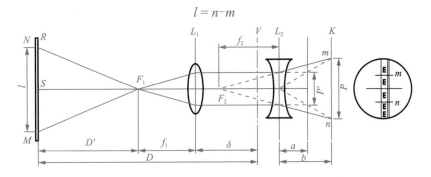

图 4.13　内调焦望远镜成像原理图

从图 4.13 可见，待测距离 D 为

$$D = D' + f_1 + \delta \tag{4-11}$$

由物镜(凸透镜)成像原理可得

$$\frac{D'}{f_1} = \frac{l}{P'} \tag{4-12}$$

则

$$D' = \frac{f_1}{P'} l \tag{4-13}$$

式中，P'——l 经过 L_1 后的像长。

由调焦透镜(凹透镜)成像原理可得

$$\frac{P}{P'} = \frac{b}{a} \tag{4-14}$$

式中，P——P' 经过凹透镜 L_2 后的像长；

　　a——物距；

　　b——像距。

根据凹透镜成像公式可得

$$\frac{1}{b} - \frac{1}{a} = \frac{1}{f_2}$$

$$\frac{b}{a} = \frac{f_2 - b}{f_2} \tag{4-15}$$

将式(4-15)代入式(4-14)，可得

$$\frac{1}{P'} = \frac{f_2 - b}{f_2 P} \tag{4-16}$$

再代入式(4-12)，则得

$$D' = \frac{f_1(f_2 - b)}{f_2 P} l$$

$$D = \frac{f_1(f_2 - b)}{f_2 P} l + f_1 + \delta \qquad (4\text{-}17)$$

设望远镜对无穷远目标调焦时，像距为 b_∞，而 $b = b_\infty + \Delta b$，代入式(4-17)得

$$D = \frac{f_1(f_2 - b_\infty - \Delta b)}{f_2 P} l + f_1 + \delta = \frac{f_1(f_2 - b_\infty)}{f_2 P} l - \frac{f_1 \Delta b}{f_2 P} l + f_1 + \delta \qquad (4\text{-}18)$$

令

$$K = \frac{f_1(f_2 - b_\infty)}{f_2 P}, \quad c = \frac{-f_1 \Delta b}{f_2 P} l + f_1 + \delta$$

则

$$D = Kl + c \qquad (4\text{-}19)$$

式中，K——视距乘常数；

c——视距加常数。

在仪器设计时，选择适当参数，可使 $K = 100$，c 值很小，可以忽略不计，所以视线水平时视距测量公式为

$$D = 100l \qquad (4\text{-}20)$$

视线水平时，高差由图 4.14 可得

$$h = i - v \qquad (4\text{-}21)$$

式中，i——仪器高，即仪器横轴至桩顶距离；

v——中丝读数，即十字丝中丝在标尺上的读数。

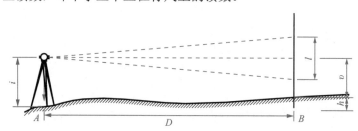

图 4.14　视线水平时的视距测量

4.2.3　视线倾斜时视距测量公式

当地面起伏比较大时，望远镜倾斜才能瞄到视距尺(图 4.15)，此时视线不再垂直于视距尺，因此需要将 B 点视距尺的尺间隔 l，即 M、N 读数差，换算到垂直于视线的尺间隔 l'，图中为 $M'N'$，求出斜距 D'，然后求水平距离 D。

设视线竖直角为 α，由于十字丝上、下丝的间距很小，视线夹角约为 $34'$，故可以将 $\angle EM'M$ 和 $\angle EN'N$ 近似看作直角。$\angle MEM' = \angle NEN' = \alpha$。从图 4.15 中可见

$$M'E + EN' = (ME + EN)\cos\alpha$$
$$l' = l\cos\alpha$$
$$D' = Kl' = Kl\cos\alpha \qquad (4\text{-}22)$$

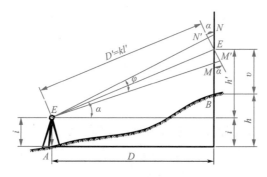

图 4.15 视线倾斜时视距测量

水平距离为

$$D = D'\cos\alpha = Kl\cos^2\alpha \tag{4-23}$$

初算高差为

$$h' = D'\sin\alpha = Kl\cos\alpha\sin\alpha = \frac{1}{2}Kl\sin2\alpha \tag{4-24}$$

A、B 两点高差为

$$h = h'+i-v = \frac{1}{2}Kl\sin2\alpha+i-v = D\tan\alpha+i-v \tag{4-25}$$

在实际工作中，可以使中丝读数等于仪器高 i，则上式可简化为

$$h = \frac{1}{2}Kl\sin2\alpha \tag{4-26}$$

4.2.4 视距乘常数测定

为了保证视距测量精度，在视距测量前必须对仪器的乘常数进行测定。现代经纬仪为内调焦望远镜，$c = 0$ 无须测定，只需进行乘常数测定。

在平坦地区选择一段直线，沿直线在距离为 25m、50m、100m、150m、200m…的地方分别打下木桩，编号为 B_1，B_2，…，B_n，仪器安置在 A 点，在 B_i 桩上依次立视距尺，在视线水平时，以两个盘位用上、下丝在尺上读数，测得尺间隔 l_i。然后进行返测，将每一段尺间隔平均值除以该段距离 D_i，即可求出 K_i，再取平均值，即为视距乘常数 K。

4.2.5 视距测量误差及注意事项

影响视距测量精度的因素有以下几个方面。

1. 视距尺分划误差

视距尺分划误差若是系统性增大或减小，对视距测量将产生系统性误差。这个误差在仪器常数检测时将会反应在乘常数 K 上。若视距尺分划误差是偶然误差，对视距测量影响也是偶然性的。视距尺分划误差一般为 ±0.5mm，视距乘常数 K 一般为 100，因此，引起的距离误差为 $m_d = K(\sqrt{2}\times0.5) \approx 0.071$m。

2. 乘常数 K 不准确的误差

虽然一般视距乘常数 $K = 100$，但由于视距丝间隔有误差，视距尺有系统性误差，仪器检定有误差，会使 K 值不为 100。K 值误差会使视距测量产生系统误差。K 值应在 100 ± 0.1 之内，否则应加以改正。

3. 竖直角观测误差

竖直角观测误差对视距测量有影响。根据视距测量公式，其影响为

$$m_d = Kl\sin 2\alpha \frac{m_\alpha}{\rho} \tag{4-27}$$

当 $\alpha = 45°$，$m_\alpha = \pm 10''$，$l = 1\text{m}$，$\rho = 3438'$，$m_d \approx \pm 5\text{mm}$ 时，可见竖直角观测误差对视距测量影响不大。

4. 视距丝读数误差

视距丝读数误差是影响视距测量精度的重要因素，它与视距远近成正比，距离越远误差越大，所以视距测量中要根据测图对测量精度的要求限制最远视距。

5. 视距尺倾斜对视距测量的影响

视距测量公式是在视距尺严格与地面垂直条件下推导出来的。若视距尺倾斜，设其倾角误差为 $\Delta\alpha'$，则对视距测量式(4-23)微分，得视距测量误差 ΔD 为

$$\Delta D = -2Kl\cos\alpha\sin\alpha \frac{\Delta\alpha}{\rho} \tag{4-28}$$

其相对误差为

$$\frac{\Delta D}{D} = \left| \frac{-2Kl\cos\alpha\sin\alpha}{Kl\cos^2\alpha} \cdot \frac{\Delta\alpha}{\rho} \right| = 2\tan\alpha \frac{\Delta\alpha}{\rho} \tag{4-29}$$

视距测量精度一般为 1/300，即要保证 $\dfrac{\Delta D}{D} \leq \dfrac{1}{300}$，视距测量时，倾角误差应满足下式

$$\Delta\alpha \leq \frac{\rho\cot\alpha}{600} = 5.8'\cot\alpha \tag{4-30}$$

根据上式可计算出不同竖直角测量时对倾角测量精度的要求，见表 4-3。

表 4-3　不同竖直角测量对倾角测量精度的要求

竖　直　角	3°	5°	10°	20°
$\Delta\alpha$允许值	1.8°	1.1°	0.5°	0.3°

由此可见，视距尺倾斜时，对视距测量的影响不可忽视，特别是在山区，倾角大时更要注意，必要时可在视距尺上附加圆水准器。

6. 外界气象条件对视距测量的影响

(1) 大气折光的影响。视线穿过大气时会产生折射，其光程从直线变为曲线，造成误差。由于视线靠近地面时折光大，因此规定视线应高出地面 1m 以上。

(2) 大气湍流的影响。空气的湍流使视距成像不稳定，造成视距误差。当视线接近地面或水面时这种现象更为严重，所以视线要高出地面 1m 以上。除此以外，风和大气能见

度对视距测量也会产生影响。风力过大，尺子会抖动，空气中灰尘和水汽会使视距尺成像不清晰，造成读数误差，所以应选择良好的天气进行测量。

拓展讨论

1. 党的二十大报告提出，我国基础研究和原始创新不断加强，一些关键核心技术实现突破，战略性新兴产业发展壮大，载人航天、探月探火、深海深地探测、超级计算机、卫星导航、量子信息、核电技术、新能源技术、大飞机制造、生物医药等取得重大成果，进入创新型国家行列。谈谈"中国天眼"应用于测量中的关键技术。

2. 党的二十大报告提出，培育创新文化，弘扬科学家精神，涵养优良学风，营造创新氛围。扩大国际科技交流合作，加强国际化科研环境建设，形成具有全球竞争力的开放创新生态。讲一讲"中国天眼"总设计师南仁东的故事。

4.3 电磁波测距

钢尺量距是一项十分繁重的工作。在山区或沼泽地区使用钢尺更为困难，且视距测量精度太低。为了提高测距速度和精度，降低测距人员的劳动强度，科研人员发明了能代替钢尺的电子测距仪器——电磁波测距仪。电磁波测距(简称 EDM)是用电磁波(光波或微波)作为载波，传输测距信号，以测量两点间距离的一种方法。与传统的钢尺量距和视距测量相比，EDM 具有测程长、精度高、作业快、工作强度低、几乎不受地形限制等优点。

4.3.1 电磁波测距技术发展简介

1948 年，瑞典 AGA(阿嘎)公司(现更名为 Geotronics 公司)研制成功了世界上第一台电磁波测距仪，它采用白炽灯发射的光波作载波，应用了大量的电子管元件，仪器相当笨重且功耗大。为避开白天太阳光对测距信号的干扰，其只能在夜间作业，测距操作和计算都比较复杂。

1960 年，世界上成功研制出了第一台红宝石激光器和第一台氦-氖激光器，1962 年，砷化镓半导体激光器研制成功。与白炽灯比较，激光器的优点是发散角小、大气穿透力强、传输的距离远、不受白天太阳光干扰、基本上可以全天候作业。1967 年，原 AGA 公司推出了世界上第一台商品化的激光测距仪 AGA-8。该仪器采用 5mW 的氦-氖激光器作发光元件，白天测程为 40km，夜间测程达 60km，测距精度(5mm+1×10⁻⁶)，主机质量 23kg。

我国的武汉地震大队于 1969 年研制成功了 JCY-1 型激光测距仪，1974 年又研制并生产了 JCY-2 型激光测距仪。该仪器采用 2.5mW 的氦-氖激光器作发光元件，白天测程为 20km，测距精度为(5mm+1×10⁻⁶)，主机质量 16.3kg。

随着半导体技术的发展，从 20 世纪 60 年代末、70 年代初起，采用砷化镓发光二极管做发光元件的红外测距仪逐渐在世界上流行起来。与激光测距仪比较，红外测距仪有体积小、自重轻、功耗小、测距快、自动化程度高等优点。但由于红外光的发散角比激光大，因此红外测距仪的测程一般小于15km。现在的红外测距仪已经和电子经纬仪及计算机软硬件制造在一起，形成了全站仪，并向着自动化、智能化和利用蓝牙技术实现测量数据的无线传输方向飞速发展。

电磁波测距仪按其所采用的载波可分为：①用微波段的无线电波作为载波的微波测距仪(Microwave EDM Instrument)；②用激光作为载波的激光测距仪(Laser EDM Instrument)；③用红外光作为载波的红外测距仪(Infrared EDM Instrument)。后两者又统称为光电测距仪。微波和激光测距仪多属于远程测距仪，测程可达60km，一般用于大地测量，而红外测距仪属于中、短程测距仪(测程为15km以下)，一般用于小地区控制测量、地形测量、地籍测量和工程测量等。

光电测距是一种物理测距的方法，它通过测定光波在两点间传播的时间计算距离，按此原理制作的以光波为载波的测距仪叫光电测距仪。测距仪按测定传播时间的方式不同，分为相位式测距仪和脉冲式测距仪；按测程大小可分为远程、中程和短程测距仪3种，见表4-4。目前，工程测量中使用较多的是相位式短程光电测距仪。

表4-4 光电测距仪的种类

仪 器 种 类	短程光电测距仪器	中程光电测距仪器	远程光电测距仪器
测距	<3km	3~15km	>15km
精度	$\pm(5mm+5\times10^{-6}\times D)$	$\pm(5mm+2\times10^{-6}\times D)$	$\pm(5mm+1\times10^{-6}\times D)$
光源	红外光源 (GaAs 发光二极管)	1. GaAs 发光二极管 2. 激光管	—
测距原理	相位式	相位式	相位式

4.3.2 电磁波测距仪测距原理

电磁波测距是利用电磁波(微波、光波)作载波，在测线上传输测距信号，测量两点间距离的方法。若电磁波在测线两端往返传播的时间为t(s)，则两点间距离为

$$D = \frac{1}{2}ct \tag{4-31}$$

式中，c——电磁波在大气中的传播速度，3×10^5km/s。

测距仪测距原理有以下两种。

1. 脉冲法测距

用红外测距仪测定A、B两点间的距离D，在待测定一端安置测距仪，另一端安放反光镜，如图4.16所示。测距仪发出光脉冲，经反光镜反射，回到测距仪。若能测定光在距离D上往返的传播时间，即测定反射光脉冲与接收光脉冲的时间差Δt，则测距公式为

$$D = \frac{c_0}{2n_g}\Delta t \tag{4-32}$$

式中，c_0——光在真空中的传播速度，3×10^5km/s；

n_g——光在大气中的传输折射率。

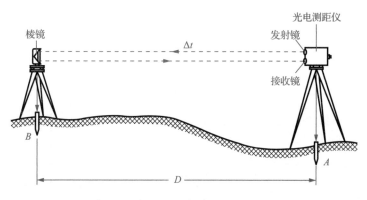

图 4.16 脉冲法测距

此公式为脉冲法测距公式。这种方法测定距离的精度取决于时间Δt 的量测精度。如要达到±1cm 的测距精度，时间量测精度应达到 6.7×10^{-11}s，这对电子元件性能要求很高，难以达到。所以，一般脉冲法测距常用于激光雷达、微波雷达等远距离测距上，其测距精度为 0.5～1m。

2. 相位法测距

在工程中使用的红外测距仪，都是采用相位法测距原理。它是将测量时间变成光在测线中传播的载波相位差，通过测定相位差来测定距离，故称为相位法测距。

红外测距仪采用的是 GaAs(砷化镓)发光二极管做光源，其波长为 6700～9300Å $(1Å = 10^{-10}$m)。由于 GaAs 发光二极管耗电省、体积小、寿命长，抗震性能强，能连续发光并能直接调制等特点，因此目前工程用的基本上以红外测距仪为主。

在 GaAs 发光二极管上注入一定的恒定电流，使其发生的红外光光强恒定不变，如图 4.17(a)所示。若改变注入电流的大小，GaAs 发光二极管发射光强也随之变化。若对发光管注入交变电流，便使发光管发射的光强随着注入电流的大小发生变化，如图 4.17(b)所示。以上所述两种光称为调制光。

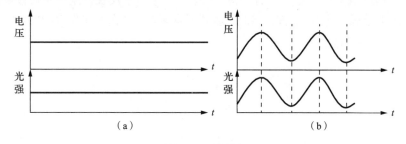

图 4.17 调制光

测距仪在 A 站发射的调制光在待测距离上传播，被 B 点反光镜反射后又回到 A 点，被测距仪接收器接收，所经过的时间为 t。为便于说明，将反光镜 B 反射后回到 A 点的光波沿测线方向展开，则调制光往返经过了 $2D$ 的路程，如图 4.18 所示。

设调制光的角频率为ω，则调制光在测线上传播时的相位延迟角φ为

$$\varphi = \omega\Delta t = 2\pi f\Delta t \tag{4-33}$$

$$\Delta t = \frac{\varphi}{2\pi f} \tag{4-34}$$

将Δt代入式(4-32)，得

$$D = \frac{c_0}{2n_g f} \cdot \frac{\varphi}{2\pi} \tag{4-35}$$

从图4.18中可见，相位φ还可以用相位的整周数N和不足一个整周数的$\Delta\varphi$来表示，则

$$\varphi = N \times 2\pi + \Delta\varphi \tag{4-36}$$

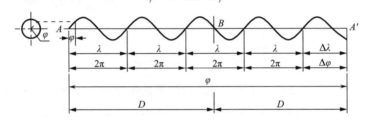

图 4.18 相位法测距

将φ代入式(4-35)，得相位法测距基本公式

$$D = \frac{c_0}{2n_g f}\left(N + \frac{\Delta\varphi}{2\pi}\right) \tag{4-37}$$

$$\lambda = \frac{c_0}{n_g f} \tag{4-38}$$

所以

$$D = \frac{\lambda}{2}\left(N + \frac{\Delta\varphi}{2\pi}\right) \tag{4-39}$$

式中，λ——调制光的进长，m。

将该式与钢尺量距公式相比，有相像之处。$\lambda/2$相当于尺长，N为整尺段数，$\Delta\varphi/2\pi$为不足一整尺段的余长，令其为ΔN。因此，我们常称$\lambda/2$为"光测尺"，令其为L_s。光尺长度可用式(4-40)、式(4-41)计算。

$$L_s = \frac{\lambda}{2} = \frac{c_0}{2n_g f} \tag{4-40}$$

所以

$$D = L_s(N + \Delta N) \tag{4-41}$$

仪器在设计时，选定发射光源后，发射光源波长λ即定，然后确定一个标准温度t和标准气压P，这样可以求得仪器在确定的标准气压条件下的折射率n_g。而测距时的气温、气压、湿度与仪器设计时选用的标准温度、气压等不一致。所以在测距时还要测定测线的温度和气压，对所测距离进行气象改正。

测距仪对于相位φ的测定是采用将接收测线上返回的载波相位与机内固定的参考相位在相位计中比相。相位计只能分辨$0\sim2\pi$之间的相位变化，即只能测出不足一个整周

期的相位差Δφ而不能测出整周数N。例如，"光尺"为10m，只能测出小于10m的距离；光尺1000m，只能测出小于1000m的距离。由于仪器测相精度一般为1/1000，即1km的测尺测量精度只有米级。测尺越长、精度越低。所以为了兼顾测程和精度，目前测距仪常采用多个调制频率(即n个测尺)进行测距。用短测尺(称为精尺)测定精确的小数；用长测尺(称为粗尺)测定距离的大数。将两者衔接起来，就解决了长距离测距数字直接显示的问题。

例如，某双频测距仪，测程为2km，设计了精、粗两个测尺，精尺为10m(载波频率$f_1 = 15MHz$)，粗尺为2000m(载波频率$f_2 = 75kHz$)。用精尺测10m以下小数，粗尺测10m以上大数。如实测距离为1156.356m，其中

精测距离：6.356m

粗测距离：1150m

仪器显示距离：1156.356m

对于更远测程的测距仪，可以设几个测尺配合测距。

4.3.3 测距成果计算

一般测距仪测定的是斜距，需对测试成果进行仪器常数改正、气象改正、倾斜改正等，最后求得水平距离。

1. 仪器常数改正

仪器常数有加常数和乘常数两项。对于加常数，由于发光管的发射面、接收面与仪器中心不一致，反光镜的等效反射面与反光镜中心不一致，内光路产生相位延迟及电子元件产生相位延迟，使得测距仪测出的距离值与实际距离值不一致。此常数一般在仪器出厂时预置在仪器中，但是由于仪器在搬运过程中的振动、电子元件老化，常数还会变化，因此，还会有剩余加常数。这个常数要经过仪器检测求定，并对所测距离加以改正。需要注意的是，不同型号的测距仪，其反光镜常数是不一样的。若互换反光镜，要经过加常数重新测试方可使用。

仪器的测尺长度与仪器振荡频率有关。仪器经过一段时间的使用，晶体会老化，致使测距时仪器的晶振频率与设计时的频率有偏移，因此产生与测试距离成正比的系统误差。其比例因子称为乘常数。如晶振有15kHz误差，会产生10^{-6}系统误差，即使1km的距离产生1mm误差。此项误差也应通过检测求定，在所测距离中加以改正。

现代测距仪都具有设置仪器常数的功能，测距前预先设置常数，在仪器测距过程中自动改正。若测距前未设置常数，可按式(4-42)计算。

$$\Delta D_K = K + RD \tag{4-42}$$

式中，K——仪器加常数；

R——仪器乘常数。

2. 气象改正

仪器的测尺长度是在一定的气象条件下推算出来的，但是仪器在野外测量时气象参数与仪器标准气象元素不一致，使测距值产生系统误差。因此在测距时，应同时测定环境温度(读至1℃)，气压[读至1mmHg(133.3Pa)]。利用仪器生产厂家提供的气象改正公式计算距

离改正值。如某厂家测距仪气象改正公式为

$$\Delta D_0 = 28.2 - \frac{0.029P}{1 + 0.0037t}$$

(4-43)

式中，ΔD_0——100m 为单位的改正值；

    P——观测时气压，mbar(1bar = 10^5Pa)；

    t——观测时温度，℃。

目前，测距仪具有设置气象参数的功能，即在测距前设置气象参数，则在测距过程中仪器会自动进行气象改正。

3. 倾斜改正

测距仪测试结果经过前几项改正后的距离是测距仪几何中心到反光镜几何中心的斜距。要改算成平距还应进行倾斜改正。现代测距仪一般都与光学经纬仪或电子经纬仪组合，测距时可以同时测出竖直角 α，或天顶距 z(从天顶方向到目标方向的角度)。平距 D 的计算公式为

$$D = D_0 \sin z$$

(4-44)

4.4　全站仪及其基本操作

4.4.1　全站仪的基本概述

全站仪又称电子速测仪，是一种可以同时进行角度测量和距离测量，由电子测距仪、电子经纬仪和电子记录装置三部分组合而成的测量仪器。在测站上安置好仪器后，除照准需人工操作外，其余操作均可自动完成，而且几乎是在同一时间得到平距、高差和点的坐标。

1. 全站仪的分类

从结构上分，全站仪可分为组合式和整体式两种。组合式全站仪是用一些连接器将电子测距仪部分、电子经纬仪部分和电子记录装置部分连接成一组合体的仪器。它的优点是能分离使用，当个别构件损坏时，可以用其他的构件代替，具有很强的灵活性。整体式全站仪是在一个仪器内装配测距、测角和电子记录三部分的仪器。其优点是测距和测角共用一个光学望远镜，在进行方向和距离测量时只需一次照准，使用十分方便。

2. 全站仪的应用

全站仪的应用可归纳为四个方面：一是在地形测量中，可将控制测量和碎步测量同时进行；二是可用于施工放样测量，将设计好的管线、道路、工程建设中的建筑物、构筑物等的位置按图纸设计数据测设到地面上；三是可用全站仪进行导线测量、前方交会、后方交会等，不但操作简便而且速度快、精度高；四是通过数据输入/输出接口设

备，将全站仪与计算机、绘图仪连接在一起，形成一套完整的测绘系统，从而大大提高测绘工作的质量和效率。

4.4.2 全站仪的基本结构及功能

全站仪的种类很多，目前常用的全站仪主要有瑞士徕卡(Leica)的 TPS 系列、日本索佳(Sokkia)的 SET 系列、拓扑康(Topcon)公司的 GTS 系列、尼康(Nikon)公司的 DTM 系列，以及我国国产的全站仪，有南方测绘仪器公司的 NTS-352 系列、北京新北光大地仪器有限公司的博飞 BTS 系列等型号。各种型号仪器的基本结构大致相同，工作原理也基本相同。本节主要以南方测绘仪器公司生产的 NTS-352 系列全站仪为例进行介绍。图 4.19 标示出了仪器各个部件的名称。

1. 仪器部件的名称

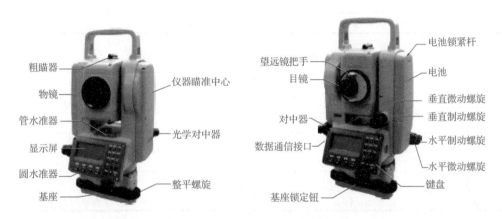

图 4.19　南方测绘 NTS-352 型全站仪

2. 显示屏和操作键

显示屏上的各操作键如图 4.20 所示，具体名称及功能说明见表 4-5，各显示符号及其含义见表 4-6。

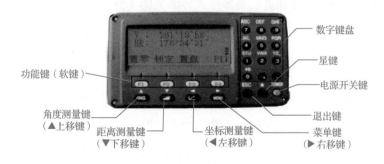

图 4.20　南方测绘 NTS-352 型全站仪键盘

表 4-5　操作键名称及功能说明

键	名称	功能
★	星键	星键模式用于如下项目的设置或显示： (1)显示屏对比度；(2)十字丝照明；(3)背景光；(4)倾斜改正；(5)定线点提示器(仅适用于有定线点指示器类型)；(6)设置音响模式
∠	坐标测量键	坐标测量模式
◢	距离测量键	距离测量模式
ANG	角度测量键	角度测量模式
POWER	电源开关键	电源开关
MENU	菜单键	在菜单模式和正常模式之间切换，在菜单模式下可设置应用测量与照明调节、仪器系统误差改正
ESC	退出键	返回测量模式或上一层模式 从正常测量模式直接进入数据采集模式或放样模式 也可作为正常测量模式下的记录键
ENT	确认输入键	在输入值后按此键
F1～F4	功能键(软键)	对应于显示的软键功能信息

表 4-6　显示符号及其含义

显示	内容	显示	内容
V(V%)	垂直角(坡度显示)	N	北向坐标
HR	水平角(右角)	E	东向坐标
HL	水平角(左角)	Z	高程
HD	水平距离	*	在 EDM(电子测距)下进行
VD	高差	m	以 m 为单位
SD	倾斜	f	以英尺(ft)/英寸(in)为单位

3. 功能键(软键)

软键共有四个，即 F1、F2、F3、F4 键，每个软键的功能见相应测量模式的显示信息，在各种测量模式下分别有不同的功能。

标准测量模式有三种，即角度测量模式、距离测量模式和坐标测量模式。各测量模式又有若干页，可以用 F4 进行翻页。具体模式界面见图 4.21。

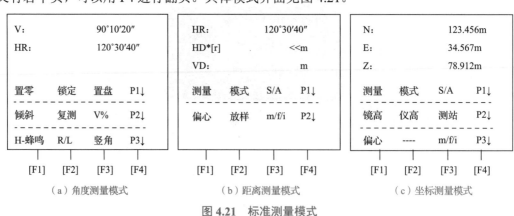

（a）角度测量模式　　　　　（b）距离测量模式　　　　　（c）坐标测量模式

图 4.21　标准测量模式

4. 反射棱镜

可根据测量的需要选用各种棱镜框、棱镜、标杆连接器、三角基座连接器及三角基座等组件进行组合，不同的棱镜数量测程不同，棱镜数量越多，测程越大。但全站仪的测程是有限的，所以棱镜数应根据全站仪的测程和所测距离来选择。

单棱镜、三棱镜等在使用时一般安置在三脚架上，用于控制测量。在放样测量和精度要求不高的测量中，采用测杆棱镜是十分便利的。

4.4.3 全站仪的操作

1. 仪器的安置

将仪器安置在三脚架上，精确对中和整平，其具体操作方法同光学经纬仪的安置相同。一般采用光学对中器完成对中，利用长管水准器精平仪器。

2. 仪器的开机

首先确认仪器已经整平，然后打开电源开关(POWER)键，仪器开机后应确认棱镜常数(PSM)和大气改正值(PPM)并做出相应调节，然后根据测量需要进行后续工作。

3. 角度测量

1) 水平角(右角)和垂直角测量

将仪器调为角度测量模式，具体操作见表 4-7。

表 4-7　角度测量模式

操 作 过 程	操　作	显　示
① 照准第一个目标 A	照准 A	V:　　　　　　90°10′20″ HR:　　　　　120°30′40″ 置零　锁定　置盘　P1↓
② 设置目标 A 水平角为 0°00′00″，按[F3]【是】键和[F1]【置零】键	[F3]	水平角置零 >OK? ---- ----- 　[是]　[否]
	[F1]	V:　　　　　　90°10′20″ HR:　　　　　　0°00′00″ 置零　锁定　置盘　P1↓

续表

操 作 过 程	操 作	显 示
③ 照准第二个目标 *B*，显示目标 *B* 的 V/HR 角度值	照准 *B*	V: 96°48′24″ HR: 153°29′21″ 置零 锁定 置盘 P1↓

全站仪导线测量

2) 水平角(右角/左角)的切换

将仪器调为角度测量模式，根据提示进行水平角(右角/左角)的切换。

3) 水平角的设置方法

(1) 通过锁定角度值进行设置。将仪器调节为角度测量模式，可以锁定水平角度值。

(2) 通过键盘输入进行设置。将仪器调节为角度测量模式，通过键盘输入进行锁定角度值。

4) 垂直角百分度(%)模式

将仪器调为角度测量模式，按以下操作进行。

(1) 按[F4](P1↓)键转到显示屏第二页；

(2) 按[F3](V%)键显示屏即显示 V%，进入垂直角百分度(%)模式。

4. 距离测量

1) 大气改正的设置

在一般常规测量中，大气测量改正可以省略。

2) 棱镜常数的设置

拓普康的棱镜常数为 0，则设置棱镜改正为 0。若使用其他厂家生产的棱镜，则使用之前应先设置一个相应的常数，即使电源关闭，所设置的值仍将被保存在仪器中。

3) 距离测量

当输入测量次数后，NTS-352 系列即按设置的次数进行测量，并显示出距离平均值。当输入测量次数为 1 时，为单次测量，仪器不显示距离平均值。先将仪器调为角度测量模式，然后按表 4-8 所示操作步骤进行距离测量。

表 4-8　距离测量模式

操 作 过 程	操 作	显 示
① 照准棱镜中心	照准	V: 90°10′20″ HR: 120°30′40″ 置零 锁定 置盘 P1↓
② 按距离测量键([◢])，距离测量开始	[◢]	HR: 120°30′40″ HD*[r] <<m VD: m 测量 模式 S/A P1↓

续表

操 作 过 程	操 作	显 示
③ 显示测量的距离		HR: 120°30′40″ HD* 123.456m VD: 5.678m 测量 模式 S/A P1↓
④ 再次按[◢]键,显示变为水平角(HR)、垂直角(V)和斜距(SD)	[◢]	V: 90°10′20″ HR 120°30′40″ SD: 131.678m 测量 模式 S/A P1↓

4) 精测模式/跟踪模式/粗测模式

(1) 精测模式:这是正常的测距模式,最小显示单位为 0.2mm 或 1mm,其测量时间在 0.2mm 模式下大约 2.8s,1mm 模式下大约 1.2s。

(2) 跟踪模式:此模式观测时间比精测模式短,最小显示单位为 10mm,测量时间约为 0.4s。

(3) 粗测模式:该模式观测时间比精测模式短,最小显示单位为 10mm 或 1mm,测量时间约为 0.7s。

5. 放样测量

全站仪点位施工放样

该功能可显示出测量的距离与输入的放样距离之差。测量距离-放样距离 = 显示值,其操作步骤见表 4-9,操作时注意以下两点。

(1) 放样时可选择平距(HD),高差(VD)和斜距(SD)中的任意一种放样模式。

(2) 若要返回到正常的距离测量模式,可设置放样距离为 0m 或按 POWER 键。

表 4-9 放样测量操作方法

操 作 过 程	操 作	显 示
① 在距离测量模式下按[F4](P1↓)键,进入第 2 页功能	[F4]	HR: 120°30′40″ HD* 123.456m VD: 5.678m 测量 模式 S/A P1↓ - - - - - - - - - - - - - - - - 偏心 放样 m/f/I
② 按[F2](放样)键,显示出上次设置的数据	[F2]	放样 HD 0.000m 平距 高差 斜距 ------

续表

操 作 过 程	操 作	显 示
③ 通过按[F1]～[F3]键选择测量模式，例：水平距离	[F1]	放样 HD 0.000m 输入 ----- ----- 回车 - 1234 5678 90.- [ENT]
④ 输入放样距离	[F1] 输入距离 [F4]	放样 HD 100.000m 输入 ----- ----- 回车
⑤ 照准目标(棱镜)测量开始，显示出测量距离与放样距离之差	照准 P	HR: 120°30′40″ dHD*[r] <<m VD: m 测量 模式 S/A P1↓
⑥ 移动目标(棱镜)，直至距离等于0m为止		HR: 120°30′40″ dHD*[r] 23.456m VD: 5.678m 测量 模式 S/A P1↓

科力达KTS-462系列全站仪介绍

科力达KTS-442系列全站仪使用步骤流程

科力达KTS-442系列全站仪坐标测量、放样

6. 坐标测量

通过输入仪器高和棱镜高后进行坐标测量时，可直接测定未知点的坐标。具体步骤如下。

(1) 设置测站点的坐标值，见表 4-10。

表 4-10　设置测站点坐标的方法

操 作 过 程	操 作	显 示
① 在坐标测量模式下按[F4](P1↓)键，进入第 2 页功能	[F4]	N: 123.456m E: 34.567m Z: 78.912m 测量 模式 S/A P1↓ - 镜高 仪高 测站 P2↓

续表

操 作 过 程	操 作	显 示
②按[F3](测站)键	[F3]	N: 0.000m E: 0.000m Z: 0.000m 输入 ----- ----- 回车 - - - - - - - - - - - - - - - - - - 1234 5678 90.- [ENT]
③输入 N 坐标	[F1] 输入坐标 [F4]	N: 51.456m E: 0.000m Z: 0.000m 输入 ----- ----- 回车
④按同样的方法输入 E 和 Z 的坐标。输入数据后，显示返回坐标测量模式		N: 51.456m E: 34.567m Z: 78.912m 测量 模式 S/A P1↓

(2) 设置仪器高和目标高，见表 4-11 和表 4-12。

表 4-11 设置仪器高的方法

操 作 过 程	操 作	显 示
①在坐标测量模式下按[F4](P1↓)键,进入第 2 页功能	[F4]	N: 123.456m E: 34.567m Z: 78.912m 测量 模式 S/A P1↓ - - - - - - - - - - - - - - - - 镜高 仪高 测站 P2↓
②按[F2](仪高)键，显示当前值	[F2]	N: 51.456m E: 34.567m Z: 78.912m 测量 模式 S/A P1↓
③输入仪器高	[F1] 输入仪高 [F4]	仪器高 输入 仪高: 0.000m 输入 ----- ----- 回车 - - - - - - - - - - - - - - - - 1234 5678 90.- [ENT]

建筑工程测量（第四版）

表 4-12　设置目标高的方法

操 作 过 程	操 作	显 示
① 在坐标测量模式下按 [F4](P1↓)键，进入第 2 页功能	[F4]	N:　　　　　123.456m E:　　　　　34.567m Z:　　　　　78.912m 测量　模式　S/A　P1↓ 镜高　仪高　测站　P2↓
② 按[F1](镜高)键，显示当前值	[F1]	棱镜高 输入 镜高:　　　　0.000m 输入　-----　-----　回车 1234　5678　90.-　[ENT]
③ 输入棱镜高度值	[F1] 输入镜高 [F4]	N:　　　　　51.456m E:　　　　　34.567m Z:　　　　　78.912m 测量　模式　S/A　　P1↓

（3）计算未知点的坐标并显示计算结果。测站点坐标为($N0$，$E0$，$Z0$），仪器高为 i，棱镜高为 v，高差为 z(VD)，相对于仪器中心点的棱镜中心坐标为(n，e，z），见图 4.22。

未知点坐标为($N1$，$E1$，$Z1$），其中 $N1 = N0+n$，$E1 = E0+e$，$Z1 = Z0+i+z-v$。

（4）在测站点的坐标未输入的情况下，缺省的测站点坐标为(0，0，0)。

（5）当仪器高未输入时，以 0 计算；当棱境高未输入时，以 0 计算。

用全站仪测量时，具体操作步骤见表 4-13。

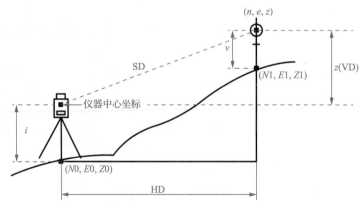

注：仪器中心坐标为($N0$，$E0$，$E0+i$)

图 4.22　坐标测量示意图

116

表 4-13 全站仪进行坐标测量的过程

操 作 过 程	操 作	显 示
①设置已知点 A 的方向角	设置方向角	V:　　　　　90°10′20″ HR:　　　　120°30′40″ 置零　锁定　置盘　P1↓
②照准目标 B		N:　　　　　　<< m E:　　　　　　　 m Z:　　　　　　　 m 测量　模式　S/A　P1↓
③按[F1]键，开始测量 ④显示结果	[F1]	N:　　　　123.456m E:　　　　34.567m Z:　　　　78.912m 测量　模式　S/A　P1↓

7. 全站仪的其他功能

南方测绘 NTS-352 型全站仪除了以上基本功能，还有数据采集、悬高测量、对边测量、设置测站点 Z 坐标、面积计算、点到直线的测量、角度偏心测量、距离偏心测量、平面偏心测量、圆柱偏心测量等多种常见测量功能。在具体实施时可参考仪器使用说明书。

4.5　直 线 定 向

为了确定地面上两点之间的相对位置，除了量测两点之间的水平距离外，还必须确定该直线与标准方向之间的水平夹角，这项工作称为直线定向。

4.5.1　标准方向

测量工作中常用真子午线方向、磁子午线方向或坐标纵轴方向作为直线定向的标准方向。

拓展讨论

1. 你知道磁偏角是如何发现的吗？
2. 你了解北宋科学家沈括的科学成就吗？

1. 真子午线方向(真北方向)

过地球南北极的平面与地球表面的交线叫真子午线。通过地球某点的真子午线的切线方向，称为该点的真子午线方向。指向北方的一端叫真北方向，如图 4.23 所示。真子午线方向用天文测量方法或陀螺经纬仪测定。地面上各点的真子午线方向是互相不平行的。

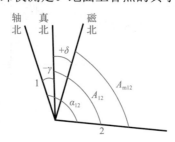

图 4.23　3 种标准方向的关系

2. 磁子午线方向(磁北方向)

磁子午线方向是磁针在地球磁场的作用下，自由静止时磁针轴线所指的方向，指向北端的方向称为磁北方向，如图 4.23 所示，可用罗盘仪测定。

3. 坐标纵轴方向(轴北方向)

在测量工作中通常采用高斯平面直角坐标或独立平面直角坐标确定地面点的位置，因此，取坐标纵轴作为直线定向的标准方向，如图 4.23 所示。高斯平面直角坐标系中的坐标纵轴是高斯投影带中的中央子午线的平行线；独立平面直角坐标系中的坐标纵轴，可以由假定获得。

4.5.2　直线方向的表示法

测量中常用方位角、象限角来表示直线方向。

1. 方位角

由标准方向北端起，顺时针方向量到某直线的水平夹角，称为该直线的方位角，其取值范围是 $0°\sim360°$。

1) 方位角的种类

由于标准方向有真北方向、磁北方向和轴北方向之分，如图 4.23 所示，因此对应的方位角分别称为真方位角(用 A 表示)、磁方位角(用 A_m 表示)和坐标方位角(用 α 表示)。为了标明直线的方向，通常在方位角的右下方标注直线的起终点。如 α_{12} 表示直线 1 到直线 2 的坐标方位角，直线的起点是 1，终点是 2。

测量工作中，一般采用坐标方位角 α 表示直线方向。如图 4.24 所示，直线 $O1$、$O2$、$O3$、$O4$ 的坐标方位角分别为 α_{O1}、α_{O2}、α_{O3}、α_{O4}。

2) 3 种方位角之间的关系

由于地球的南北两极与地球的南北两磁极不重合，因此地面上同一点的真子午线方向与磁子午线方向是不一致的，两者之间的夹角称为磁偏角，用 δ 表示(图 4.23)。地球上不同地点的磁偏角并不相同，我国磁偏角的变化为 $-10°\sim+6°$。过同一点的真子午线方向与坐标轴方向的夹角称为子午线收敛角，用γ表示(图 4.23)。并规定，磁子午线北端或坐标纵轴方向偏于真子午线东侧时，δ和γ为正；偏于真子午线西侧时，δ和γ为负。不同点的δ、γ值一般是不相同的。由图 4.23 可知，直线的 3 种方位角之间的关系如下所示。

$$A = A_m + \delta \tag{4-45}$$

$$A = \alpha + \gamma \tag{4-46}$$

$$\alpha = A_m + \delta - \gamma \tag{4-47}$$

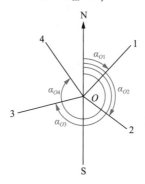

图 4.24 坐标方位角

2. 象限角

由标准方向北端或南端起，顺时针或逆时针方向量到某直线所夹的水平锐角，称为该直线的象限角，并注记象限，通常用 R 表示，角值从 $0°\sim90°$。如图 4.25 所示，直线 $O1$、$O2$、$O3$、$O4$ 的象限角分别为北东 R_{O1}、南东 R_{O2}、南西 R_{O3}、北西 R_{O4}。象限角也有真象限角、磁象限角和坐标象限角之分。

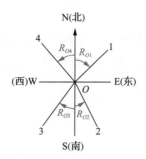

图 4.25 象限角

坐标象限角与坐标方位角之间的换算关系见表 4-14。

表 4-14 坐标象限角与坐标方位角之间的换算关系

直 线 方 向	由坐标方位角推算坐标象限角	由坐标象限角推算坐标方位角
北东(NE)，第 I 象限	$R = \alpha$	$\alpha = R$
南东(SE)，第 II 象限	$R = 180° - \alpha$	$\alpha = 180° - R$
南西(SW)，第 III 象限	$R = \alpha - 180°$	$\alpha = 180° + R$
北西(NW)，第 IV 象限	$R = 360° - \alpha$	$\alpha = 360° - R$

4.5.3 正、反坐标方位角

直线是有向线段，如图 4.26 所示，直线 12 的坐标方位角为 α_{12}，直线 21 的坐标方位角为 α_{21}，如果把 α_{12} 称为直线 12 的正方位角，则 α_{21} 称为直线 12 的反方位角。一般在测量工作中常以直线的前进方向为正方向，反之称为反方向。在同一平面直角坐标系中，由于各点的纵坐标轴方向彼此平行，因此正、反坐标方位角应相差 180°，即

$$\alpha_{反} = \alpha_{正} \pm 180° \tag{4-48}$$

式中，当 $\alpha_{正}$ < 180°时，式(4-46)用+180°；当 $\alpha_{正}$ > 180°时，式(4-48)用-180°。

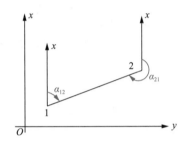

图 4.26　正、反坐标方位角

4.5.4 坐标方位角的推算

已知直线 AB 的方位角 α_{AB}，用经纬仪观测了左夹角(测量前进方向左侧的水平角) $\beta_{左}$ 或右夹角(测量前进方向右侧的水平角) $\beta_{右}$，如图 4.27 所示，则可用下式推算出直线 BC 的坐标方位角 α_{BC}。

$$\alpha_{BC} = \alpha_{AB} + 180° + \beta_{左} \tag{4-49}$$

或

$$\alpha_{BC} = \alpha_{AB} + 180° - \beta_{右} \tag{4-50}$$

由上式可归纳得出坐标方位角推算的一般公式为

$$\alpha_{前} = \alpha_{后} + 180° \pm \beta_{右}^{左} \tag{4-51}$$

上述一般公式用文字表达为：前一边的坐标方位角，等于后一边的坐标方位角加 180°，再加左夹角或减右夹角。如果计算的结果大于 360°应减去 360°；如果计算的结果为负值时应加上 360°。

【例 4-5】　如图 4.27 所示，已知 α_{AB} 为 50°40′，$\beta_{左}$ 为 250°45′，试求 α_{BC}。

解：$\alpha_{BC} = \alpha_{AB} + 180° + \beta_{左} = 50°40′ + 180° + 250°45′ - 360° = 121°25′$

【例 4-6】　如图 4.27 所示，已知 α_{AB} 为 50°40′，$\beta_{右}$ 为 109°15′，试求 α_{BC}。

解：$\alpha_{BC} = \alpha_{AB} + 180° - \beta_{右} = 50°40′ + 180° - 109°15′ = 121°25′$

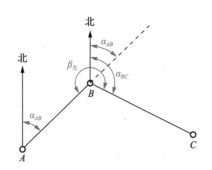

图 4.27 坐标方位角的推算

本项目小结

本项目主要包括钢尺量距、视距测量、电磁波测量、全站仪和直线定向。

本项目要求学生了解量距的基本方法，重点掌握钢尺量距的方法，学会视距测量原理及方法，了解电磁波测距原理及方法，了解全站仪的基本构造及用途，掌握直线定向的表示方法。

习 题

一、选择题

1. 某段距离丈量的平均值为 100m，其往返较差为+4mm，其相对误差为(   )。

A. 1/25000   B. 1/25   C. 1/2500   D. 1/250

2. 坐标方位角的取值范围为(   )。

A. 0°～270°   B. −90°～+90°   C. 0°～360°   D. −180°～+180°

3. 直线坐标方位角与该直线的反坐标方位角相差(   )。

A. 180°   B. 360°   C. 90°   D. 270°

4. 地面上有 A、B、C 三点，已知 AB 边的坐标方位角 $\alpha_{AB} = 35°23'$，测得左夹角 $\angle ABC = 89°34'$，则 CB 边的坐标方位角 $\alpha_{CB} = ($)。

A. 124°57'   B. 304°57'   C. −54°11'   D. 305°49'

5. 电磁波测距的基本公式 $D = 1/2 C t_{2D}$，式中 t_{2D} 为(   )。

A. 温度

B. 光从仪器到目标传播的时间

C. 光速

D. 光从仪器到目标往返传播的时间

二、简答题

1. 影响钢尺量距的主要因素有哪些？如何提高量距精度？

2. 试述普通视距测量的基本原理，其主要优缺点有哪些？

3. 普通视距测量的误差来源有哪些？其中主要误差来源有哪几种？

4. 用相位式测距仪测距时，为什么测出调制光的相位移即可求得测线长度？

5. 全站仪在一个测站上主要能完成什么工作？

6. 象限角与坐标方位角有何不同？如何换算？

三、计算题

1. 用钢尺丈量两段距离，一段往测为 135.78m，返测为 135.67m，另一段往测为 357.58m，返测为 357.23m，则这两段距离丈量的精度是否相同？

2. 将一根 30m 的钢尺与标准钢尺比较，发现此钢尺比标准钢尺长 16mm，已知标准钢尺的尺长方程式为 $l_t = 30m+0.0052m+1.25×10^{-5}×(t-20℃)×30m$，钢尺比较时的温度为 31℃，求此钢尺的尺长方程式。

3. 用尺长方程为 $l_t = 30m-0.0068m+1.25×10^{-5}×(t-20℃)×30m$ 的钢尺沿平坦地面丈量直线 AB 边的长度时，用了 4 个整尺段和 1 个不足整尺段的余长，余长值为 18.362m，丈量时的温度为 26.5℃，求 AB 的实际长度。

4. 用尺长方程为 $l_t = 30m-0.0038m+1.25×10^{-5}×(t-20℃)×30m$ 的钢尺沿倾斜地面往返丈量 AB 边的长度时，用 100N 的标准拉力，往测为 334.943m(平均温度为 28.5℃)，返测为 334.922m(平均温度为 27.9℃)，测得 A、B 两点间高差为 2.68m，试求 AB 边的水平距离。

5. 进行普通视距测量时，上、下丝在标尺上读数的尺间隔 $l = 0.65$m，竖直角 $α = 15°$，试求站点到立尺点的水平距离。

6. 测得 AB 的磁方位角为 60°45′，查得当地磁偏角 $δ$ 为-4°03′，子午线收敛角 $γ$ 为 2°16′，求 AB 的真方位角 A 和坐标方位角 $α$。

7. 四边形内角值如图4.28所示，已知 $α_{12} = 165°20′$，求其余各边的坐标方位角。

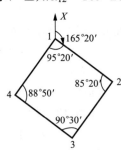

图4.28　题7图

项目 5　测量误差基本知识

思维导图

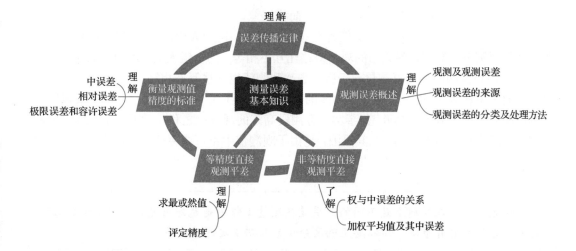

5.1　观测误差概述

5.1.1　观测及观测误差

对未知量进行测量的过程，称为观测。测量所获得的数值称为观测值。大量事实证明，当对某一未知量进行多次观测时，不论测量仪器多么精密，观测进行得多么仔细，观测值之间总是存在差异。这种差异实质上表现为观测值与其真实值(简称真值)之间的差异，这种差异称为观测误差。用 L_i 代表观测值，X 代表真值，则有

$$\Delta_i = L_i - X \tag{5-1}$$

式中，Δ_i——观测误差，通常称为真误差，简称误差。

一般情况下，只要是观测值必然含有误差。例如，同一人用同一台经纬仪对某一固定角度重复观测若干测回，各测回的观测值往往互不相等；同一组人员，用同样的测距工具，对 A、B 两点间的距离重复测量若干次，各次观测值也往往互不相等。又如，平面三角形内角和的真值应等于 180°，但三个内角的观测值之和往往不等于 180°；闭合水准线路中各测段高差之和的真值应为 0，但事实上各测段高差的观测值之和一般不等于 0。这些现象在测量实践中是经常发生的。究其原因，是由于观测值中不可避免地含有观测误差的缘故。

> **特别提示**
>
> 误差与错误在性质上是不同的。误差在测量工作中是允许出现的，而错误则必须避免，否则须舍弃重测，所以要正确区分误差与错误之间的关系。

5.1.2　观测误差的来源

测量是观测者使用某种仪器、工具，在一定的外界环境下进行的工作。观测误差主要来源于以下三个方面。

1. 仪器误差

仪器误差是指测量仪器的构造上的缺陷和仪器本身精密度的限制，致使观测值含有误差。

2. 观测者的人为误差

观测者的人为误差是由于观测者技术水平和感官能力的局限，致使观测值产生的误差。

3. 外界条件的影响

外界条件的影响是指观测过程中不断变化着的大气温度、湿度、风力、透明度、大气折光等因素给观测值带来的误差。

通常我们把这三个方面综合起来，称为观测条件。观测条件将影响观测成果的精度。

一般认为，在测量中人们总希望使每次观测所出现的测量误差越小越好，甚至趋近于零。但要真正做到这一点，就要使用极其精密的仪器，采用十分严密的观测方法，进而付出大量的人力、物力和时间。然而，在实际生产中，根据不同的测量目的，是允许在测量结果中含有一定程度的测量误差的。因此，我们的目标并不是简单地使测量误差越小越好，而是要设法将误差限制在与测量目的相适应的范围内。

5.1.3 观测误差的分类及处理方法

根据性质不同，观测误差可分为粗差、系统误差和偶然误差三种。

1) 粗差

粗差是一种大级量的观测误差，例如超限的观测值中往往就含有粗差。粗差也包括测量过程中各种失误引起的误差。

粗差产生的原因较多。可能是由作业人员疏忽大意、失职而引起的，如大数读错、读数被记录员记错或照错了目标等；也可能是仪器自身或受外界干扰发生故障引起的；还有可能是容许误差取值过小造成的。

在观测中应尽量避免出现粗差。含有粗差的观测值不能使用。因此，一旦发现粗差，该观测值必须舍弃并重测。

> **特别提示**
>
> 发现和消除粗差的有效方法：通过多种观测条件，进行必要的重复观测，并采用必要而严密的检核、验算等。国家质量监督部门和测绘管理机构制定的各类测量规范，也能起到防止粗差的产生和发现粗差的作用。

2) 系统误差

在一定的观测条件下进行一系列观测时，符号和大小保持不变或按一定规律变化的误差，称为系统误差。例如，水准仪的视准轴与长水准器轴不平行对读数的影响，经纬仪的竖直度盘指标差对竖直角的影响，地球曲率对测距和高程的影响等，均属系统误差。系统误差在观测成果中具有累积性。

在测量工作中，应尽量设法消除和减小系统误差。方法有两种：一种是在观测方法和观测程序上采用必要的措施，限制或削弱系统误差的影响，如角度测量中采取盘左、盘右观测，水准测量中限制前后视视距差等；另一种是找出产生系统误差的原因和规律，对观测值进行系统误差的改正，如对距离观测值进行尺长改正、温度改正和倾斜改正，对竖直角进行指标改正等。

3) 偶然误差

在一定的观测条件下进行一系列观测，如果观测误差的大小和符号均呈现偶然性，即从表面现象看，误差的大小和符号没有规律性，这样的误差称为偶然误差。

建筑工程测量（第四版）

特别提示

　　消除系统误差的有效方法：对使用的仪器进行严格检验与校正，并在使用中遵守一定的操作规程；采用一定的观测方法来消除系统误差的影响；采用一定的计算公式进行改正。

　　产生偶然误差的原因往往是不固定且难以控制的，如观测者的估读误差、照准误差等。不断变化着的温度、风力等外界环境也会产生偶然误差。

　　粗差可以发现并被剔除，系统误差能够加以改正，而偶然误差是不可避免的，并且是消除不了的。

　　从单个偶然误差来看，其出现的符号和大小没有一定的规律性，但如果对大量的偶然误差进行统计分析，就能发现规律性，并且误差个数越多，规律性越明显。例如，某一测区在相同观测条件下观测了 358 个三角形的全部内角。由于观测值含有偶然误差，故平面三角形内角观测值之和不一定等于真值 180°。

　　由式(5-1)计算 358 个三角形内角观测值之和的真误差，将真误差取误差区间 $d\Delta$ 按绝对值大小进行排列，分别统计在各区间的正负误差个数 k，将 k 除以总数 n（此处 $n=358$），求得各区间的误差出现频率 k/n，结果列于表 5-1。

表 5-1　偶然误差的区间分布

误差区间 $d\Delta$	负误差		正误差		合计	
	个数 k	频率 k/n	个数 k	频率 k/n	个数 k	频率 k/n
0″～3″	45	0.126	46	0.128	91	0.254
3″～6″	40	0.112	41	0.115	81	0.227
6″～9″	33	0.092	33	0.092	66	0.184
9″～12″	23	0.064	21	0.059	44	0.123
12″～15″	17	0.047	16	0.045	33	0.092
15″～18″	13	0.036	13	0.036	26	0.072
18″～21″	6	0.017	5	0.014	11	0.031
21″～24″	4	0.011	2	0.006	6	0.017
>24″	0	0	0	0	0	0
合计	181	0.505	177	0.495	358	1.000

　　从表 5-1 中可以看出，该组误差的分布表现出如下规律：小误差比大误差出现的频率高，绝对值相等的正、负误差出现的个数和频率相近，最大误差不超过 24″。

　　统计大量的实验结果，表明偶然误差具有如下特性：

(1) 在一定观测条件下的有限个观测中，偶然误差的绝对值不超过一定的限值。

(2) 绝对值较小的误差出现的频率大，绝对值较大的误差出现的频率小。

(3) 绝对值相等的正、负误差出现的频率大致相等。

(4) 当观测次数无限增多时，偶然误差平均值的极限为 0，即

$$\lim_{n\to\infty}\frac{\Delta_1+\Delta_2+\cdots+\Delta_n}{n}=\lim_{n\to\infty}\frac{[\Delta]}{n}=0 \tag{5-2}$$

本项目此处及以后"[ ]"表示取括号中下标变量的代数和,即 $\Sigma\Delta_i=[\Delta]$。

用图示方法可以直观地表示偶然误差的分布情况。用表 5-1 的数据,以误差大小为横坐标,以误差出现频率 k/n 与误差区间 $d\Delta$ 的比值为纵坐标,如图 5.1 所示。这种图称为频率直方图。

可以设想,当误差个数 $n\to\infty$,同时又无限缩小误差区间 $d\Delta$,图 5.1 中各矩形的顶边折线就成为一条光滑的曲线,如图 5.2 所示,该曲线称为误差分布曲线,在数理统计中,称为正态分布曲线。高斯根据偶然误差的四个特性,推导出该曲线的方程式为

$$y=f(\Delta)=\frac{1}{\sqrt{2\pi}\sigma}e^{-\frac{\Delta^2}{2\sigma^2}} \tag{5-3}$$

式中,π ——圆周率;

 e ——自然对数的底;

 σ ——误差分布的标准差。

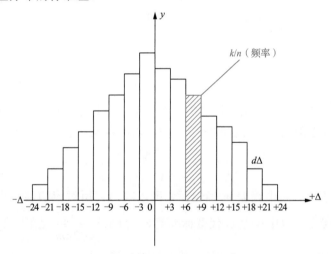

图 5.1 频率直方图

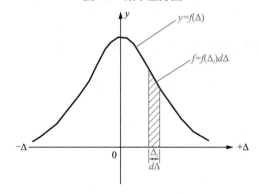

图 5.2 正态分布曲线

即正态分布曲线上任一点的纵坐标 y 均为横坐标Δ的函数。标准差σ的大小可以反映观测精度的高低，其公式为

$$\sigma = \pm \lim_{n\to\infty} \sqrt{\frac{[\Delta^2]}{n}} \tag{5-4}$$

在图 5.1 中各矩形的面积是误差出现频率 k/n。由概率统计可知，误差出现频率 k/n 就是真误差出现在区间 $d\Delta$ 上的概率 $P(\Delta)$，记为

$$P(\Delta) = \frac{k}{nd\Delta}d\Delta = f(\Delta)d\Delta \tag{5-5}$$

式(5-3)和式(5-5)中 $f(\Delta)$ 为误差分布的概率密度函数，简称密度函数。

5.2 衡量观测值精度的标准

为了衡量观测结果的精度优劣，必须建立衡量精度的统一标准。有了标准才能进行比较。衡量精度的标准有很多种，这里主要介绍以下几种。

5.2.1 中误差

由式(5-4)定义的标准差是衡量精度的一种标准，但那是理论上的表达式。在测量实践中观测次数不可能无限次，因此在实际应用中，以中误差 m 作为衡量精度的一种标准。

$$m = \pm\sqrt{\frac{[\Delta^2]}{n}} \tag{5-6}$$

在一组观测值中，当中误差 m 确定后，可以绘出它所对应的误差正态分布曲线。在式(5-3)中，当$\Delta=0$ 时，以中误差 m 代替标准值 σ，$f(\Delta) = \frac{1}{\sqrt{2\pi}m}$ 是最大值。因此在一组中，当小误差比较集中时，m_1 较小，则曲线的纵轴顶峰较高，曲线形状较陡峭，如图 5.3 中 $f_1(\Delta)$ 曲线，表示该组观测精度较高；$f_2(\Delta)$曲线形状较平缓，其误差分布比较离散，m_2 较大，表明该组观测精度较低。

如果令 $f(\Delta)$ 的二阶导数等于 0，可求得曲线拐点的横坐标

$$f(\Delta) = \sigma \approx m \tag{5-7}$$

也就是说，中误差的几何意义为偶然误差分布曲线两个拐点的横坐标。

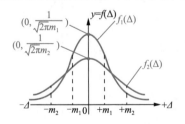

图 5.3 不同精度的误差分布曲线

5.2.2　相对误差

中误差和真误差都是绝对误差。在衡量观测值精度的时候，单纯用绝对误差有时还不能完全表达精度的优劣。例如，分别测量了长度为 100m 和 200m 的两段距离，中误差皆为 ±0.02m，显然不能认为两段距离测量精度相同。此时，为了客观地反映实际精度，引入了相对误差的概念。相对误差 K 是中误差 m 的绝对值与相应观测值 D 的比值，常用分子为 1 的分式表示

$$K = \frac{|m|}{D} = \frac{1}{\dfrac{D}{|m|}} \tag{5-8}$$

在上述例中用相对误差来衡量测量精度，就可容易地看出，长度为 200m 的测量精度比长度为 100m 的测量精度高。

在距离测量中还常用往返观测值的相对较差来进行检核。相对较差公式为

$$\frac{\left|D_{往} - D_{返}\right|}{D_{平均}} = \frac{|\Delta D|}{D_{平均}} = \frac{1}{\dfrac{D_{平均}}{|\Delta D|}} \tag{5-9}$$

相对较差是相对真误差，它反映往返测量结果的可靠程度。显然，相对较差愈小，观测结果愈可靠。

> **特别提示**
>
> 用经纬仪测角时，不能用相对误差来衡量测角精度，因为测角误差与角度大小无关。

5.2.3　极限误差和容许误差

1. 极限误差

由偶然误差的特性(1)可知，在一定的观测条件下，偶然误差的绝对值不会超过一定的限值。这个限值就是极限误差。我们知道，标准差和中误差是衡量观测精度的指标，但不能代表个别观测值真误差的大小，然而从统计意义上来讲，它们却存在着一定的联系。根据式(5-3)和式(5-5)有

$$P(-\sigma < \Delta < \sigma) = \frac{1}{\sqrt{2\pi}\sigma} \int_{-a}^{a} e^{-\frac{\Delta^2}{2a^2}} d\Delta \approx 0.683 \tag{5-10}$$

表示真误差落在区间(-σ，+σ)内的概率等于 0.683。同理可得

$$P(-2\sigma < \Delta < 2\sigma) = \frac{1}{\sqrt{2\pi}\sigma} \int_{-2a}^{2a} e^{-\frac{\Delta^2}{2a^2}} d\Delta \approx 0.955 \tag{5-11}$$

$$P(-3\sigma < \Delta < 3\sigma) = \frac{1}{\sqrt{2\pi}\sigma} \int_{-3a}^{3a} e^{-\frac{\Delta^2}{2a^2}} d\Delta \approx 0.997 \qquad (5\text{-}12)$$

上述三式结果的概率含义是：在一组等精度观测值中，真误差在±σ范围以外的个数约占误差总数的 32%；在±2σ范围以外的个数约占误差总数的 4.5%；在±3σ范围以外的个数只占误差总数的 0.3%。

绝对值大于 3σ 的真误差出现的概率很小，因此可以认为±3σ是真误差实际出现的极限，即 3σ 是极限误差

$$\Delta_{极限} = 3\sigma \qquad (5\text{-}13)$$

2. 容许误差

在测量实践中，常以 2 倍或 3 倍标准值作为偶然误差的容许值，该值称为容许误差，即：

$$\Delta_{容许} = 2\sigma \sim 3\sigma \qquad (5\text{-}14)$$

2σ 要求较严格，3σ 要求较宽。在测量实践中，容许误差的作用是在极限误差范围内，利用容许误差对偶然误差的大小进行数量限制。如果观测值中出现了大于容许误差的偶然误差，则认为该观测值不可靠，应舍去不用，并重测。

5.3 误差传播定律

在实际测量工作中，有些量往往不是直接观测值，而是通过其他观测值求得的，这些量称为间接观测值。设 Z 是独立变量 X_1，X_2，$\cdots$，X_n 的函数，即

$$Z = f(X_1, X_2, \cdots, X_n) \qquad (5\text{-}15)$$

其中函数 Z 的中误差为 m_z，各独立变量 X_1，X_2，$\cdots$，X_n 对应的观测值中误差分别为 m_1，m_2，$\cdots$，m_n。如果知道了 m_z 与 m_n 之间的关系，就可以由各变量的观测值中误差来推导求出函数的中误差。各变量的观测值中误差与其函数的中误差之间的关系式，称为误差传播定律。设

$$X_i = l_i - \Delta_i (i = 1, 2, \cdots, n) \qquad (5\text{-}16)$$

式中：l_i——各独立变量 X_i 相对应的观测值；

Δ_i——l_i 的偶然误差。

则

$$Z = f(l_1 - \Delta_1, l_2 - \Delta_2, \cdots, l_n - \Delta_n) \qquad (5\text{-}17)$$

按泰勒级数展开，有

$$Z = f(l_1, l_2, \cdots, l_n) - \left(\frac{\partial f}{\partial X_1} \Delta_1 + \frac{\partial f}{\partial X_2} \Delta_2 + \cdots + \frac{\partial f}{\partial X_n} \Delta_n \right) \qquad (5\text{-}18)$$

等式右边第二项就是函数 Z 的偶然误差 Δ_z，即

$$\Delta_z = \frac{\partial f}{\partial X_1} \Delta_1 + \frac{\partial f}{\partial X_2} \Delta_2 + \cdots + \frac{\partial f}{\partial X_n} \Delta_n \qquad (5\text{-}19)$$

又设各独立变量 X_i 都观测了 K 次，则函数 z 的偶然误差 Δ_z 的平方和为

$$\sum_{j=1}^{k}\Delta_{zj}^{2} = \left(\frac{\partial f}{\partial X_{1}}\right)^{2}\sum_{j=1}^{k}\Delta_{1j}^{2} + \left(\frac{\partial f}{\partial X_{2}}\right)^{2}\sum_{j=1}^{k}\Delta_{2j}^{2} + \cdots + \left(\frac{\partial f}{\partial X_{n}}\right)^{2}\sum_{j=1}^{k}\Delta_{nj}^{2} +$$

$$2\left(\frac{\partial f}{\partial X_{1}}\right)\left(\frac{\partial f}{\partial X_{2}}\right)\sum_{j=1}^{k}\Delta_{1j}\Delta_{2j} + 2\left(\frac{\partial f}{\partial X_{1}}\right)\left(\frac{\partial f}{\partial X_{3}}\right)\sum_{j=1}^{k}\Delta_{1j}\Delta_{3j} + \cdots \tag{5-20}$$

由偶然误差的特性(4)可知，当观测次数 $k\to\infty$ 时，式(5-20)中 $\Delta_i\Delta_j(i\neq j)$ 的总和趋近于 0，又根据式(5-6)有

$$\frac{\sum_{j=1}^{k}\Delta_{zj}^{2}}{k} = m_{z}^{2} \tag{5-21}$$

$$\frac{\sum_{j=1}^{k}\Delta_{ij}^{2}}{k} = m_{i}^{2} \tag{5-22}$$

式中，$i = 1$，2，$\cdots$，n。则

$$m_{z}^{2} = \left(\frac{\partial f}{\partial X_{1}}\right)^{2}m_{1}^{2} + \left(\frac{\partial f}{\partial X_{2}}\right)^{2}m_{2}^{2} + \cdots + \left(\frac{\partial f}{\partial X_{n}}\right)^{2}m_{n}^{2} \tag{5-23}$$

或

$$m_{z} = \pm\sqrt{\left(\frac{\partial f}{\partial X_{1}}\right)^{2}m_{1}^{2} + \left(\frac{\partial f}{\partial X_{2}}\right)^{2}m_{2}^{2} + \cdots + \left(\frac{\partial f}{\partial X_{n}}\right)^{2}m_{n}^{2}} \tag{5-24}$$

这就是一般函数的误差传播定律，利用它不难导出表 5-2 所列简单函数的中误差传播公式。

表 5-2　简单函数的中误差传播公式

序号	函数名称	函数式	中误差传播公式
1	倍数函数	$Z=AX$	$m_z = \pm Am$
2	和差函数	$Z=X_1\pm X_2$	$m_z = \pm\sqrt{m_1^2 + m_2^2}$
3		$Z=X_1\pm X_2\pm\cdots\pm X_n$	$m_z = \pm\sqrt{m_1^2 + m_2^2 + \cdots + m_n^2}$
4	线性函数	$Z = A_1X_1\pm A_2X_2\pm\cdots\pm A_nX_n$	$m_z = \pm\sqrt{A_1^2m_1^2 + A_2^2m_2^2 + \cdots + A_n^2m_n^2}$

误差传播定律在测绘领域应用十分广泛，利用它不仅可以求得观测值函数的中误差，而且还可以研究确定容许误差值以及事先分析观测可能达到的精度等，下面举例说明应用方法。

【例 5-1】　在 1:5000 地形图上，量得 A、B 两点间的距离 d=234.5mm，中误差 m_d=±0.2mm。求 A、B 两点间的实地水平距离 D 及其中误差 m_D。

解：根据表 5-2 第 1 式，

$$D = Md = 5000\times234.5\times10^{-3} = 1172.5\text{m}$$

$$m_D = Mm_d = 5000\times(\pm0.2)\times10^{-3} = 1.0\text{m}$$

【例 5-2】　对一个三角形的两个角 α、β 进行观测，测角中误差分别为 m_α=±3.5"，m_β=±6.2"，按公式 γ=180°$-\alpha-\beta$ 求得另一个角 γ。试求 γ 角的中误差 m_γ。

解：根据表 5-2 第 2 式，

$$m_\gamma = \pm\sqrt{m_\alpha^2 + m_\beta^2} = \pm\sqrt{3.5^2 + 6.2^2} \approx \pm7.1''$$

【例 5-3】 $\Delta y = D\sin\alpha$，观测值 $D = 225.85\text{m}\pm0.06\text{m}$，$\alpha = 157\degree00'30''\pm20''$。求 Δy 的中误差 $m_{\Delta y}$。

解：根据式（5-24），

$$\frac{\partial f}{\partial D} = \sin\alpha \qquad\qquad \frac{\partial f}{\partial \alpha} = D\cos\alpha$$

$$m_{\Delta y} = \pm\sqrt{\left(\frac{\partial f}{\partial D}\right)^2 m_D^2 + \left(\frac{\partial f}{\partial \alpha}\right)^2 \left(\frac{m_\alpha}{\rho}\right)^2}$$

$$= \pm\sqrt{\sin^2\alpha\, m_D^2 + (D\cos\alpha)^2 \left(\frac{m_\alpha}{\rho}\right)^2}$$

$$= \pm\sqrt{0.391^2 \times 0.06\text{m}^2 + 225.85\text{m}^2 \times 0.920^2 \left(\frac{20''}{206265''}\right)^2}$$

$$\approx \pm3.1\text{cm}$$

【例 5-4】 水准测量中，视距为 75m 时，在标尺上读数的中误差 $m_{\text{读}} \approx \pm2\text{mm}$（包括照准误差、气泡居中误差及水准标尺刻划误差）。若以 3 倍中误差为容许误差，试求普通水准测量观测 n 站所得高差闭合差的容许误差。

解：普通水准测量每站测得高差 $h_i = a_i - b_i(i = 1，2，\cdots，n)$，则每站观测高差的中误差为：

$$m = \pm\sqrt{m_{\text{读}}^2 + m_{\text{读}}^2} = \pm\sqrt{2}\,m_{\text{读}} \approx \pm2.8\text{mm}$$

观测 n 站所得高差 $h = h_1 + h_2 + \cdots + h_n$，高差闭合差 $f_h = h - h_0$，h_0 为已知值（无误差）。则闭合差 f_h 的中误差为：

$$m_{f_h} = \pm m\sqrt{n} = \pm2.8\sqrt{n}\,\text{mm}$$

以 3 倍中误差为容许误差，则高差闭合的容许误差为：

$$\Delta_{\text{容}} = \pm3 \times 2.8\sqrt{n}\,\text{mm} \approx \pm8\sqrt{n}\,\text{mm}$$

5.4 等精度直接观测平差

除了标准实体，自然界中任何单个未知量（如某一角度、某一长度等）的真值都是无法确知的，只有通过重复观测，才能对其真值做出可靠的估计。在测量实践中，重复测量还可以提高观测成果的质量，同时也可以发现和消除粗差。

重复测量会形成多余观测，加之观测值大多含有误差，这就产生了观测值之间的矛盾。为了消除这种矛盾，就必须依据一定的数据处理准则，采用适当的计算方法，对有矛盾的观测值加以必要而又合理的调整，给予适当的改正，从而求得观测量的最佳估值，同时对观测进行质量评估。人们把这一数据处理的过程称作"观测平差"。

在相同条件下进行的观测是等精度观测，所得到的观测值称为等精度观测值。如果观测所使用的仪器精度不同，或观测方法不同，或外界条件差别较大，等等，即为不同观测条件下的观测是非等精度观测，所获得的观测值称为非等精度观测值。

对一个未知量的直接观测值进行平差，称为直接观测平差。根据观测条件，有等精度直接观测平差和非等精度直接观测平差。平差目的是得到未知量可靠的估值，即最接近其真值的值，称为"最或然值"。

5.4.1 求最或然值

在等精度直接观测平差中，观测值的算术平均值是未知量的最或然值。

设对某量进行了 n 次等精度观测，其观测值为 l_1，l_2，$\cdots$，l_n，该量的真值为 X，各观测值的真误差为$\Delta 1$，$\Delta 2$，$\cdots$，Δn。由于真值 X 无法确知，测量上取 n 次观测值的算术平均值为最或然值，以代替真值。即

$$x = \frac{l_1 + l_2 + \cdots + l_n}{n} = \frac{[l]}{n} \tag{5-25}$$

观测值与最或然值之差，称为"最或然误差"，用符号 $v_i(i = 1,\ 2,\ \cdots,\ n)$ 来表示。

$$v_i = l_i - x \quad (i = 1,\ 2,\ \cdots,\ n) \tag{5-26}$$

将 n 各个最或然误差 v_i 相加，有：

$$[v] = [l] - nx = 0 \tag{5-27}$$

即最或然误差的总和为 0。式(5-27)可以用作计算中的检核，若 v_i 值计算无误，其总和必然为 0。显然，当观测次数 $n \to \infty$ 时，$v_i = \Delta_i$。

5.4.2 评定精度

1) 观测值中误差

由于独立观测中单个未知量的真值 X 是无法确知的，因此真误差Δ_i也是未知的，所以不能直接应用式(5-6)求得中误差。但可以用有限个等精度观测值 l_i 求出最或然值 x 后，再按式(5-26)计算最或然误差，用最或然误差 v_i 计算观测值的中误差。其公式推导如下：

对未知量进行 n 次等精度观测，其观测值为 l_1，l_2，$\cdots$，l_n，则真误差

$$\Delta_i = l_i - X \quad (i = 1,\ 2,\ \cdots,\ n) \tag{5-28}$$

将式(5-28)与式(5-26)相减得

$$\Delta_i - v_i = x - X \quad (i = 1,\ 2,\ \cdots,\ n) \tag{5-29}$$

令 $x - X = \delta$，则

$$\Delta_i = v_i + \delta \quad (i = 1,\ 2,\ \cdots,\ n) \tag{5-30}$$

对式(5-30)两端取平方和

$$[\Delta^2] = [v^2] + n\delta^2 + 2\delta[v] \tag{5-31}$$

因$[v] = 0$，则$[\Delta^2] = [v^2] + n\delta^2$，又有

$$\delta^2 = (x - X)^2$$

$$= \left(\frac{[l]}{n} - X\right)^2 = \frac{1}{n^2}\left([l] - nX\right)^2$$

$$= \frac{1}{n^2}\left[(l_1 - X) + (l_2 - X) + \cdots + (l_n - X)\right]^2$$

$$= \frac{1}{n^2}(\Delta_1 + \Delta_2 + \cdots + \Delta_n)^2$$

$$= \frac{1}{n^2}(\Delta_1^2 + \Delta_2^2 + \cdots + \Delta_n^2 + 2\Delta_1\Delta_2 + 2\Delta_1\Delta_3 + \cdots)$$

$$= \frac{[\Delta^2]}{n^2} + \frac{2(\Delta_1\Delta_2 + \Delta_1\Delta_3 + \cdots)}{n^2}$$

根据偶然误差特性(4)，当 $n \to \infty$ 时，上式等号右边的第二项趋近于 0，故

$$\delta^2 = \frac{[\Delta^2]}{n^2}$$

于是有

$$\frac{[\Delta^2]}{n} = \frac{[v^2]}{n} + \frac{[\Delta^2]}{n^2} \text{ 即 } m^2 = \frac{[v^2]}{n} + \frac{1}{n}m^2$$

即

$$m = \pm\sqrt{\frac{[v^2]}{n-1}} \tag{5-32}$$

式(5-32)是等精度观测中用最或然误差计算中误差的公式。

【例 5-5】　对某角进行了 5 次等精度观测，观测结果列于表 5-3。求其观测的中误差。

解：根据式(5-25)、式(5-26)计算最或然值 x、最或然误差 v_i，利用式(5-27)进行检核，计算结果列于表 5-3 中。观测值的中误差为

$$m = \pm\sqrt{\frac{[v^2]}{n-1}} = \pm\sqrt{\frac{20}{5-1}} = \pm 2.2''$$

表 5-3　等精度观测结果

观测值	最或然误差 v_i	v_i^2
$l_1 = 35°18'28''$	+3	9
$l_2 = 35°18'25''$	0	0
$l_3 = 35°18'26''$	+1	1
$l_4 = 35°18'22''$	−3	9
$l_5 = 35°18'24''$	−1	1
$x = \dfrac{[l]}{n} = 35°18'25''$	$[v] = 0$	$[v^2] = 20$

2）最或然值的中误差

设对某量进行 n 次等精度观测，观测值为 l_1，l_2，l_3，$\cdots$，l_n，中误差为 m。最或然值 x 的中误差 M 的计算公式推导如下

$$x = \frac{[l]}{n} = \frac{1}{n}l_1 + \frac{1}{n}l_2 + \cdots + \frac{1}{n}l_n \tag{5-33}$$

根据误差传播定律

$$M = \pm\sqrt{\left(\frac{1}{n}\right)^2 m^2 + \left(\frac{1}{n}\right)^2 m^2 + \cdots + \left(\frac{1}{n}\right)^2 m^2} \tag{5-34}$$

则

$$M = \pm\frac{m}{\sqrt{n}} \tag{5-35}$$

代入式(5-32)，算术平均值的中误差也可表达如下

$$M = \pm\sqrt{\frac{[v^2]}{n(n-1)}} \tag{5-36}$$

【例 5-6】 计算例 5-5 的最或然值的中误差。

解：利用式(5-35)得 $M = \pm\frac{m}{\sqrt{n}} = \pm\frac{2.2''}{\sqrt{5}} = \pm 1.0''$

从式(5-35)可以看出，算术平均值的中误差与观测次数的平方根成反比。因此增加观测次数可以提高算术平均值的精度。当观测值的中误差 $m = 1$ 时，算术平均值的中误差 M 与观测次数 n 的关系如图 5.4 所示。由图可以看出，当 n 增加时，M 减小。但当观测次数 n 达到一定数值(如 $n = 10$)后，再增加观测次数，即使工作量增加，其提高精度的效果也不太明显。故不能单纯以增加观测次数来提高测量成果的精度，而是应设法提高观测值本身的精度。例如，使用精度较高的仪器、提高观测技能、在良好的外界条件下进行观测等。

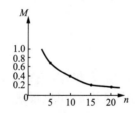

图 5.4　算术平均值的中误差与观测次数的关系

5.5　非等精度直接观测平差

在对某一未知量进行非等精度观测时，各观测值的中误差也不相同，各观测值便具有不同的可靠性。因此，在求未知量的最可能估值时，就不能像等精度观测那样简单地取算术平均值，因为较可靠的观测值，应对最后结果产生较大影响。

非等精度观测值的可靠性，可用称为观测值权的数值来表示。权是权衡轻重的意思，观测值的精度愈高，其权愈大。例如，设对某一未知量进行了两组非等精度观测，但每组内各观测值是等精度的。设第一组观测了 4 次，其观测值为 l_1, l_2, l_3, l_4；第二组观测了 3 次，观测值为 l_1', l_2', l_3'。这些观测值在各组内的可靠程度都相同，每组分别取算术平均

值作为最后观测值，即

$$L_1 = \frac{l_1 + l_2 + l_3 + l_4}{4} \qquad L_2 = \frac{l_1' + l_2' + l_3'}{3} \qquad (5\text{-}37)$$

对观测值 L_1、L_2 来说，彼此是非等精度测量，故最后结果不可简单的计算为：

$$L = \frac{l_1 + l_2 + l_3 + l_4 + l_1' + l_2' + l_3'}{7} \qquad (5\text{-}38)$$

实际计算应为：

$$L = \frac{4L_1 + 3L_2}{4 + 3} \qquad (5\text{-}39)$$

从非等精度观测的观点来看，观测值 L_1 是 4 次观测值的平均值，L_2 是 3 次观测值的平均值，L_1 和 L_2 的可靠性不一样，可取 4、3 为其相应的权，以表示 L_1、L_2 可靠程度的差别。分析式(5-39)，分子、分母乘以同一常数，最后结果与式(5-38)相同。因此，权只有相对意义，其作用的不是它们的绝对值，而是它们之间的比值，权通常用字母 p 表示，且恒取正值。

5.5.1 权与中误差的关系

一定的中误差，对应着一个确定的误差分布，即对应着一定的观测条件。观测值的中误差愈小，其值愈可靠，权就愈大。因此，可以根据中误差来定义观测值的权。

设 n 个非等精度观测值的中误差分别为 m_1，m_2，$\cdots$，m_n，则权可以用下列式来定义

$$p_1 = \frac{\lambda}{m_1^2}, p_2 = \frac{\lambda}{m_2^2}, \cdots, p_n = \frac{\lambda}{m_n^2} \qquad (5\text{-}40)$$

其中 λ 可取任意正常数。

以前面所举的例子为例，l_1，l_2，l_3，l_4 和 l_1'，l_2'，l_3' 是等精度观测值，观测值的中误差为 m，则第 1 组的算术平均值 L_1 的中误差 m_1 可以根据式(5-35)得

$$m_1 = \frac{1}{\sqrt{4}} m$$

同理，可得第 2 组的算术平均值 L_2 的中误差为

$$m_2 = \frac{1}{\sqrt{3}} m$$

在式(5-40)中分别代入 m_1 和 m_2，得

L_1:
$$p_1 = \frac{\lambda}{m_1^2} = \frac{\lambda}{\frac{1}{4} m^2}$$

L_2:
$$p_2 = \frac{\lambda}{m_2^2} = \frac{\lambda}{\frac{1}{3} m^2}$$

若取 $\lambda = m^2$，则 L_1、L_2 的权分别为 $p_1 = 4$，$p_2 = 3$。

【例 5-7】 设以非等精度观测某角度,各观测值的中误差分别为 $m_1 = \pm 2.0''$,$m_2 = \pm 3.0''$,$m_3 = \pm 6.0''$,求各观测值的权。

解:由式(5-40)可得

$$p_1 = \frac{\lambda}{m_1^2} = \frac{\lambda}{4} \qquad p_2 = \frac{\lambda}{m_2^2} = \frac{\lambda}{9} \qquad p_3 = \frac{\lambda}{m_3^2} = \frac{\lambda}{36}$$

若取 $\lambda = 4$,则 $p_1 = 1$,$p_2 = \dfrac{4}{9}$,$p_3 = \dfrac{1}{9}$。

若取 $\lambda = 36$,则 $p_1 = 9$,$p_2 = 4$,$p_3 = 1$。

选择适当的 λ 值可以使权成为便于计算的数值。

【例 5-8】 对某一角度进行了 n 次观测,求算术平均值的权。

解:设一测回角度观测值的中误差为 m。由式(5-35),算术平均值的中误差为 $M = \pm \dfrac{m}{\sqrt{n}}$,由权的定义设 $\lambda = m^2$,则一测回观测值的权为

$$p = \frac{\lambda}{m^2} = 1$$

算术平均值的权为

$$p_x = \frac{\lambda}{\dfrac{1}{n}m^2} = n$$

由例 5-8 可知,取一测回角度观测值之权为 1,则 n 个测回观测值的算术平均值的权为 n。故角度观测的权与其测回数成正比。在非等精度观测中引入“权”的概念,可以建立各观测值之间的精度比值,以便更合理地处理观测数据。例如,设每一测回的观测值的中误差为 m^2,其权为 p_0,并设 $\lambda = m^2$,则有

$$p_0 = \frac{\lambda}{m^2} = 1 \tag{5-41}$$

等于 1 的权称为单位权,而使权等于 1 的中误差称为单位权中误差,一般用 m_0(或 μ)表示。对于中误差为 m_i 的观测值,其权 p_i 为

$$p_i = \frac{m_0^2}{m_i^2} \tag{5-42}$$

相应的中误差的另一表达式为

$$m_i = m_0 \cdot \sqrt{\frac{1}{p_i}} \tag{5-43}$$

5.5.2 加权平均值及其中误差

对同一未知量进行了 n 次非等精度观测。观测值为 l_1,l_2,$\cdots$,l_n,其相应的权为 p_1,p_2,$\cdots$,p_n,则加权平均值 L_0 为非等精度观测值的最或然值,计算公式可写为

$$L_0 = \frac{p_1 l_1 + p_2 l_2 + \cdots + p_n l_n}{p_1 + p_2 + \cdots + p_n} \tag{5-44}$$

或

$$L_0 = \frac{[pl]}{p} \tag{5-45}$$

校核计算式为

$$[pv] = 0 \tag{5-46}$$

其中 $v_i = l_i - L_0$ 为最或然误差。

由式(5-45)，根据误差传播定律，可得加权平均值 L_0 的中误差 M_0 为

$$M_0 = \frac{1}{[p]^2}\left(p_1^2 m_1^2 + p_2^2 m_2^2 + \cdots + p_n^2 m_n^2\right) \tag{5-47}$$

式中：m_1，m_2，$\cdots$，m_n 分别为 l_1，l_2，$\cdots$，l_n 的中误差。

根据权的定义式(5-40)和式(5-42)，有 $p_1 m_1^2 = p_2 m_2^2 = \cdots = p_n m_n^2 = m_0^2$，所以

$$M_0^2 = \frac{m_0^2}{[p]} \tag{5-48}$$

实际上，常用最或然误差 $v_i = L_0 - l_i$ 来计算中误差 M_0。与式(5-36)类似，为：

$$M_0 = \pm \sqrt{\frac{[pv]}{n-1}} \tag{5-49}$$

【例 5-9】 在水准测量中，从三个已知高程点 A、B、C 出发，测得 E 点的三个高程观测值 H_i，及各水准路线的长度 L_i。求 E 点高程的最或然值 H_E 及其中误差 M_H。

解：取路线长度 L_i 的倒数乘以常数 C 为观测值的权，并令 $C = 1$，计算在表 5-4 中进行。

表 5-4　非等精度直接观测平差计算

测段	高程观测值 H_i/m	路线长度 L_i/km	权 $p_i = 1/L_i$	最或然误差 v_i	$p_i v_i$	$p_i v_i v_i$
$A \sim E$	42.347	4.0	0.25	17.0	4.2	71.4
$B \sim E$	42.320	2.0	0.50	−10.0	−5.0	50.0
$C \sim E$	42.332	2.5	0.40	2.0	0.8	1.6
			$[p]=1.15$		$[pv] = 0$	$[pvv]=123.0$

根据式(5-44)，E 点高程的最或然值为

$$H_E = \frac{0.25 \times 42.347\text{m} + 0.50 \times 42.320\text{m} + 0.40 \times 42.332\text{m}}{0.25 + 0.50 + 0.41} = 42.330\text{m}$$

根据式(5-49)，单位权中误差为

$$m_0 = \pm \sqrt{\frac{[pv]}{n-1}} = \pm \sqrt{\frac{123.0}{3-1}} = \pm 7.8\,\text{mm}$$

根据式(5-43)，E 点高程的最或然值的中误差为

$$M_H = \pm m_0 \sqrt{\frac{1}{[p]}} = \pm 7.8\text{mm} \times \sqrt{\frac{1}{1.15}} = \pm 7.3\text{mm}$$

本项目小结

本项目在前面各项目的基础上概括说明了误差产生的原因及分类，详细叙述了偶然误差的规律，介绍了评定精度的标准及计算方法，并用误差理论证明了算术平均值是最或然值，以及非等精度观测的最或然值及其中误差。

习　　题

一、选择题

1. 测量误差主要有系统误差和(　　)。

A. 仪器误差　　　　B. 观测误差　　　　C. 容许误差　　　　D. 偶然误差

2. 钢尺量距中，钢尺的尺长误差对距离丈量产生的影响(　　)。

A. 属于偶然误差　　　　　　　　　　B. 属于系统误差

C. 可能是偶然误差也可能是系统误差　　D. 既不是偶然误差也不是系统误差

3. 丈量一正方形的四条边长，其观测中误差均为±2cm，则该正方形周长的中误差为±(　　)cm。

A. 0.5　　　　　　B. 2　　　　　　C. 4　　　　　　D. 8

4. 对某边观测 4 测回，观测中误差为±2cm，则算术平均值的中误差为±(　　)cm。

A. 0.5　　　　　　B. 1　　　　　　C. 2　　　　　　D. 4

5. 对某角观测 1 测回的观测中误差为±3″，现要使该角的观测结果精度达到±1.4″，需观测(　　)个测回。

A. 2　　　　　　B. 3　　　　　　C. 4　　　　　　D. 5

二、简答题

1. 应用测量误差理论可以解决测量工作中的哪些问题？

2. 测量误差的主要来源有哪些？偶然误差具有哪些特性？

3. 何谓中误差？何谓容许误差？何谓相对误差？

4. 何谓等精度观测？何谓非等精度观测？权的定义和作用是什么？

5. 何谓误差传播定律？

三、计算题

1. 某圆形建筑物直径 $D = 34.50$m，$m_D = ±0.01$m，求建筑物周长及中误差。

2. 用长 30m 的钢尺丈量 310 尺段，若有尺段中误差为±5mm，求全长 L 及其中误差。

3. 对某一距离进行了 6 次等精度观测，其结果为 398.772m、398.784m、398.776m、398.781m、398.802m 和 398.779m。试求其算术平均值、一次丈量中误差、算术平均值中误差和相对中误差。

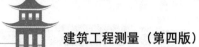

4. 测得一正方形的边长 $a = (65.37 \pm 0.03)$m。试求正方形的面积及其中误差。

5. 用同一台经纬仪分 3 次观测同一角度，其结果为 $\beta_1 = 30°24'36''$(6 测回)，$\beta_2 = 30°24'34''$(4 测回)，$\beta_3 = 30°24'38''$(8 测回)。试求单位权中误差、加权平均值中误差和一测回观测值的中误差。

6. 从 A、B、C、D 四个已知高程点分别向待定点 E 进行水准测量，得到观测高程分别为 2506.358m(4 站)、2506.347m(8 站)、2506.332m(8 站)、2506.340m(12 站)。试求单位权中误差、E 点高程的最或然值及其中误差，一测站高差观测值的中误差。

项目6 小地区控制测量

思维导图

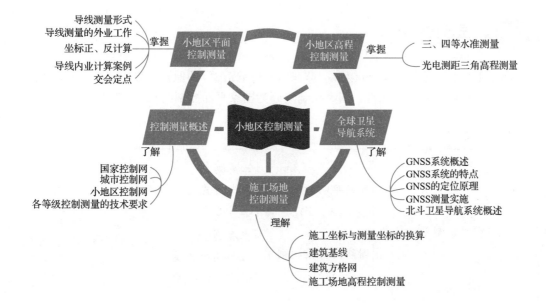

导线测量形式
导线测量的外业工作
坐标正、反计算
导线内业计算案例
交会定点

掌握 — 小地区平面控制测量

小地区高程控制测量 — 掌握 — 三、四等水准测量 — 光电测距三角高程测量

控制测量概述 — 小地区控制测量 — 全球卫星导航系统

了解

国家控制网
城市控制网
小地区控制网
各等级控制测量的技术要求

施工场地控制测量

了解 — GNSS系统概述 — GNSS系统的特点 — GNSS的定位原理 — GNSS测量实施 — 北斗卫星导航系统概述

理解

施工坐标与测量坐标的换算
建筑基线
建筑方格网
施工场地高程控制测量

引例

　　某中等职业学校现有校园土地面积只有 120 亩(1 亩 = 666.67 平方米)，而教育主管部门要求高职院校土地面积应达到 300 亩以上才有资格申报。因此，为了升格成高等职业院校，该学校到附近郊区征地，经过一番努力，终于选中一块面积有 500 多亩的土地。为了进行规划、设计和准确计算土地面积，就要测绘这块地和周围四邻的地形图，要测绘地形图就必须进行控制测量。那么，如果让你去完成这项控制测量任务，你该如何进行呢？本项目主要学习控制测量的工作程序，控制测量的外业工作和内业计算的方法。

6.1 控制测量概述

6.1.1 国家控制网

　　测量工作必须遵循"从整体到局部，先控制后碎部"的原则，先建立控制网，然后根据控制网进行碎部测量或测设。国家控制网分为国家平面控制网和国家高程控制网。

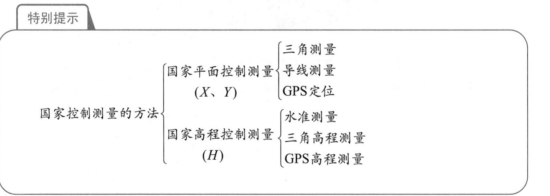

特别提示

$$
\text{国家控制测量的方法}
\begin{cases}
\text{国家平面控制测量} \\
(X、Y)
\begin{cases}
\text{三角测量} \\
\text{导线测量} \\
\text{GPS 定位}
\end{cases} \\[2ex]
\text{国家高程控制测量} \\
(H)
\begin{cases}
\text{水准测量} \\
\text{三角高程测量} \\
\text{GPS 高程测量}
\end{cases}
\end{cases}
$$

1. 国家平面控制网

　　平面控制测量即确定控制点的平面位置。国家平面控制网是在全国范围内建立的控制网。逐级控制，分为一、二、三、四等三角测量和精密导线测量。它是全国各种比例尺测图和工程建设的基本控制资料，为空间科学技术和军事提供精确的点位坐标、距离、方位资料，也为研究地球大小和形状、地震预报等提供重要资料。

三角测量

　　一等三角控制网(三角控制网呈锁状的称为三角锁)是国家平面控制网的骨干，如图 6.1(a)所示。二等三角控制网布设于一等三角锁环内，是国家平面控制网的基础，如图 6.1(b)所示。三、四等三角控制网为二等三角控制网的进一步加密。建立国家平面控制网主要采用三角测量的方法。

　　建立平面控制网的经典方法有三角测量和导线测量。在图 6.2 中，A、B、C、D、E、F 组成相互连接的三角形，观测所有三角形的内角，并至少测量其中一条边长作为起算边，通过计算就可以获得它们之间的相对位置。这种三角形的顶点称为三角点，构成的网形称为三角网，进行这种控制测量称为三角测量。又如在图 6.3 中，控制点 1、2、3、4、5、6 用折线连接起来，测量各边的长度和各转折角，通过计算，同样可以获得它们之间的相对位置。这种控制点称为导线点，构成的网形称为导线网，进行这种控制测量称为导线测量。

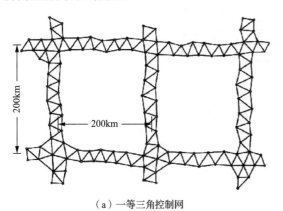

（a）一等三角控制网　　　　　　　　　（b）二等三角控制网

注：①★为天文点；②MN 线段为基线。

图 6.1　部分地区国家一、二等三角控制网示意图

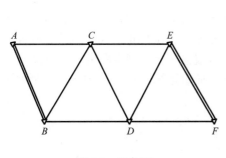

图 6.2　三角网

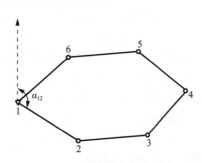

图 6.3　导线网

随着测量科学技术的发展和现代化测量仪器的出现，三角测量这一传统定位技术大部分已被卫星定位技术所替代。《全球定位系统(GPS)测量规范》(GB/T 18314—2009)将 GPS 控制网分成 A～E 五级。

导线测量

2. 国家高程控制网

建立高程控制网的主要方法是水准测量。在山区也可以采用三角高程测量的方法来建立高程控制网，这种方法不受地形起伏的影响，工作速度快，但其精度较水准测量低。

国家水准测量分为一、二、三、四等，逐级布设。一、二等水准测量是用高精度水准仪和精密水准测量方法进行施测，其成果作为全国范围的高程控制之用。三、四等水准测量除用于国家高程控制网的加密外，还可在小地区用作建立首级高程控制网。图 6.4 是国家水准网布设示意图。

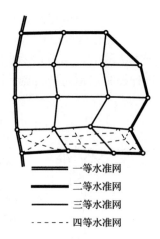

一等水准网
二等水准网
三等水准网
- - - - 四等水准网

图 6.4　国家水准网布设示意图

6.1.2　城市控制网

城市控制测量为大比例尺地形测量建立控制网，作为城市规划、施工放样的测量依据。城市平面控制网一般可分为二、三、四等三角网及一、二级小三角网或一、二、三级导线网。然后再布设图根小三角网或图根导线网。

为了城市建设的需要所建立的高程控制称为城市水准测量，采用二、三、四、五等水准测量及直接为测地形用的图根水准测量，其技术要求见表 6-7 和表 6-8。同样，应根据城市或厂矿的规模确定城市首级水准网的等级，然后再根据水准点测定图根点的高程。

水准点间的距离一般地区为 1～3km 工业厂区、城市建筑区宜小于 1km。一个测区至少设立 3 个水准点。

6.1.3　小地区控制网

直接供地形测图使用的控制点称为图根控制点，简称图根点。测定图根点位置的工作，称为图根控制测量。图根点的密度(包括高级点)取决于测图比例尺和地物、地貌的复杂程度。平坦开阔地区图根点的密度可参考表 6-4 的规定；对于困难地区或山区，表中规定的点数可适当增加。

至于布设哪一级控制作为首级控制，主要应根据城市或厂矿的规模来确定。中小城市一般以四等国家控制网作为首级控制网。面积在 15km² 以下的小城镇可用一级导线网作为首级控制网。面积在 0.5km² 以下的测区，图根控制网可作为首级控制。厂区可布设建筑方格网。

同样，应根据城市或厂矿的规模确定城市首级水准网的等级，然后再根据水准点测定图根点的高程。

在平原地区，可采用 GPS 水准进行四等水准测量。在地形比较复杂或地质构造复杂的地区，采用 GPS 水准时，需进行高程异常改正。

特别提示

　　在前边的引例中所提到的征地问题，地块面积很小，因此，在做控制测量时，就必须按小地区控制测量的技术要求，仔细查阅工程测量规范，按规范要求合理布设控制点位置，精心进行方案设计。

工程测量
标准

6.1.4 各等级控制测量的技术要求

　　按《工程测量标准》(GB 50026—2020)、《国家三、四等水准测量规范》(GB/T 12898—2009)和《全球定位系统(GPS)测量规范》(GB/T 18314—2009)规定，平面控制网的主要技术要求见表 6-1～表 6-5。高程控制网的主要技术要求见表 6-6 和表 6-7。

表 6-1　各等级三角形网测量的主要技术要求

等级	平均边长/km	测角中误差/(″)	测边相对中误差	最弱边边长相对中误差	测回数				三角形最大闭合差/(″)
					0.5″级仪器	1″级仪器	2″级仪器	6″级仪器	
二等	9	1	≤1/250000	≤1/120000	9	12	—	—	3.5
三等	4.5	1.8	≤1/150000	≤1/70000	4	6	9	—	7
四等	2	2.5	≤1/100000	≤1/40000	2	4	6	—	9
一级	1	5	≤1/40000	≤1/20000	—	—	2	4	15
二级	0.5	10	≤1/20000	≤1/10000	—	—	1	2	30

表 6-2　各等级导线测量的主要技术要求

等级	导线长度/km	平均边长/km	测角中误差/(″)	测距中误差/mm	测距相对中误差	测回数				方位角闭合差/(″)	导线全长相对闭合差
						0.5″级仪器	1″级仪器	2″级仪器	6″级仪器		
三等	14	3	1.8	20	1/150000	4	6	10	—	3.6m	≤1/55000
四等	9	1.5	2.5	18	1/80000	2	4	6	—	5/n	≤1/35000
一级	4	0.5	5	15	1/30000	—	—	2	4	10n	≤1/15000
二级	2.4	0.25	8	15	1/14000	—	—	1	3	16n	≤1/10000
三级	1.2	0.1	12	15	1/7000	—	—	1	2	24/m	≤1/5000

　　注：① n 为测站数；

　　　　② 当测区测图的最大比例尺为 1∶1000 时，一、二、三级导线的导线长度、平均边长可放长，但最大长度不应大于表中规定相应长度的 2 倍。

表6-3 图根导线测量的主要技术要求

导线长度/m	相对闭合差	测角中误差/(″)		方位角闭合差/(″)	
		首级控制	加密控制	首级控制	加密控制
$\leq \alpha \cdot M$	$\leq 1/(2000\times\alpha)$	20	30	$40\sqrt{n}$	$60\sqrt{n}$

注：① α 为比例系数，取值宜为1，当采用1：500、1：1000比例尺测图时，α 值可在1~2之间选用；

② M 为测图比例尺的分母，但对于工矿区现状图测量，不论测图比例尺大小，M 应取值为500；

③ 施测困难地区导线相对闭合差，不应大于1/(1000×α)。

表6-4 一般地区解析图根点的数量

测图比例尺	图幅尺寸/mm	图根点数量/个	
		全站仪测图	RTK测图
1：500	500×500	2	1
1：1000	500×500	3	1~2
1：2000	500×500	4	2
1：5000	400×400	6	3

注：表中所列数量指施测该幅图可利用的全部控制点数量。

表6-5 GPS控制网主要技术要求

等级	基线平均长度/km	固定误差A/mm	比例误差系数B/(mm/km)	约束点间的边长相对中误差	约束平差后最弱边相对中误差
二等	9	≤ 10	≤ 2	$\leq 1/250000$	$\leq 1/120000$
三等	4.5	≤ 10	≤ 5	$\leq 1/150000$	$\leq 1/70000$
四等	2	≤ 10	≤ 10	$\leq 1/100000$	$\leq 1/40000$
一级	1	≤ 10	≤ 20	$\leq 1/40000$	$\leq 1/20000$
二级	0.5	≤ 10	≤ 40	$\leq 1/20000$	$\leq 1/10000$

表6-6 水准测量的主要技术要求

等级	每千米高差中误差/mm	路线长度/km	水准仪级别	水准尺	观测次数		往返较差、附合或环线闭合差	
					与已知点联测	附合或环线	平地/mm	山地/mm
二等	2	—	DS_1、DSZ_1	条码因瓦、线条式因瓦	往返各一次	往返各一次	$4\sqrt{L}$	—
三等	6	≤ 50	DS_1、DSZ_1	条码因瓦、线条式因瓦	往返各一次	往一次	$12\sqrt{L}$	$4\sqrt{n}$
			DS_3、DSZ_2	条码式玻璃钢、双面		往返各一次		
四等	10	≤ 16	DS_3、DSZ_2	条码式玻璃钢、双面	往返各一次	往一次	$20\sqrt{L}$	$6\sqrt{n}$
五等	15	—	DS_3、DSZ_2	条码式玻璃钢、单面	往返各一次	往一次	$30\sqrt{L}$	—

注：① 结点之间或结点与高级点之间，其路线的长度，不应大于表中规定的70%；

② L 为往返测段、附合或环线的水准路线长度(km)，n 为测站数。

表 6-7　图根水准测量的主要技术要求

水准仪级别	每千米高差中误差/mm	附合路线长度/km	视线长度/m	观 测 次 数		往返较差、附合或环线闭合差/mm	
				附合或闭合路线	支水准路线	平地	山地
DS_{10}	20	≤5	≤100	往一次	往返各一次	$40\sqrt{L}$	$12\sqrt{n}$

注：① L 为往返测段、附合或环线的水准路线长度(km)，n 为测站数；
②　当水准路线布设成支线时，其路线长度不应大于 2.5km。

本书主要讨论小地区(10km² 以下)控制网建立的有关问题。下面将分别介绍用导线测量建立小地区平面控制网的方法，以及用三、四等水准测量和光电测距三角高程测量建立小地区高程控制网的方法。

6.2　小地区平面控制测量

特别提示

小地区平面控制测量的主要方法有小三角测量和导线测量。

小三角测量要求通视条件较高，观测时必须满足三角形的 3 个点互相通视，一般适合在山区地面起伏比较大的地区。而在城市中，高楼林立，通视条件无法保证，很难布设。

导线测量布设灵活，要求通视方向少，边长可直接测定，适宜布设在视野不够开阔的地区，如城市、厂区、矿山建筑区、森林等；也适用于狭长地带的控制测量，如铁路、隧道、渠道等。随着全站仪的普及，一测站可同时完成测距、测角的全部工作，使导线测量成为平面控制中简单而有效的方法。

直接为测绘地形图而建立的控制网叫图根控制网，而导线测量方法特别适用于图根控制网的建立。因此，在引例中提到的征地需要测绘地形图，那么，在测绘地形图之前就选择用导线测量的方法先作图根控制网，经过外业观测，内业计算，就可以测绘地形图。本节将介绍导线测量是如何进行的。

6.2.1　导线测量形式

将测区内相邻控制点以直线相连，所连成的折线称为导线。构成导线的控制点称为导线点。导线测量就是依次测定各导线的边长和各转折角值，再根据起算数据，推算各边的坐标方位角，从而用坐标正算法求出各导线点的坐标。

用经纬仪测量转折角，用钢尺测定导线的边长，称为经纬仪导线。用光电测距仪测定导线的边长，则称为光电测距导线。

导线测量是建立小地区平面控制网的一种常用方法。根据测区的具体情况，单一导线的布设有闭合导线、附合导线和支导线3种基本形式，如图6.5所示。

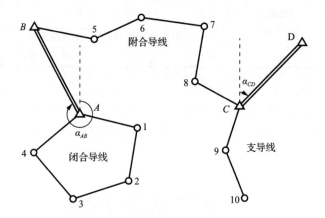

图6.5　导线布设形式

（1）闭合导线——由测区内相邻的控制点连接而成的闭合多边形。导线的起点和终点为同一个已知点，在图6.5中，以高级控制点A、B中的A点为起始点，并以AB边的坐标方位角α_{AB}为起始坐标方位角，经过1、2、3、4点仍回到起始点A，形成一个闭合导线。

（2）附合导线——敷设在两个已知点之间的导线称为附合导线。在图6.5中，以高级控制点A、B中的B点为起始点，以AB边的坐标方位角α_{AB}为起始边的坐标方位角，经过5、6、7、8点后，附合到另一个已知点C上，并以α_{CD}为终边坐标方位角，这样的导线称为附合导线。

（3）支导线——支导线也称自由导线，它从一个已知点出发，不回到原点，也不附合到另外一个已知点上。在图6.5中，由已知点C出发延伸出去(如9、10两点)的导线即为支导线。由于支导线的观测数据缺少严密的检核条件，故布设时应加以限制，规范规定支导线不得超过3条边。

6.2.2　导线测量的外业工作

导线测量的外业工作包括踏勘选点及建立标志、观测导线边长、观测转折角和与高级点连测。

1. 踏勘选点及建立标志

在踏勘选点前，应调查收集测区已有地形图和高一级控制点的成果资料，把控制点展绘在地形图上，然后在地形图上拟定导线的布设方案，最后到野外去踏勘，实地核对、修改、落实点位。如果测区没有地形图资料，则需详细踏勘现场，根据已知控制点的分布、测区地形条件及测图和施工需要等具体情况，合理地选定导线点的位置。

实地选点时，应注意下列选点原则。

(1) 相邻点间通视良好，地势较平坦，便于测角和量距。

(2) 点位应选在土质坚实处，便于保存标志和安置仪器。

(3) 地势高，视野开阔，便于测绘周围地物和地貌。

(4) 导线边长应大致相等，避免过长、过短，相邻边长之比不应超过 3 倍。除特别情形外，对于二、三级导线，其边长应不大于 350m，也不宜小于 50m，平均边长参见表 6-3 和表 6-4。

(5) 导线点应有足够的密度，且分布均匀，便于控制整个测区。

导线点选定后，应在地面上建立标志，并沿导线走向顺序编号，绘制导线略图。在每个点位上打一大木桩(图 6.6)，桩顶钉一小钉，作为临时性标志；对于高等级导线点应按规范埋设混凝土桩(图 6.7)，桩顶钢筋上刻"十"字，作为永久性标志。并在导线点附近的明显地物(房角、电杆)上用油漆注明导线点编号和距离，并绘制草图，注明尺寸，称为"点之记"，如图 6.8 所示。

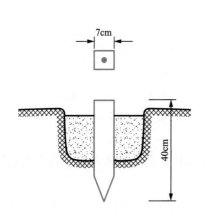

图 6.6 临时导线点

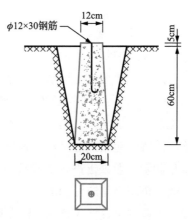

图 6.7 永久导线点的埋设

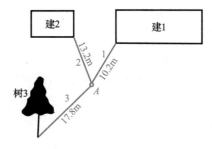

图 6.8 点之记

2. 观测导线边长

导线边长可用光电测距仪测定，测量时要同时观测竖直角，供倾斜改正之用。若用钢尺丈量，钢尺必须经过检定。对于一、二、三级导线，应按钢尺量距的精密方法进行丈量。对于图根导线，用一般方法往返丈量，取其平均值，并要求其相对误差不得大于 1/3000。钢尺量距结束后，应进行尺长改正、温度改正和倾斜改正，取 3 项改正后的结果作为最终成果。

3. 观测转折角

导线角度测量有转折角测量和连接角测量。在各待定点上所测的角为转折角，导线与高级控制边连接形成的夹角为连接角。

用测回法施测导线左角(位于导线前进方向左侧的角)或右角(位于导线前进方向右侧的角)。一般在附合导线或支导线中是测量导线的左角，在闭合导线中均测内角。若闭合导线按顺时针方向编号计算，则其内角就是右角。不同等级的导线的测角主要技术要求已列入表 6-2 及表 6-3。对于图根导线，一般用 DJ_6 级光学经纬仪观测一个测回。若盘左、盘右测得角值的较差不超过 40″，则取其平均值作为一个测回成果。

测角时，为了便于瞄准，可用测钎、觇牌作为照准标志，也可在标志点上用仪器的脚架吊一垂球线作为照准标志。

4. 与高级控制点连测

导线应与高级控制点连测，才能得到起始方位角，这一工作称为连接角测量，也称导线定向。目的是将导线点坐标纳入国家坐标系统或该地区统一坐标系统。

如图 6.9 所示，导线与高级控制点连接，必须观测连接角 β_B、β_1，连接边 D_{B1}，作为传递坐标方位角和传递坐标之用。如果附近无高级控制点，则应用罗盘仪施测导线起始边的磁方位角，并假定起始点的坐标作为起算数据。

连接角测量一般缺乏严密的检核条件，如图 6.9 所示，所以连接角应采用方向观测法测量，其圆周角闭合差应≤±40″。

导线的外业测量数据应填入"导线测量记录表"，也可参照本书项目 3 和项目 4 的记录格式，做好导线测量的外业记录，并妥善保存。

6.2.3 坐标正、反计算

在掌握了坐标方位角的概念后，即可解决地面点的平面坐标计算问题。由项目 1 中概念可知，平面控制网中，地面点的坐标不是直接测定的，而是在测定了有关点位的相对坐标位置后，由已知点的坐标推算出未知点的坐标的。任意两点在平面坐标系中的相互位置关系有两种表示方法，即直角坐标表示法和极坐标表示法。

1. 直角坐标表示法

直角坐标表示法就是用两点间的坐标增量 Δx、Δy 来表示两点的相对位置。图 6.10

所示，当 1 点的坐标 x_1、y_1 已知时，2 点的坐标即可根据 1、2 两点间的坐标增量算出，即

$$\left.\begin{array}{l} x_2 = x_1 + \Delta x_{1,2} \\ y_2 = y_1 + \Delta y_{1,2} \end{array}\right\} \tag{6-1}$$

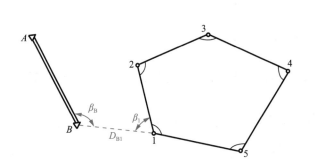

图 6.9　导线与高级控制点连测　　　图 6.10　直角坐标与极坐标之间的关系

2. 极坐标表示法

极坐标法就是用两点间连线的坐标方位角 α 和水平距离 D 来表示两点的相对位置。

图 6.10 所示为两点间直角坐标和极坐标之间的关系，这两种坐标可以互相换算。根据测量出的相关位置关系数据，利用这两种坐标之间的换算关系，即可求出所需的平面坐标。

3. 坐标正算(极坐标化为直角坐标)

在平面控制坐标计算中，将极坐标化为直角坐标又称坐标正算。如图 6.10 所示，若 1、2 两点间的水平距离 $D_{1,2}$ 和坐标方位角 $\alpha_{1,2}$ 都已经测量出来，即可计算此两点间的坐标增量 $\Delta x_{1,2}$、$\Delta y_{1,2}$，其计算式为

$$\left.\begin{array}{l} \Delta x_{1,2} = D_{1,2}\cos\alpha_{1,2} \\ \Delta y_{1,2} = D_{1,2}\sin\alpha_{1,2} \end{array}\right\} \tag{6-2}$$

上式计算时，sin 函数值和 cos 函数值有正有负，因此算得的坐标增量同样有正有负。

4. 坐标反算(直角坐标化为极坐标)

由直角坐标化为极坐标的过程称坐标反算。如图 6.10 所示，已知两点的直角坐标或坐标增量 $\Delta x_{1,2}$、$\Delta y_{1,2}$，计算两点间的水平距离 $D_{1,2}$ 和坐标方位角 $\alpha_{1,2}$。根据式(6-2)可得

$$\left.\begin{array}{l} D_{1,2} = \sqrt{\Delta x_{1,2}^2 + \Delta y_{1,2}^2} \\ \alpha_{1,2} = \arctan\dfrac{\Delta y_{1,2}}{\Delta x_{1,2}} \end{array}\right\} \tag{6-3}$$

需要特别说明的是：式(6-3)等式左边的坐标方位角，其角值范围为 $0° \sim 360°$，而等式右边的 arctan 函数，其值域为 $-90° \sim 90°$，两者是不一致的。故当按式(6-3)的反正切函数计算坐标方位角时，计算器上得到的是象限角值，因此，应根据坐标增量 Δx 与 Δy 的正、负号，按其所在象限再把象限角换算成相应的坐标方位角。

6.2.4 导线内业计算案例

导线内业计算的目的就是求得各导线点的平面坐标。

计算之前，应注意以下几点。

(1) 应全面检查导线测量外业记录、数据是否齐全，有无记错、算错，成果是否符合精度要求，起算数据是否准确。

(2) 绘制导线略图，把各项数据标注于图上相应位置，如图 6.11 所示。

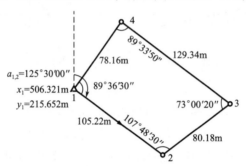

图 6.11　导线略图

(3) 确定内业计算中数字取位的要求。内业计算中数字的取位，对于四等以下各级导线，角值取至秒(")，边长及坐标取至毫米(mm)；对于图根导线，角值取至秒(")，边长和坐标取至厘米(cm)。

1. 闭合导线内业计算案例

现以某实测数据为计算案例，说明闭合导线内业计算的步骤。

1) 准备工作

将校核过的外业观测数据及起算数据填入"闭合导线坐标计算表"(表 6-8)中，起算数据用双线标明。

2) 角度闭合差的计算与调整

(1) 计算角度闭合差。测量规范规定，闭合导线要观测内角，根据平面几何多边形内角和的理论值为

$$\sum \beta_{理} = (n-2) \times 180° \tag{6-4}$$

式中，n 为内角的个数，在图 6.11 中，$n = 4$。

由于野外观测的角度不可避免地含有误差，致使实测的多边形内角之和 $\sum \beta_{测}$ 不等于多边形的内角之和理论值 $\sum \beta_{理}$，因而产生角度闭合差 f_β，其计算公式为

$$f_\beta = \sum \beta_{测} - \sum \beta_{理} = \sum \beta_{测} - (n-2) \times 180° \tag{6-5}$$

在本例中，$f_\beta = \sum\beta_测 - (n-2)\times180° = 359°59'10'' - 360° = -50''$。

(2) 对角度闭合差进行调整。不同等级的导线规定有相对应的角度闭合差的容许值$f_{\beta容}$，见表6-2及表6-3，若$f_\beta \leqslant f_{\beta容}$，即可进行角度闭合差的调整。否则，则说明所测角不符合要求，应重新检测角度。调整的原则是：将角度闭合差 f_β反其符号平均分配到各观测角中，即可算得各个观测角的改正数 v_β。

$$v_\beta = -f_\beta/n \tag{6-6}$$

当f_β不能被n整除时，将余数均匀分配到若干较短边所夹观测角度中。本例中，按式(6-6)所计算的角度闭合差改正数分别为：+13″、+12″、+13″和+12″。

检核：当式$\sum v_\beta = -f_\beta = +50''$成立时，则说明改正数分配正确。否则，需重新计算，直至该式成立。然后计算改正角$\beta_{i改} = \beta_{i测} + v_{\beta_i}$。

改正角之和应为$\sum\beta_改 = \sum\beta_理 = (n-2)\times180°$，本例约正角之和为360°，以做计算校核。

3) 推算各边的坐标方位角

根据起始边的已知坐标方位角及改正后的水平角，即可按项目4中式(4-45)推算其他各导线边的坐标方位角，即

$$\alpha_前 = \alpha_后 + 180° \pm \beta_右^左 \tag{6-7}$$

特别提示

在本例中，因推算坐标方位角的顺序是按 1—2—3—4—1 方向推算的，所有观测角都是在前进方向的左侧，一般称之为左角，故式(6-7)中的β之前应取"+"号。如果按 1—4—3—2—1 方向推算，所有观测角都是在前进方向的右侧，一般称之为右角，故式(6-7)中的β之前应取"−"号。

例如：$\alpha_{2,3} = \alpha_{1,2}+180°+\beta_{2改} = 125°30'00''+180°+107°48'43'' = 413°18'43''$
因推算出的 2—3 边坐标方位角$\alpha_{2,3}>360°$，故$\alpha_{2,3} = 53°18'43''$。
按上式推算出其他导线边的坐标方位角，列入表6-8的第6栏。在推算过程中必须注意以下几点。

(1) 如果推算出的$\alpha_前 \geqslant 360°$，则应减去360°。
(2) 如果推算出的$\alpha_前 < 0°$，则应加上360°。
(3) 闭合导线各边坐标方位角的推算，需最后再推算出起始边的坐标方位角，与原有的起始边已知坐标方位角值相比，应相等，否则说明计算有错，应重新检查计算。

4) 坐标增量的计算及其闭合差的调整

(1) 坐标增量的计算。如图6.11所示，设点1的坐标(x_1, y_1)和1—2边的坐标方位角$\alpha_{1,2}$均为已知，水平距离$D_{1,2}$也已测得，则点2的坐标如式(6-1)和式(6-2)所示为

$$x_2 = x_1 + \Delta x_{1,2}$$
$$y_2 = y_1 + \Delta y_{1,2}$$
$$\Delta x_{1,2} = D_{1,2}\cos\alpha_{1,2}$$
$$\Delta y_{1,2} = D_{1,2}\sin\alpha_{1,2}$$

上式中，$\Delta x_{1,2}$ 及 $\Delta y_{1,2}$ 的正负号由 $\cos\alpha_{1,2}$ 及 $\sin\alpha_{1,2}$ 的正负决定。

本例按上式所算得的其他各边的坐标增量填入表 6-9 中的第 7、8 栏中。

(2) 坐标增量闭合差的计算。从图 6.12 上可以看出，闭合导线纵、横坐标增量代数和的理论值应为零，即

$$\left.\begin{array}{l}\sum\Delta x_{\text{理}} = 0 \\ \sum\Delta y_{\text{理}} = 0\end{array}\right\} \tag{6-8}$$

实际上由于转折角测量的残余误差和边长测量误差的存在，往往使 $\sum\Delta x_{\text{测}}$、$\sum\Delta y_{\text{测}}$ 不等于零，因而产生纵坐标增量闭合差 f_x 与横坐标增量闭合差 f_y，即

$$\left.\begin{array}{l}f_x = \sum\Delta x_{\text{测}} - \sum\Delta x_{\text{理}} = \sum\Delta x_{\text{测}} \\ f_y = \sum\Delta y_{\text{测}} - \sum\Delta y_{\text{理}} = \sum\Delta y_{\text{测}}\end{array}\right\} \tag{6-9}$$

从图 6.13 上看出，由于 f_x、f_y 的存在，使导线不能闭合，1—1′之间的长度 f_D 称为导线全长的绝对闭合差，并用式(6-10)计算

$$f_D = \sqrt{f_x^2 + f_y^2} \tag{6-10}$$

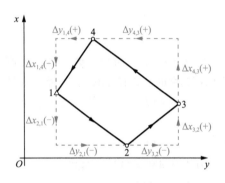

图 6.12　导线坐标增量计算

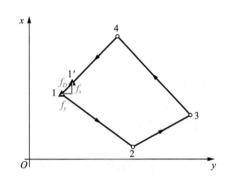

图 6.13　坐标增量闭合差

由于每条导线的总长度不同，仅从 f_D 值的大小还不能说明导线测量的精度是否满足要求，故应当将 f_D 与导线全长 $\sum D$ 相比，以分子为 1 的分数来表示导线全长的相对闭合差，即

$$K = \frac{f_D}{\sum D} = \frac{1}{\sum D / f_D} \tag{6-11}$$

即以导线全长的相对闭合差 K 来衡量的精度较为合理。K 的分母值越大，精度越高。不同等级的导线全长的相对闭合差容许值 $K_{\text{容}}$ 已列入表 6-2 和表 6-3。若 $K > K_{\text{容}}$，则说明成果不合格，此时应首先检查内业计算有无错误，必要时重测导线边长。若 $K \leqslant K_{\text{容}}$，则说明成果符合精度要求，可以进行调整。其调整的原则是：将 f_x、f_y 反其符号按边长成正比分配到各边的纵、横坐标增量中去，进行各边坐标增量的改正。以 v_{xi}、v_{yi} 分别表示第 i 边的纵、横坐标增量改正数，即

$$
\left.\begin{array}{l}
v_{xi} = -\dfrac{f_x}{\sum D} D_i \\[4mm]
v_{yi} = -\dfrac{f_y}{\sum D} D_i
\end{array}\right\} \tag{6-12}
$$

纵、横坐标增量改正数之和应满足式(6-13)。

$$
\left.\begin{array}{l}
\sum v_x = -f_x \\[2mm]
\sum v_y = -f_y
\end{array}\right\} \tag{6-13}
$$

计算出的各边坐标增量改正数填入表 6-8 中的第 7、8 栏坐标增量计算值的右上方(如 −2、+2 等)。

(3) 坐标增量改正值的计算。

$$
\left.\begin{array}{l}
\Delta x_{\text{改}i} = \Delta x_{\text{计}i} + v_{xi} \\[2mm]
\Delta y_{\text{改}i} = \Delta y_{\text{计}i} + v_{yi}
\end{array}\right\} \tag{6-14}
$$

按式(6-14)计算出导线各边的坐标增量改正值,填入表 6-8 中的第 9、10 栏。

检核:$\sum \Delta x_{\text{改}} = 0$,$\sum \Delta y_{\text{改}} = 0$,即改正后纵、横坐标增量之代数和均为零,则说明坐标增量改正值计算正确。

5) 计算各导线点的坐标

根据图 6.13 中起点 1 的已知坐标及改正后的各边的坐标增量,用下式依次推算出 2、3、4 等各点的坐标。

$$
\left.\begin{array}{l}
x_{\text{前}} = x_{\text{后}} + \Delta x_{\text{改正}} \\[2mm]
y_{\text{前}} = y_{\text{后}} + \Delta y_{\text{改正}}
\end{array}\right\} \tag{6-15}
$$

算得的坐标值填入表 6-8 中的第 11、12 栏。最后还应推算起点 1 的坐标,其值应与原有的已知数值相等,以做校核。

2. 附合导线坐标计算案例

附合导线的坐标计算步骤与闭合导线相同,角度闭合差与坐标增量闭合差的计算公式和调整原则也与闭合导线相同,即

$$
f_\beta = \sum \beta_{\text{测}} - \sum \beta_{\text{理}} \tag{6-16}
$$

$$
\left.\begin{array}{l}
f_x = \sum \Delta x_{\text{测}} - \sum \Delta x_{\text{理}} \\[2mm]
f_y = \sum \Delta y_{\text{测}} - \sum \Delta y_{\text{理}}
\end{array}\right\} \tag{6-17}
$$

但对于附合导线,闭合差计算公式中的 $\sum \beta_{\text{理}}$、$\sum \Delta x_{\text{理}}$、$\sum \Delta y_{\text{理}}$ 与闭合导线不同。下面着重介绍其不同点。

1) 角度闭合差中 $\sum \beta_{\text{理}}$ 的计算

设有附合导线如图 6.14 所示,已知起始边 AB 的坐标方位角 $\alpha_{A,B}$ 和终边 CD 的坐标方位角 $\alpha_{C,D}$。观测所有左角(包括连接角 β_B 和 β_C),由式(6-5)有

$$\alpha_{B,1} = \alpha_{A,B} + 180° + \beta_B$$
$$\alpha_{1,2} = \alpha_{B,1} + 180° + \beta_1$$
$$\alpha_{2,C} = \alpha_{1,2} + 180° + \beta_2$$

$$\alpha_{C,D} = \alpha_{2,C} + 180° + \beta_C$$

将以上各式左、右分别相加，得

$$\alpha_{C,D} = \alpha_{A,B} + 4 \times 180° + \sum \beta_{左}$$

因此，一般公式为

$$\alpha_{终} = \alpha_{始} + n \times 180° + \sum \beta_{左} \tag{6-18}$$

式中，n 为水平角观测个数。满足上式的 $\sum \beta_{左}$ 即为其理论值。将上式整理可得

$$\sum \beta_{左理} = \alpha_{终} - \alpha_{始} - n \times 180° \tag{6-19}$$

若观测右角，同样可得

$$\sum \beta_{右理} = \alpha_{始} - \alpha_{终} + n \times 180° \tag{6-20}$$

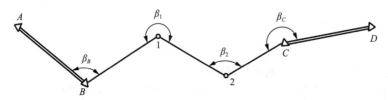

图 6.14　附合导线

2) 角度闭合差 f_β 的计算

将式(6-19)、式(6-20)分别代入式(6-16)，可求得附和导线角度闭合差的计算公式。
转折角为左角时的角度闭合差计算公式为

$$f_\beta = \sum \beta_{测} + \alpha_{始} - \alpha_{终} + n \times 180°$$

转折角为右角时的角度闭合差计算公式为

$$f_\beta = \sum \beta_{测} - \alpha_{始} + \alpha_{终} - n \times 180°$$

3) 坐标增量闭合差中 $\sum \Delta x_{理}$、$\sum \Delta y_{理}$ 的计算

$$\Delta x_{B,1} = x_1 - x_B$$
$$\Delta x_{1,2} = x_2 - x_1$$
$$\Delta x_{2,C} = x_C - x_2$$

将以上各式左、右分别相加，得

$$\sum \Delta x = x_C - x_B$$

写成一般公式为

$$\sum \Delta x_{理} = x_{终} - x_{始} \tag{6-21}$$

同样可得

$$\sum \Delta y_{理} = y_{终} - y_{始} \tag{6-22}$$

即附合导线的坐标增量代数和的理论值应等于终、始两点的已知坐标值之差。

附合导线的导线全长闭合差、全长相对闭合差和容许相对闭合差的计算，以及增量闭合差的调整等，均与闭合导线相同。附合导线坐标计算的全过程见表 6-9 的算例。

表 6-8 闭合导线坐标计算表

点号	观测角(左角) l/(° ′ ″)	改正数 l/(″)	改正角 l/(° ′ ″) 4(=2+3)	坐标方位角 α l/(° ′ ″)	距离 D /m	增量计算值 Δx/m	增量计算值 Δy/m	改正后增量 Δx/m	改正后增量 Δy/m	坐标值 x/m	坐标值 y/m	点号
1	2	3	4	5	6	7	8	9	10	11	12	13
1	107 48 30	+13	107 48 43							506.321	215.652	1
				125 30 00	105.22	−2 / −61.10	+2 / +85.66	−61.12	+85.68	445.201	301.332	2
2	73 00 20	+12	73 00 32									
				53 18 43	80.18	−2 / +47.90	+2 / +64.30	+47.88	+64.32	493.081	365.652	3
3	89 33 50	+13	89 34 03									
				306 19 15	129.34	−3 / +76.61	+2 / −104.21	+76.58	−104.19	569.661	261.462	4
4	89 36 30	+12	89 36 42									
				215 53 18	78.16	−2 / −63.32	+1 / −45.82	−63.34	−45.81	506.321	215.652	1
1				125 30 00								
2												
Σ	359 59 10	+50	360 00 00		392.90	+0.09	−0.07	0.00	0.00			

辅助计算

$$\frac{\begin{array}{l}\sum\beta_{测}=359°59'10''\\-\sum\beta_{理}=360°00'00''\end{array}}{f_\beta=-50''}$$

$$f_\beta=\pm60''\sqrt{4}\approx\pm120''$$

$f_x=\sum\Delta x_{测}=+0.09\text{m}$, $\quad f_y=\sum\Delta y_{测}=-0.07\text{m}$

导线全长闭合差 $f_D=\sqrt{f_x^2+f_y^2}\approx0.11\text{m}$

导线全长相对闭合差 $K=\dfrac{0.11}{392.90}\approx\dfrac{1}{3400}$

容许的相对闭合差 $K_{容}=\dfrac{1}{2000}$

示意图

表6-9　附合导线坐标计算表

点号	观测角(左角) l(°′″)	改正数 l(″)	改正角 l(°′″)	坐标方位角α l(°′″)	距离D l/m	增量计算值 Δx/m	增量计算值 Δy/m	改正后 Δx/m	改正后 Δy/m	坐标值 x/m	坐标值 y/m	点号
1	2	3	4(=2+3)	5	6	7	8	9	10	11	12	13
B				245 45 24								B
A	91 47 00	+6	91 47 06	157 32 30	215.20	+4 / −198.88	−4 / +82.21	−198.84	+82.17	2688.88	1686.66	A
1	170 42 50	+6	170 42 56	148 15 26	167.65	+3 / −142.57	−3 / +88.20	−142.54	+88.17	2490.04	1768.83	1
2	118 50 23	+6	118 50 29	87 05 55	163.19	+3 / +8.26	−2 / +162.98	+8.29	+162.96	2347.50	1857.00	2
3	193 45 25	+6	193 45 31	100 51 26	120.41	+2 / −22.68	−2 / +118.25	−22.66	+118.23	2355.79	2019.96	3
4	213 09 52	+6	213 09 58	134 01 24	192.39	+3 / −133.70	−3 / +138.34	−133.67	+138.31	2333.13	2138.19	4
C	111 25 06	+6	111 25 12	65 26 36						2199.46	2276.50	C
D												D
Σ	899 40 36	+36	899 41 12		858.84	−489.57	+589.98	−489.42	+589.84			

示意图

辅助计算

$$f_\beta = 245°45'24" + 899°40'36" - 6×180° - 65°26'36"$$
$$= -36"$$
$$f_{\beta容} = ±40"\sqrt{6} ≈ ±97"$$

$$f_x = \sum \Delta x_测 - (x_C - x_A) = -0.15\text{m}$$
$$f_y = \sum \Delta y_测 - (y_C - y_A) = +0.14\text{m}$$

导线全长闭合差 $f_D = \sqrt{f_x^2 + f_y^2} ≈ ±0.21\text{m}$

导线全长相对闭合差 $K = \dfrac{0.21}{858.84} ≈ \dfrac{1}{4200}$

导线全长容许相对闭合差 $K_容 = \dfrac{1}{2000}$

3. 支导线的坐标计算

支导线中没有多余观测值，因此也没有闭合差产生，导线转折角和计算的坐标增量均不需要进行改正。支导线的计算步骤如下。

(1) 根据观测的转折角推算各边坐标方位角。

(2) 根据各边坐标方位角和边长计算坐标增量。

(3) 根据各边的坐标增量推算各点的坐标。

以上各计算步骤的计算方法同闭合导线。

4. 导线测量错误的查找方法

在导线计算中，如要发现闭合差超限，则应首先复查导线测量外业观测记录、内业计算时的数据抄录和计算。如果没有发现问题，则说明导线外业中的测角、量距有错误，应到现场去返工重测。但在去现场之前，如果能分析判断错误可能发生在某处，就应首先到该处重测，这样就可以避免角度或边长的全部重测，大大减少返工的工作量。下面介绍仅有一个错误存在的查找方法。

1) 一个角度测错的查找方法

在图 6.15 上设附合导线的第 3 点上的转折角发生一个错误，使角度闭合差超限。

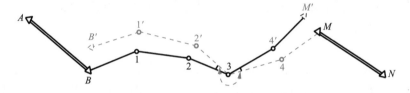

图 **6.15** 一个角度测错的查找方法

如果分别从导线两端的已知坐标方位角推算各边的坐标方位角，则到测错角度的第 3 点为止，导线边的坐标方位角仍然是正确的。经过第 3 点的转折角以后，导线边的坐标方位角开始向错误方向偏转，使以后各边坐标方位角都包含错误。

因此，一个转折角测错的查找方法为：分别从导线两端的已知坐标方位角出发，按支导线计算导线各点的坐标，则所得到的同一个点的两套坐标值非常接近的点最有可能为角度测错的点。对于闭合导线，方法也相类似。只是从同一个已知点及已知坐标方位角出发，分别沿顺时针方向和逆时针方向，按支导线计算两套坐标值，去寻找两套坐标值接近的点。

2) 一条边长测错的查找方法

当角度闭合差在容许范围以内，而坐标增量闭合差超限时，说明边长测量有错误，在图 6.16 上设闭合导线中的 3—4 边 $D_{3,4}$ 发生错误量为 ΔD。由于其他各边和各角没有错误，因此从第 4 点开始及以后各点，均产生一个平行于 3—4 边的移动量 ΔD。如果其他各边、角中的偶然误差忽略不计，则按式(6-17)计算的导线全长的绝对闭合差即等于 ΔD，即

$$f = \sqrt{f_x^2 + f_y^2} = \Delta D \tag{6-23}$$

计算的全长闭合差的坐标方位角即等于 3—4 边或 4—3 边的坐标方位角 $\alpha_{3,4}$(或 $\alpha_{4,3}$)，即

$$\alpha_f = \arctan \frac{f_y}{f_x} = \alpha_{3,4}(\text{或}\ \alpha_{4,3}) \tag{6-24}$$

据此原理，求得的 α_f 值等于或十分接近于某导线边方位角(或其反方位角)时，此导线边就可能是量距错误边。

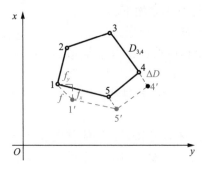

图 6.16　一条边长测错的查找方法

6.2.5　交会定点

当原有控制点不能满足工程需要时，可用交会法加密控制点，称为交会定点。常用的交会法有前方交会和距离交会。

1. 前方交会

如图 6.17(a)所示，在已知点 A、B 分别对 P 点观测了水平角 α 和 β，求 P 点坐标，称为前方交会。为了检核，通常需从 3 个已知点 A、B、C 分别向 P 点观测水平角，如图 6.17(b)所示，分别由两个三角形计算 P 点坐标。P 点精度除了与 α、β 角观测精度有关外，还与 α 角的大小有关。α 角接近 $90°$ 精度最高，在不利条件下，α 角也不应小于 $30°$ 或大于 $120°$。

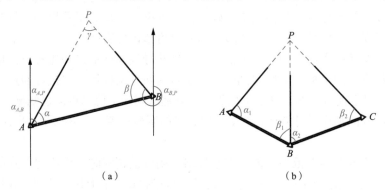

（a）　　　　　　　　　　　　　（b）

图 6.17　前方交会

现以一个三角形为例说明前方交会的定点方法，如图 6.17(a)所示。

(1) 根据已知坐标计算已知边 AB 的方位角和边长。

$$\alpha_{A,B} = \arctan \frac{y_B - y_A}{x_B - x_A}$$

$$D_{A,B} = \sqrt{\left(x_B - x_A\right)^2 + \left(y_B - y_A\right)^2}$$

(2) 推算 *AP* 边和 *BP* 边的坐标方位角和边长。

由图 6.17 得

$$
\left.\begin{array}{l}
\alpha_{A,P} = \alpha_{A,B} - \alpha \\
\alpha_{B,P} = \alpha_{B,A} + \beta
\end{array}\right\} \tag{6-25}
$$

$$
\left.\begin{array}{l}
D_{A,P} = \dfrac{D_{A,B}\sin\beta}{\sin\gamma} \\[3mm]
D_{B,P} = \dfrac{D_{A,B}\sin\alpha}{\sin\gamma}
\end{array}\right\} \tag{6-26}
$$

式中，$\gamma = 180° - (\alpha+\beta)$。 $\tag{6-27}$

(3) 计算 *P* 点坐标。

分别由 *A* 点和 *B* 点按下式推算 *P* 点坐标，并校核。

$$
\left.\begin{array}{l}
x_P = x_A + D_{A,P}\cos\alpha_{A,P} \\
y_P = y_A + D_{A,P}\sin\alpha_{A,P}
\end{array}\right\}
$$

$$
\left.\begin{array}{l}
x_P = x_B + D_{B,P}\cos\alpha_{B,P} \\
y_P = y_B + D_{B,P}\sin\alpha_{B,P}
\end{array}\right\} \tag{6-28}
$$

另外介绍一种应用电子计算器直接计算 *P* 点坐标的公式，公式推导从略。

$$
\left.\begin{array}{l}
x_P = \dfrac{x_A\cot\beta + x_B\cot\alpha + (y_B - y_A)}{\cot\alpha + \cot\beta} \\[3mm]
y_P = \dfrac{y_A\cot\beta + y_B\cot\alpha - (x_B - x_A)}{\cot\alpha + \cot\beta}
\end{array}\right\} \tag{6-29}
$$

应用式(6-29)时，*A*、*B*、*P* 的点号须按逆时针次序排列，如图 6.17(a)所示。

2. 距离交会

随着电磁波测距仪的应用，距离交会也成为加密控制点的一种常用方法。如图 6.18 所示，分别量出两个已知点 *A*、*B* 至待定点 P_1 的长度 D_A 和 D_B，以此求解 P_1 点坐标，这种方法称为距离交会。

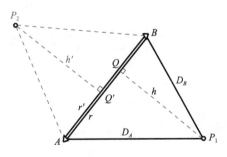

图 6.18 距离交会

(1) 利用 *A*、*B* 已知坐标求方位角 $\alpha_{A,B}$ 和边长 $D_{A,B}$。

(2) 过 P_1 点作 *AB* 垂线交于 *Q* 点。垂距 P_1Q 为 h，*AQ* 为 r，利用余弦定理求 *A* 角。

$$
D_B^2 = D_{A,B}^2 + D_A^2 - 2D_{A,B}D_A\cos A
$$

$$\cos A = \frac{D_{A,B}^2 + D_A^2 - D_B^2}{2D_{A,B}D_A} \tag{6-30}$$

$$\left.\begin{array}{l} r = D_A \cos A = \dfrac{1}{2D_{A,B}}\left(D_{A,B}^2 + D_A^2 - D_B^2\right) \\[2mm] h = \sqrt{D_A^2 - r^2} \end{array}\right\} \tag{6-31}$$

(3) P_1 点坐标如下。

$$\left.\begin{array}{l} x_{P,1} = x_A + r\cos\alpha_{A,B} - h\sin\alpha_{A,B} \\[1mm] y_{P,1} = y_A + r\sin\alpha_{A,B} + h\cos\alpha_{A,B} \end{array}\right\} \tag{6-32}$$

上式 P_1 点在 AB 线段右侧(A、B、P_1 顺时针构成三角形)。若待定点 P_2 在 AB 线段左侧(A、B、P_2 逆时针构成三角形)，公式为

$$\left.\begin{array}{l} x_{P,2} = x_A + r'\cos\alpha'_{A,B} + h'\sin\alpha'_{A,B} \\[1mm] y_{P,2} = y_A + r'\sin\alpha'_{A,B} - h'\cos\alpha'_{A,B} \end{array}\right\} \tag{6-33}$$

距离交会计算表见表 6-10。

表 6-10　距离交会计算表

略图与公式					$r = \dfrac{1}{2D_{A,B}}\left(D_{A,B}^2 + D_A^2 - D_B^2\right)$ $h = \sqrt{D_A^2 - r^2}$ $x_P = x_A + r\cos\alpha_{A,B} + h\sin\alpha_{A,B}$ $y_P = y_A + r\sin\alpha_{A,B} - h\cos\alpha_{A,B}$	
已知坐标	x_A	1035.147	y_A	2601.295	观测数据	D_A	703.760m
	x_B	1501.295	y_B	3270.053		D_B	670.486m
$\alpha_{A,B}$	55°07′20″		$D_{A,B}$	815.188m	r	435.641m	
h	552.716m		x_P	1737.692	y_P	2642.625	

6.3　小地区高程控制测量

6.3.1　三、四等水准测量

1. 三、四等水准测量的主要技术要求

三、四等水准测量除用于国家高程控制网的加密外，还常用作小地区的首级高程控制，以及工程建设地区内工程测量和变形观测的基本控制。三、四等水准网应从附近的国家高一级水准点引测高程。

三、四等水准路线一般沿道路布设，尽量避开土质松软地段，水准点间的距离一般为

2～4km，在城市建筑区为 1～2km。水准点应选在地基稳固，能长久保存和便于观测的地方。水准点应埋设普通水准标石或临时水准点标志，也可利用埋石的平面控制点作为水准点。在厂区内则注意水准点不要选在地下管线上方，距离厂房或高大建筑物不小于 25m，距震动影响区 5m 以外，距回填土边不少于 5m。

三、四等水准测量的要求和施测方法如下。

(1) 三、四等水准测量使用的水准尺，通常是双面水准尺。两根水准尺黑面的尺底均为 0，红面的尺底一根为 4.687m，一根为 4.787m。

(2) 三、四等水准测量的主要技术要求参看表 6-5，在观测中，每一测站的技术要求见表 6-11。

表 6-11 三、四等水准测量测站技术要求

等级	仪器类别	视线长度/m	前、后视距差/m	任一测站上前后视距差累积/m	视线高度	数字水准仪重复测量次数
三等	DS3	≤75	≤2.0	≤5.0	三丝能读数	≥3 次
	DS1、DS05	≤100				
四等	DS3	≤100	≤3.0	≤10.0	三丝能读数	≥2 次
	DS1、DS05	≤150				

注：相位法数字水准仪重复测量次数可以为上表中数值减少一次。所有数字水准仪，在地面震动较大时，应暂时停止测量，直至震动消失，无法回避时应随时增加重复测量次数。

2. 三、四等水准测量的方法

1) 观测方法

三、四等水准测量的观测应在通视良好、望远镜成像清晰稳定的情况下进行。若用普通 DS₃ 水准仪观测，则应注意：每次读数前都应精平。如果使用自动安平水准仪，则无须精平，工作效率大为提高。用双面水准尺法在一个测站的观测顺序如下。

(1) 后视水准尺黑面，读取上、下视距丝和中丝读数，记入记录表(表 6-12)中①、②、③位置。

(2) 前视水准尺黑面，读取上、下视距丝和中丝读数，记入记录表中④、⑤、⑥位置。

(3) 前视水准尺红面，读取中丝读数，记入记录表中⑦位置。

(4) 后视水准尺红面，读取中丝读数，记入记录表中⑧位置。

这样的观测顺序简称为"后—前—前—后"，其优点是可以抵消水准仪与水准尺下沉产生的误差。四等水准测量每站的观测顺序也可以为"后—后—前—前"，即"黑—红—黑—红"。每个测站共需读 8 个读数，并立即进行测站计算与检核。满足三、四等水准测量的有关限差要求(表 6-11)后方可迁站。表中各次中丝读数③、⑥、⑦、⑧是用来计算高差的。因此，在每次读取中丝读数前，都要注意使符合气泡的两个半像严密重合。

2) 测站计算与检核

(1) 视距计算与检核。根据前、后视的上与下视距丝读数，计算前、后视的视距。

后视距离：⑨ = 100×[①－②]

前视距离：⑩ = 100×[④－⑤]

计算前、后视距差：⑪ = ⑨-⑩

计算前、后视距离累积差：⑫ = 上站⑫+本站⑪

以上计算得前、后视距、视距差及视距累积差均应满足表 6-11 的要求。

(2) 尺常数 K 检核。尺常数 K 为同一水准尺黑面与红面读数差。尺常数误差计算式为

$$⑬ = ⑥+K_i-⑦$$
$$⑭ = ③+K_j-⑧$$

K_i、K_j 为双面水准尺的红面分划与黑面分划的零点差(A 尺：$K_1 = 4.687$m；B 尺：$K_2 = 4.787$m)。对于三等水准测量，尺常数误差不得超过 2mm；对于四等水准测量，尺常数误差不得超过 3mm。

(3) 高差计算与检核。按前、后视水准尺红和黑面中丝读数分别计算该站高差。

黑面高差：⑮ = ③-⑥

红面高差：⑯ = ⑧-⑦

红黑面高差之误差：⑰ = ⑮-⑯±0.100(m)

表 6-12　三(四)等水准测量观测手簿

测段：_A~B_			日期：_2022 年 6 月 12 日_			仪器型号：_苏光 DSZ2_			
开始：_8 时 20 分_			天气：_多云_			观测者：_××_			
结束：_9 时 30 分_			成像：_清晰稳定_			记录者：_××_			
测站编号	点号	后尺 下丝 上丝 / 后视距 / 视距差	前尺 下丝 上丝 / 前视距 / 累计差	方向及尺号	水准尺中丝读数		K+黑-红/mm	平均高差/m	备注
					黑面	红面			
		①	④	后	③	⑧	⑭		
		②	⑤	前	⑥	⑦	⑬		
		⑨	⑩	后-前	⑮	⑯	⑰	⑱	
		⑪	⑫						
1	A~TP$_1$	1.587	0.755	后 106	1.400	6.187	0		K 为水准尺常数，表中 $K_{106} = 4.787$ $K_{107} = 4.687$
		1.213	0.379	前 107	0.567	5.255	-1		
		37.4	37.6	后-前	+0.833	+0.932	+1	+0.8325	
		-0.2	-0.2						
2	TP$_1$~TP$_2$	2.111	2.186	后 107	1.924	6.611	0		
		1.737	1.811	前 106	1.998	6.786	-1		
		37.4	37.5	后-前	-0.074	-0.175	+1	-0.0745	
		-0.1	-0.3						
3	TP$_2$~TP$_3$	1.916	2.057	后 106	1.728	6.515	0		
		1.541	1.680	前 107	1.868	6.556	-1		
		37.5	37.7	后-前	-0.140	-0.041	+1	-0.1405	
		-0.2	-0.5						

续表

测段：*A*~*B*		日期：2022 年 6 月 12 日			仪器型号：苏光 DZS2				
开始：8 时 20 分		天气：多云				观测者：××			
结束：9 时 30 分		成像：清晰稳定				记录者：××			
测站编号	点号	后尺 下丝 上丝	前尺 下丝 上丝	方向及尺号	水准尺中丝读数		K+黑-红/mm	平均高差/m	备注
		后视距	前视距		黑面	红面			
		视距差	累计差						
4	TP₃~TP₄	1.945	2.121	后 107	1.812	6.499	0		
		1.680	1.854	前 106	1.987	6.773	+1		
		26.5	26.7	后一前	-0.175	-0.274	-1	-0.1745	
		-0.2	-0.7						
5	TP₄~*B*	0.675	2.902	后	0.466	5.254	-1		
		0.237	2.466	前	2.684	7.371	0		
		43.8	43.6	后一前	-2.218	-2.117	-1	-2.2175	
		+0.2	-0.5						

对于三等水准测量，⑰不得超过 3mm；对于四等水准测量，⑰不得超过 5mm。

红黑面高差之差在容许范围以内时，取其平均值作为该站的观测高差。

$$⑱ = \{⑮+[⑯±0.100m]\}/2$$

上式计算时，若⑮＞⑯，0.100m 前取正号计算，若⑮＜⑯，0.100m 前取负号计算。总之，平均高差⑱应与黑面高差⑮接近。

(4) 每页水准测量记录计算校核。每页水准测量记录应做总的计算校核。

高差校核

$$\sum ③-\sum ⑥ = \sum ⑮$$
$$\sum ⑧-\sum ⑦ = \sum ⑯$$

或

$$\sum ⑮+\sum ⑯ = 2\sum ⑱(偶数站)$$
$$\sum ⑮+\sum ⑯ = 2\sum ⑱±0.100m(奇数站)$$

视距差校核

$$\sum ⑨-\sum ⑩ = 末站⑫$$

本页总视距

$$总视距=\sum ⑨+\sum ⑩$$

3. 三、四等水准测量的成果整理

三、四等水准测量的闭合或附合线路的成果整理首先应按表 6-1 的规定，检验测段往返测高差不符值，以及附合或闭合线路的高差闭合差。如果在容许范围以内，则测段高差取往、返测的平均值，线路的高差闭合差则应反其符号按测段的长度或测站数成正比例进行分配。

6.3.2 光电测距三角高程测量

当地形高低起伏较大不便于水准测量时，可以用光电测距三角高程测量的方法测定两点间的高差，从而推算各点的高程。

1. 三角高程测量的计算公式

三角高程测量是根据测站与待测点间的水平距离和测站向待测点所观测的竖直角来计算两点间的高差的。

如图 6.19 所示，已知 A 点的高程 H_A，要测定 B 点的高程 H_B，可安置全站仪于 A 点，量取仪器高 i_A；在 B 点安置棱镜，量取棱镜高 v_B；用全站仪中丝瞄准棱镜中心，测定竖直角 α。再测定 A、B 两点间的水平距离 D，则 A、B 两点间的高差计算式为

$$h_{AB} = D\tan\alpha + i_A - v_B \tag{6-34}$$

如果用经纬仪配合测距仪测定两点间的斜距 D′ 及竖直角 α，则 A、B 两点间的高差计算式为

$$h_{AB} = D'\sin\alpha + i_A - v_B \tag{6-35}$$

以上两式中，α 为仰角时 $\tan\alpha$ 或 $\sin\alpha$ 为正，俯角时则为负。求得高差 h_{AB} 以后，按式(6-36)计算 B 点的高程。

$$H_B = H_A + h_{AB} \tag{6-36}$$

上述是在假定地球表面为水平面，认为观测视线是直线的条件下导出的。当地面上两点间的距离小于 300m 时是适用的。两点间距离大于 300m 时就要顾及地球曲率，加以曲率改正，称为球差改正。同时，观测视线受大气垂直折光的影响而成为一条向上凸起的弧线，必须加以大气垂直折光差改正，称为气差改正。以上两项改正合称为球气差改正，简称二差改正。

三角高程测量按式(6-35)、式(6-36)计算的高差应进行地球曲率影响的改正，称为球差改正 f_1。

$$f_1 = H_B - H_A - h_{AB} = \Delta h = \frac{D^2}{2R} \tag{6-37}$$

式中，R 为地球平均曲率半径，一般取 R = 6371km。另外，由于视线受大气垂直折光影响而成为一条向上凸的曲线，使视线的切线方向向上抬高，测得竖直角偏大，如图 6.20 所示。因此还应进行大气折光影响的改正，称为气差改正 f_2(恒为负值)。

$$f_2 = -k\frac{D^2}{2R} \tag{6-38}$$

式中，k 为大气垂直折光系数。球差改正和气差改正合称为球气差改正 f，则 f 应为

$$f = f_1 + f_2 = (1-k)\frac{D^2}{2R} \tag{6-39}$$

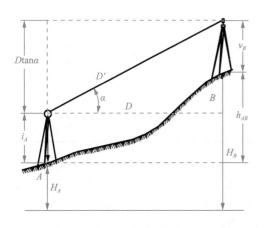

图 6.19　三角高程测量原理　　　　图 6.20　球曲率和大气折光影响

大气垂直折光系数 k 随气温、气压、日照、时间、地面情况和视线高度等因素的改变而改变，一般取其平均值，令 $k = 0.14$。在表 6-13 中列出水平距离 $D = 100 \sim 1000\text{m}$ 的球气差改正值 f，由于 $f_1 > f_2$，故 f 恒为正值。

$$f = \frac{D^2}{2R} - \frac{D^2}{14R} \approx 0.43\frac{D^2}{R} \approx 6.7 \times 10^{-5}D^2\text{(mm)}$$

考虑球气差改正时，三角高程测量的高差计算公式为

$$h_{AB} = D\tan\alpha + i_A - v_B + f \tag{6-40}$$
$$h_{AB} = D'\sin\alpha + i_A - v_B + f \tag{6-41}$$

表 6-13　三角高程测量地球曲率和大气折光改正($k = 0.14$)

D/m	f/mm	D/m	f/mm	D/m	f/mm	D/m	f/mm
100	1	350	8	500	24	850	49
170	2	400	11	550	29	900	55
200	3	450	14	700	33	950	51
250	4	500	17	750	38	975	54
300	5	550	20	800	43	1000	57

由于折光系数的不定性，使球气差改正中的气差改正有较大的误差。但是如果在两点间进行对向观测，即测定 h_{AB} 及 h_{BA} 而取其平均值，则由于 f_2 在短时间内不会改变，而高差 h_{BA} 必须反其符号与 h_{AB} 取平均，因此，f_2 可以抵消，故 f 的误差也就不起作用，所以作为高程控制点进行三角高程测量时必须进行对向观测。

2. 三角高程测量的观测与计算

1) 三角高程测量的观测

在测站上安置经纬仪(或全站仪)，量取仪器高 i，在目标点上安置棱镜，量取棱镜高 v。i 和 v 用小钢卷尺量两次取平均，读数至 1mm。

用经纬仪望远镜中丝瞄准目标，将竖盘水准管气泡居中，读取竖盘读数，竖直角观测的测回数及限差规定见表 6-14。然后用全站仪测定两点间斜距 D'(或平距 D)。

表 6-14 全站仪测距三角高程测量的主要技术要求

等级	仪器	测 回 数		指标差较差/(")	垂直角较差/(")	对向观测高差较差/mm	附合环形闭合差/mm
		三丝法	中丝法				
四等	DJ_2	—	3	≤7	≤7	$40\sqrt{D}$	$20\sqrt{\sum D}$
五等	DJ_2	1	2	≤10	≤10	$50\sqrt{D}$	$30\sqrt{\sum D}$

四等应起迄于不低于三等水准的高程点上，五等应起迄于四等的高程点上。其边长均不应超过 1km，边数不应超过 5 条。当边长不超过 0.5km 或单纯做高程控制时，边数可增加 1 倍。

对向观测应在较短时间内进行。计算时，应考虑地球曲率和折光差的影响。

三角高程的边长测定应采用不低于Ⅱ级精度的测距仪。四等应采用往返各一测回；五等应采用一测回。仪器高度、反射镜高度或觇牌高度应在观测前后量测，四等应采用测杆量测，其取值精确到 1mm，当较差不大于 2mm 时，取用平均值；五等取值精确至 1mm，当较差不大于 4mm 时，取用平均值。

四等竖直角观测宜采用觇牌为照准目标。每照准一次，读数两次，两次读数较差不应大于 3″。

2）三角高程测量的计算

三角高程测量的往测或返测高差按式(6-40)或式(6-41)计算。由对向观测所求得的往、返测高差(经球气差改正)之差的容许值为

$$f_{\Delta h 容} = \pm 40\sqrt{D} \text{ (mm)} \tag{6-42}$$

内业计算中，竖直角的取值，应精确到 0.1″；高程的取值应精确到 1mm。图 6.21 所示为三角高程测量实测数据略图，在 A、B、C 这 3 点间进行三角高程测量，构成闭合线路，已知 A 点的高程为 255.432m，将已知数据及观测数据注明于图上，在表 6-15 中进行高差计算。

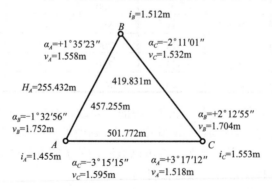

图 6.21 三角高程测量实测数据略图

表 6-15 三角高程测量高差计算

单位：m

测站点	A	B	B	C	C	A
目标点	B	A	C	B	A	C
水平距离 D	457.255	457.255	419.831	419.831	501.772	501.772

续表

竖直角 α	$-1°32'59''$	$+1°35'23''$	$-2°11'01''$	$+2°12'55''$	$+3°17'12''$	$-3°15'15''$
测站仪器高 i	1.455	1.512	1.512	1.553	1.553	1.455
目标镜高 v	1.752	1.558	1.523	1.704	1.518	1.595
初算高差 h'	-12.558	12.534	-15.119	15.099	28.750	-28.808
球气差改正 f	0.014	0.014	0.012	0.012	0.017	0.017
单向高差 h	-12.554	+12.548	-15.107	+15.111	+28.777	-28.791
平均高差 $\bar{h}$	-12.551		-15.109		+28.784	

由对向观测所求得的高差平均值计算闭合环线或附合线路的高差闭合差的容许值为

$$f_{h容} = \pm 20\sqrt{\sum D} \tag{6-43}$$

式中，D 以 km 为单位，$f_{h容}$ 以 mm 为单位。

本例的三角高程测量闭合线路的高差闭合差计算、高差调整及高程计算在表 6-16 中进行。高差闭合差按两点的距离成正比反号分配。

表 6-16 三角高程测量成果整理

点 号	水平距离/m	观测高差/m	改正值/m	改正后高差/m	高程/m
A					255.432
	457.255	-12.551	-0.008	-12.559	
B					243.873
	419.831	-15.109	-0.007	-15.116	
C					227.757
	501.772	+28.784	-0.009	+28.775	
A					256.532
	1378.858	+0.024	-0.024	0.000	
$\sum$					
备注	\multicolumn{5}{l}{$f_h = \pm 0.024m$, $\sum D \approx 1.379km$ $f_{h容} = \pm 20\sqrt{\sum D} \approx 23.5mm$ $f_h \leqslant f_{h容}$(合格)}

6.4 施工场地控制测量

在工程建设勘测阶段已建立了测图控制网，但是由于它是为了测图而建立的，未考虑施工的要求，因此控制点的分布、密度、精度都难以满足施工测量的要求。此外，平整场地时控制点大多受到破坏，因此，在施工之前必须重新建立专门的施工控制网。

6.4.1　施工坐标与测量坐标的换算

1. 施工坐标系统

为了工作上的方便，在建立施工平面控制网和进行建筑物定位时，多采用一种独立的直角坐标系统，称为建筑坐标系，也叫施工坐标系。该坐标系的纵横坐标轴与场地主要建筑物的轴线平行，坐标原点常设在总平面图的西南角，使所有建筑物的设计坐标均为正值。

为了与原测量坐标系统区别，规定施工坐标系统的纵轴为 A 轴，横轴为 B 轴。由于建筑物布置的方向受场地地形和生产工艺流程的限制，建筑坐标系通常与测量坐标系不一致。故在测量工作中需要将一些点的施工坐标换算为测量坐标。

2. 测量坐标系统

测量坐标系与施工场地地形图坐标系一致，工程建设中地形图坐标系有两种情况，一种是高斯平面直角坐标系，另一种是测区独立平面直角坐标系，用 XOY 表示。

3. 坐标换算公式

如图 6.22 所示，测量坐标为 XOY，施工坐标为 $AO'B$，原点 O' 在测量坐标系中的坐标为 $X_{O'}$、$Y_{O'}$。设两坐标轴之间的夹角为 α（一般由设计单位提供，也可在总平面图中按图解法求得），P 点的施工坐标为 $(A_P,\ B_P)$，测量坐标为 $(X_P,\ Y_P)$，则 P 点的施工坐标可按式(6-44)换算成测量坐标。

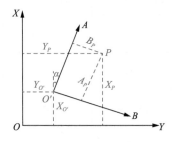

图 6.22　测量坐标各点

$$\left.\begin{aligned} X_P &= X_{O'} + A_P\cos a - B_P\sin a \\ Y_P &= Y_{O'} + A_P\cos a + B_P\sin a \end{aligned}\right\} \tag{6-44}$$

P 点的测量坐标可按式(6-45)换算成施工坐标。

$$\left.\begin{aligned} A_P &= \left(X_P - X_{O'}\right)\cos a + \left(Y_P - Y_{O'}\right)\sin a \\ B_P &= -\left(X_P - X_{O'}\right)\sin a + \left(Y_P - Y_{O'}\right)\cos a \end{aligned}\right\} \tag{6-45}$$

6.4.2　建筑基线

1. 建筑基线的布设

建筑基线是建筑场地的施工控制基准线，即在场地中央放样一条长轴线或若干条与其垂直的短轴线。它适用于建筑设计总平面图布置比较简单的小型建筑场地。

建筑基线的布设形式是根据建筑物的分布、场地地形等因素来确定的。其常见的形式有 "一" 字形、"L" 形、"T" 形、"十" 字形，如图 6.23 所示。建筑基线的形式可以灵活多样，适合于各种地形条件。

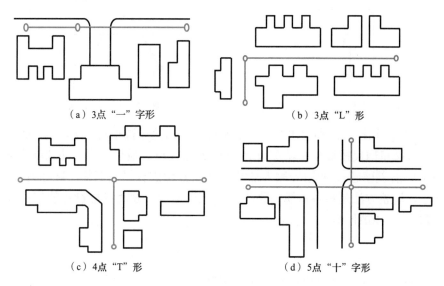

（a）3点 "一" 字形 （b）3点 "L" 形

（c）4点 "T" 形 （d）5点 "十" 字形

图 6.23　建筑基线布置形式

2. 建筑基线的布设要求

(1) 建筑基线应尽可能靠近拟建的主要建筑物，并与其主要轴线平行或垂直，长的基线尽可能布设在场地中央，以便使用比较简单的直角坐标法进行建筑物定位。

(2) 建筑基线上基线点应不少于 3 个，以便相互检核。

(3) 建筑基线应尽可能与施工场地的建筑红线相联系。

(4) 基线点位应选在通视良好和不易被破坏的地方，为能长期保存，要埋设永久性的混凝土桩。

3. 建筑基线的测设方法

根据施工场地的条件不同，建筑基线的测设方法有以下两种。

1) 根据建筑红线测设建筑基线

由测绘部门测定的建筑用地边界线称为建筑红线。

在城市建设区，建筑红线可用作建筑基线测设的依据，如图 6.24 所示，AB、AC 为建筑红线，1、2、3 为建筑基线点，利用建筑红线测设建筑基线的方法如下所示。

首先，从 A 点沿 AB 方向量取 d_2 定出 P 点，沿 AC 方向量取 d_1 定出 Q 点。其次，过 B 点作 AB 的垂线，沿垂线量取 d_1 定出 2 点，做出标志；过 C 点作 AC 的垂线，沿垂线量取 d_2 定出 3 点，做出标志；用细线拉出直线 $P3$ 和 $Q2$，两条直线的交点即为 1 点，做出标志。最后，在 1 点安置经纬仪，精确观测 $\angle 213$，其与 $90°$ 的差值应小于 $\pm 20″$。

2) 根据附近已有控制点测设建筑基线

在新建区可以利用建筑基线的设计坐标和附近已有控制点的坐标，用极坐标法测设建筑基线。如图 6.25 所示，1、2、3 为附近已有控制点，A、O、B 为选定的基线点。测设方法如下所示。

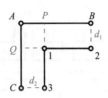
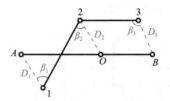

图 6.24　根据建筑红线测设建筑基线　　图 6.25　根据控制点测设建筑基线

　　首先，根据已知控制点和建筑基线点的坐标计算出测设数据 β_1、D_1、β_2、D_2、β_3、D_3。其次，用经纬仪和钢尺按极坐标法测设 A、O、B 这 3 点。最后，用经纬仪检查 $\angle AOB$ 是否等于 $180°$，若差值超过规定(一般为 $\pm 20''$)，则对点位进行横向调整，直至满足要求。如图 6.26 所示，调整方法是将各点横向移动改正值 δ，且 A'、B' 两点与 O' 点的移动方向相反。改正值 δ 可按式(6-46)计算。

$$\delta = \frac{ab}{2(a+b)} \times \frac{180° - \beta}{\rho} \tag{6-46}$$

式中，a——AO 距离，b——OB 距离，$\rho = 206265''$。

　　横向调整后，精密量取 OA 和 OB 距离，若实量值与设计值之差超过规定(大于 1/10000)，则应以 O 点为准，按设计值纵向调整 A 点和 B 点的位置，直至满足要求。

　　如果是图 6.27 所示的"十"字形建筑基线，则当 A、O、B 3 点调整后，先安置经纬仪于 O 点，照准 A 点，分别向右、左测设 $90°$，并根据基线点间的距离，在实地标定出 C' 和 D'，如图 6.27 所示。再精确地测出 $\angle AOC'$ 和 $\angle AOD'$，分别算出它们与 $90°$ 之差 ε_1，ε_2，并按式 $l = d \cdot \dfrac{\varepsilon}{\rho}$ 计算出改正数 l_1、l_2，式中 d 为 OC' 或 OD' 的距离。

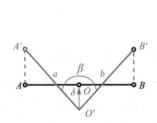
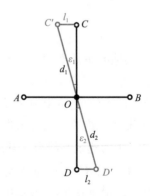

图 6.26　"一"字形建筑基线横向调整　　图 6.27　"十"字形建筑基线横向调整

　　将 C'、D' 两点分别沿 OC 及 OD 的垂直方向移动 l_1、l_2，得 C、D 点，C'、D' 的移动方向按观测角值的大小而定。然后再检测 $\angle COD$ 应等于 $180°$，其误差应在容许范围内。

6.4.3 建筑方格网

对于地势较平坦，建筑物多为矩形且布置比较规则和密集的大、中型的施工场地，可以采用由正方形或矩形组成的施工控制网，称为建筑方格网，如图 6.28 所示。下面简要介绍其布设和测设步骤。

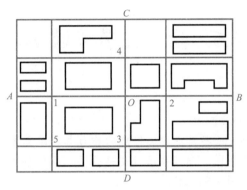

图 6.28　建筑方格网

1. 建筑方格网的布设

首先，应根据设计总图上的各建(构)筑物，各种管线的位置，结合现场地形，选定方格网的主轴线 AOB 和 COD，其中 A、O、B、C、D 为主点；其次，布设其他各点。

主轴线应尽量布设在建筑区中央，并与主要建筑物轴线平行或垂直，其长度应能控制整个建筑区；各网点可布设成正方形或矩形；各网点、线在不受施工影响条件下，应靠近建筑物；纵横格网边应严格垂直。正方形格网的边长一般为 100~200m，矩形网一般为几十米至几百米的整数长度。

2. 建筑方格网的测设

首先，测设主轴线 AOB 和 COD，按前述测设十字形建筑基线的方法，利用测量控制点，将 A、O、B 和 C、O、D 点测设于实地；其次，测设各方格网点。

建筑方格网具有使用方便、计算简单、精度较高等优点，它不仅可以作为施工测量的依据，还可以作为竣工总平面图施测的依据。但是它的测设工作量过大，精度要求高，因此，一般由专业测量人员进行。

6.4.4 施工场地高程控制测量

在一般情况下，施工场地平面控制点也可兼作高程控制点。高程控制网分为首级网和加密网，相应的水准点称为基本水准点和施工水准点。

基本水准点应布设在不受施工影响、无振动、便于施测和能永久保存的地方，按四等水准测量的要求进行施测。而对于为连续性生产车间、地下管道放样所设立的基本水准点，则需按三等水准测量的要求进行施测。为了便于成果检测和提高测量精度，场地高程控制网应布设成闭合环线、附合路线或结点网形。

施工水准点用来直接放样建筑物的高程。为了放样方便和减少误差，施工水准点应靠近建筑物，通常可以采用建筑方格网点的标志桩加设圆头钉作为施工水准点。在每栋较大的建筑物附近还要布设±0.000 水准点(一般以底层建筑物的地坪标高为±0.000)，其位置多选在较稳定的建筑物墙、柱的侧面，用红油漆绘成"▽"形，其顶端表示±0.000 位置。

6.5　全球卫星导航系统

拓展讨论

1. 全球定位系统有哪些？
2. 党的二十大报告提出，坚持把发展经济的着力点放在实体经济上，推进新型工业化，加快建设制造强国、质量强国、航天强国、交通强国、网络强国、数字中国。试了解中国北斗卫星导航系统的发展历史和成就。
3. 思考北斗定位技术会给测绘工作带来什么变化？

6.5.1　GNSS 系统概述

全球卫星导航系统(Global Navigation Satellite System，简称 GNSS)，是能在地球表面或近地空间的任何地点为用户提供全天候的三维坐标和速度，以及时间信息的空基无线电导航定位系统。其包括一个或多个卫星星座及其支持特定工作所需的增强系统。全球卫星导航系统国际委员会公布的全球四大卫星导航系统供应商，包括中国的北斗卫星导航系统(BDS)、美国的全球定位系统(GPS)、俄罗斯的全球卫星定位系统(GLONASS)和欧盟的伽利略卫星导航系统(GALILEO)。其中，BDS 系统是中国自主建设运行的全球卫星导航系统，为全球用户提供全天候、全天时、高精度的定位、导航和授时服务；GPS 系统是世界上第一个建立并用于导航定位的全球系统；GLONASS 系统经历快速复苏后已成为全球第二大卫星导航系统，二者正处现代化的更新进程中；GALILEO 系统是第一个完全民用的卫星导航系统，正在试验阶段。

1. 中国的北斗卫星导航系统(BDS)

北斗卫星导航系统(BDS)，是中国着眼于国家安全和经济社会发展需要，自主建设运行的全球卫星导航系统，是为全球用户提供全天候、全天时、高精度的定位、导航和授时服务的国家重要时空基础设施。2020 年 7 月 31 日，北斗三号全球卫星导航系统建成并正式开通使用。

2. 美国的全球定位系统(GPS)

美国的全球定位系统(GPS)，是一种以人造地球卫星为基础的高精度无线电导航的定位系统，它在全球任何地方以及近地空间都能够提供准确的地理位置、车行速度及精确的时间信息。GPS 系统是美国从 20 世纪 70 年代开始研制,历时 20 年,耗资 200 亿美元,于 1994 年全面建成,具有在海、陆、空进行全方位实时三维导航与定位功能的新一代卫星导航与定位系统。

3. 俄罗斯的全球卫星定位系统(GLONASS)

俄罗斯的全球卫星定位系统(GLONASS)由苏联从20世纪80年代初开始建设,是与美国 GPS 系统相类似的卫星定位系统,现在由俄罗斯空间局管理。GLONASS 系统的整体结构类似于 GPS 系统,其主要不同之处在于星座设计和信号载波频率和卫星识别方法的设计不同。该系统受苏联解体,经济危机及技术因素影响,卫星数不能满足实时定位要求。近几年俄罗斯经济复苏,GLONASS 系统最后 1 颗 "格洛纳斯 M" 卫星已成功入轨。目前,GLONASS 系统在轨卫星数量达到 26 颗。

4. 欧盟的伽利略卫星导航系统(GALILEO)

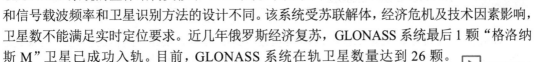

欧盟的伽利略卫星导航系统(GALILEO)是欧洲自主研制的、独立的全球多模式卫星定位导航系统,提供高精度、高可靠性的定位服务,同时它实现完全非军方控制、管理。按计划,GALILEO 系统由 30 颗卫星组成,其中 27 颗工作星,3 颗备份星。卫星分布在 3 个中圆地球轨道(MEO)上,轨道高度为 23616km,轨道倾角 56°。每个轨道上部署 9 颗工作星和 1 颗备份星。

GNSS 定位技术的高度自动化及其所达到的高精度,也引起了广大民用部门,特别是测量工作者的普遍关注和极大兴趣,近十多年来 GNSS 定位技术在应用基础研究、新应用领域的开拓及软硬件的开发等方面都取得了迅速的发展,使得 GNSS 定位技术已经广泛地渗透到了经济建设和科学技术的许多领域,尤其是在大地测量学及其相关学科领域,如地球动力学、海洋大地测量学、地球物理勘探和资源勘察、工程测量、变形监测、城市控制测量、地籍测量等方面都得到了广泛应用。本节后面将重点介绍北斗卫星导航系统。

6.5.2 GNSS 系统的特点

相对于经典的测量技术来说,这一新技术的主要特点如下。

(1) 观测站之间无须通视,但必须保持观测站的上空开阔(净空),以使接收卫星的信号不受干扰。

(2) 定位精度高。现已完成的大量实验表明,目前在小于 50km 的基线上,其相对定位精度可达到 $10^{-6} \sim 2 \times 10^{-6}$,而在 100~500km 的基线上,其相对定位精度可达到 $10^{-7} \sim 10^{-6}$。随着光测技术与数据处理方法的改善,可望在 1000km 的距离上,相对定位精度达到或优于 10^{-8}。

(3) 观测时间短。目前,利用经典的静态定位方法完成一条基线的相对定位所需的观测时间,根据要求的精度不同,一般为 1~3h。为了进一步缩短观测时间,提高作业速度,近年来发展的短基线(例如不超过 20km)快速相对定位法,其观测时间仅需数分钟。

(4) 提供三维坐标。GNSS 测量在精确测定观测站平面位置的同时,可以精确测定观测站的大地高程。

(5) 操作简便。GNSS 测量的自动化程度很高,在观测中测量员的主要任务只是安装并开关仪器、量取仪器高、监控仪器的工作状态和采集环境的气象数据。而其他观测工作,如卫星的捕获、跟踪观测和记录等均由仪器自动完成。

(6) 全天候作业。GNSS 观测工作，可以在任何地点、任何时间连续地进行，一般不受天气状况的影响。所以，GNSS 定位技术的发展，对于经典的测量技术是一次重大的突破。一方面，它使经典的测量理论与方法产生了更深刻的变革；另一方面，它进一步加强了测量学与其他学科之间的交融，从而促进了测绘科学技术的现代化发展。

6.5.3 GNSS 的定位原理

GNSS 的定位原理就是卫星不间断地发送自身的星历参数和时间信息，用户接收到这些信息后，经过计算求出接收机的三维位置、三维方向以及运动速度和时间信息。它广泛地应用于导航和测量定位等工作中。

1. 绝对定位原理

绝对定位也叫单点定位，通常是指在协议地球坐标系(例如 WGS—84 坐标系)中，直接确定观测站，相对于坐标系原点绝对坐标的一种定位方法。

利用 GNSS 进行绝对定位的基本原理，是以卫星和用户接收机天线之间的距离(或距离差)观测量为基础，并根据已知的卫星瞬时坐标，确定用户接收机的点位，即观测站的位置，其实质为测量学中的空间距离后方交会，如图 6.29 所示。

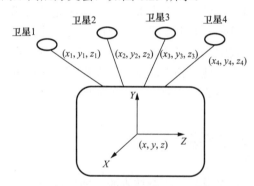

图 6.29 单点定位原理示意图

在 1 个观测站上，有 4 个独立的卫星距离观测量。假设 t 时刻在地面待测点上安置用户接收机，可以测定卫星信号到达接收机的时间 Δt，再加上接收机所接收到的卫星星历等其他数据可以确定以下四个方程式：

$$\sqrt{\left[(x_1-x)^2+(y_1-y)^2+(z_1-z)^2\right]}+c(V_{t1}+V_{t0})=d_1$$

$$\sqrt{\left[(x_2-x)^2+(y_2-y)^2+(z_2-z)^2\right]}+c(V_{t2}+V_{t0})=d_2$$

$$\sqrt{\left[(x_3-x)^2+(y_3-y)^2+(z_3-z)^2\right]}+c(V_{t3}+V_{t0})=d_3$$

$$\sqrt{\left[(x_4-x)^2+(y_4-y)^2+(z_4-z)^2\right]}+c(V_{t4}+V_{t0})=d_4$$

上述四个方程式中 x、y、z 为待测点坐标，V_{t0} 为接收机的钟差，为未知参数，其中 $d_i=c\Delta t_i$，$(i=1，2，3，4)$，d_i 分别为卫星 i 到接收机之间的距离，Δt_i 分别为卫星 i 的信号到达接收机所经历的时间，x_i、y_i、z_i 为卫星 i 在 t 时刻的空间直角坐标，V_{ti} 为卫星钟的钟差，c 为光速。

由以上四个方程即可解算出待测点的坐标 x、y、z 和接收机的钟差 V_{t0}。

应用 GNSS 进行绝对定位，根据用户接收机天线所处的状态不同，又可分为动态绝对定位和静态绝对定位。

1) 动态绝对定位

当用户接收设备安置在运动的载体上，并处于运动的状态下时，确定载体瞬时绝对位置的定位方法，称为动态绝对定位。动态绝对定位，一般只能得到没有(或很少)多余观测量的实时解。这种定位方法被广泛地应用于飞机、船舶及陆地车辆等运动载体的导航，以及在航空物探和卫星遥感领域也有着广泛地应用。

2) 静态绝对定位

当接收机天线处于静止状态的情况下，用以确定观测站绝对坐标的方法，称为静态绝对定位。这时，由于可以连续观测卫星到接收机位置的伪距，获得充分的多余观测量，因此在测后，通过数据处理可以提高定位的精度。静态绝对定位法主要用于大地测量，以精确测定观测站在协议地球坐标系中的绝对位置。

目前无论是动态绝对定位还是静态绝对定位，所依据的观测量都是所测卫星至观测站的伪距，所以，绝对定位方法，通常也称伪距定位法。

因为根据观测量的性质不同，伪距有测码伪距和测相伪距之分，所以，绝对定位又可分为测码绝对定位和测相绝对定位。

2. 相对定位原理

利用 GNSS 进行绝对定位(或单点定位)时，其定位精度会受到卫星轨道误差、钟差及信号传播误差等诸多因素的影响，尽管其中一些系统性误差，可以通过模型加以削弱，但其残差仍是不可忽略的。实践表明，目前静态绝对定位的精度，约可达米级，而动态绝对定位的精度仅为 10~40m。这一精度远不能满足大地测量精密定位的要求。

GNSS 相对定位也叫差分定位，是目前 GNSS 定位中精度最高的一种，广泛应用于大地测量、精密工程测量、地球动力学研究和精密导航。

相对定位法是两台 GNSS 接收机分别安置在基线的两端，并同步观测相同的 GNSS 卫星，以确定基线端点在协议地球坐标系中的相对位置或基线向量，如图 6.30 所示。这种方法一般可以推广到多台接收机安置在若干基线的端点，通过同步观测 GNSS 卫星，以确定多条基线向量的情况。

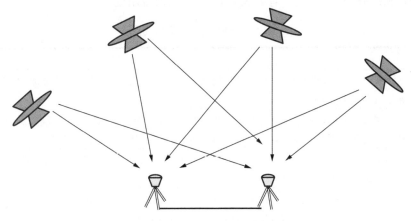

图 6.30 相对定位原理示意图

因为在两个观测站或多个观测站同步观测相同卫星的情况下，卫星的轨道误差、卫星钟差、接收机钟差以及电离层和对流层的折射误差等，对观测量的影响具有一定的相关性，所以利用这些观测量的不同组合，进行相对定位，便可有效地消除或者减弱上述误差的影响，从而提高相对定位的精度。

6.5.4 GNSS 测量实施

GNSS 测量工作与经典大地测量工作相类似，按其性质可分为外业和内业两大部分。其中外业工作主要包括选点(即观测站址的选择)、建立观测标志、野外观测作业以及成果质量检核等；内业工作主要包括技术设计、测后数据处理以及技术总结等。按其工作程序，大体可分为技术设计、选点与建立标志、外业观测、成果检核与处理。

1. GNSS 网的技术设计

GNSS 网的技术设计是 GNSS 测量工作实施的第一步，是一项基础性工作。这项工作应根据网的用途和用户的要求来进行，其主要内容包括精度指标的确定、网的图形设计和网的基准设计。

对 GNSS 网的精度要求，主要取决于网的用途。精度指标通常以网中相邻点之间的距离误差来表示。

$$m_R = \delta_D + ppD \tag{6-47}$$

式中，m_R——网中相邻点间的距离误差(mm)；

δ_D——与接收设备有关的常量误差(mm)；

pp——比例误差(ppm)；

D——相邻点间的距离(km)。

在 GNSS 网总体设计中，精度指标是非常重要的参数，它的数值将直接影响 GNSS 网的布设方案、观测数据的处理以及作业的时间和经费。在实际设计工作中，用户可根据实际需要，合理地制定精度的高低，既不能制定过低的精度而影响网的整体设计，也不能盲目追求过高的精度造成不必要的支出。

根据 GNSS 网的不同等级，有如表 6-17 所示的相应用途。

表 6-17　GNSS 网不同等级的用途

等级	用途
A	建立国家一等大地控制网，进行全球性的地球动力学研究、地壳形变测量和精密定轨测量等，应满足 A 级测量的精度要求
B	建立国家二等大地控制网，建立地方或城市坐标基准框架、区域性的地球动力学研究、地壳形变测量、局部形变监测和各种精密工程测量等，应满足 B 级测量的精度要求
C	建立国家三等大地控制网，以及建立区域、城市及工程测量的基本控制网的测量，应满足 C 级测量的精度要求
D、E	建立四等大地控制网的测量；用于中小城市、城镇以及测图、地籍、土地信息、房产、物探、勘测、建筑施工等的控制测量等，应满足 D、E 级测量的精度要求。

GNSS 测量是一项技术复杂、要求严格、耗费较大的工作，对这项工作总的原则是，在满足用户要求的情况下，尽可能地减少经费、时间和人力的消耗。因此，对其各阶段的工作都要精心设计和实施。

2. 选点与埋石

由于 GNSS 测量观测站之间无须相互通视，而且网的图形结构也比较灵活，所以选点工作远较经典控制测量的简便。但点位的选择对于保证观测工作的顺利进行和测量成果精度具有重要意义，因此，在选点工作开始之前，应充分收集和了解有关测区的地理情况以及原有测量标志点的分布及保持情况，以便确定适宜的观测站位置。选点工作通常应遵守的原则如下。

(1) 观测站(即接收天线安置点)应远离大功率的无线电发射台和高压输电线，以避免其周围磁场对 GNSS 卫星信号的干扰。接收天线与其距离一般不得小于 200m。

(2) 观测站附近不应有大面积的水域或对电磁波反射(或吸收)强烈的物体，以避免其减弱多路径效应的影响。

(3) 观测站应设在易于安置接收设备的地方，且视野开阔。在视场内周围障碍物的高度角一般小于 $10°\sim15°$。

(4) 观测站应选在交通方便的地方，并且便于用其他测量手段联测和扩展。

(5) 对于基线较长的 GNSS 网，还应考虑在观测站附近设置良好的通信设施(电话、电报与邮电等)和电力供应，以供观测站之间的联络和设备用电。

(6) 点位选定后(包括方位点)，均应按规定绘制点位注记，其主要内容应包括点位及点位略图、点位的交通情况以及选点情况等。

特别提示

　　用户如果在树木等对电磁波传播影响较大的物体下设观测站，当接收机工作时，接收的卫星信号将产生畸变，这样即使采集时各项指标都较好，其结果也是不可靠的。

　　建议用户根据需要在 GNSS 观测站附近大约 300m 建立与其通视的方位点，以便在必要时采用常规经典的测量方法进行联测。

在点位选好后，在对点位进行编号时必须注意点位编号的合理性，在野外采集时输入的观测站名是由四个任意字符组成的，为了在测后处理时方便、准确，建议用户在编号时尽量采用数字按顺序编号。

在 GNSS 测量中，网点一般应设置在具有中心标志的标石上，以精确标志点位。具体标石的设置可参照有关规范，对于一般的控制网，只需要采用普通的标石，或在岩层、建筑物上做标志。

3. GNSS 测量的观测工作

观测工作主要包括贯彻计划拟定、仪器的选择与检核和观测工作的实施等。

在施测前，一般应根据网的布设方案、规模大小、精度要求、卫星星座、参与作业的

GNSS 数量以及后勤保障条件(交通、通信)等制订观测计划。表 6-18 是规范中给出的各级 GNSS 测量基本技术要求。

表 6-18　各级 GNSS 测量基本技术要求

项目	级别				
	A	B	C	D	E
卫星截止高度角/(°)	10	15	15	15	15
同时观测有效卫星数	≥4	≥4	≥4	≥4	≥4
有效观测卫星总数	≥20	≥9	≥6	≥4	≥4
观测时段数	≥6	≥4	≥2	≥1.6	≥1.6
基线平均距离/km	300	70	10～15	5～10	0.2～5
时段长度/min	≥540	≥240	≥60	≥45	≥40

6.5.5　北斗卫星导航系统概述

北斗卫星导航系统(以下简称北斗系统)，是我国自主建设运行的全球卫星导航系统，为全球用户提供全天候、全天时、高精度的定位、导航和授时服务的国家重要时空基础设施。

北斗系统自提供服务以来，已在交通运输、农林渔业、水文监测、气象测报、通信授时、电力调度、救灾减灾、公共安全等领域得到广泛应用，服务国家重要基础设施，产生了显著的经济效益和社会效益。北斗系统的导航服务已广泛进入大众消费、共享经济和民生领域，深刻改变着人们的生产生活方式。中国将持续推进北斗应用与产业化发展，服务国家现代化建设和百姓日常生活，为全球科技、经济和社会发展做出贡献。

北斗系统秉承"中国的北斗、世界的北斗、一流的北斗"发展理念，愿与世界各国共享北斗系统建设发展成果，促进全球卫星导航事业蓬勃发展，为服务全球、造福人类贡献中国智慧和力量。北斗系统为经济社会发展提供重要时空信息保障，是中国实施改革开放40 余年来取得的重要成就之一，是新中国成立 70 余年来重大科技成就之一，是中国贡献给世界的全球公共服务产品。中国将一如既往地积极推动国际交流与合作，实现与世界其他卫星导航系统的兼容与互操作，为全球用户提供更高性能、更加可靠和更加丰富的服务。

1. 北斗系统组成

北斗系统由空间段、地面控制段和用户段三部分组成。

1) 空间段：空间星座由 3 颗地球静止轨道(GEO)卫星、3 颗倾斜地球同步轨道(IGSO)卫星和 24 颗中圆地球轨道(MEO)卫星组成。GEO 卫星轨道高度 35786km；IGSO 卫星轨道高度 35786km；MEO 卫星轨道高度 21528km。

2) 地面控制段：地面控制段负责系统导航任务的运行控制，主要由主控站、时间同步/注入站、监测站等组成。

主控站是北斗系统的运行控制中心，主要任务包括：

(1) 收集各时间同步/注入站、监测站的导航信号监测数据，进行数据处理，生成并注

入导航电文等;

(2) 负责任务规划与调度和系统运行管理与控制;

(3) 负责星地时间观测比对;

(4) 卫星有效载荷监测和异常情况分析等。

时间同步/注入站主要负责完成星地时间同步测量,向卫星注入导航电文参数。

监测站对卫星导航信号进行连续监测,为主控站提供实时观测数据。

3) 用户段:包括北斗及兼容其他卫星导航系统的芯片、模块、天线等基础产品,以及终端设备、应用系统与应用服务等。

2. 北斗系统的发展历程

中国高度重视北斗系统建设发展,自 20 世纪 80 年代开始探索适合国情的卫星导航系统发展道路,形成了"三步走"发展战略:2000 年年底,建成北斗一号系统,向中国提供服务;2012 年年底,建成北斗二号系统,向亚太地区提供服务;2020 年,建成北斗三号系统,向全球提供服务。

第一步,建设北斗一号系统。1994 年,启动北斗一号系统工程建设;2000 年,发射 2 颗地球静止轨道卫星,建成系统并投入使用,采用有源定位体制,为中国用户提供定位、授时、广域差分和短报文通信服务;2003 年发射第 3 颗地球静止轨道卫星,进一步增强系统性能。

第二步,建设北斗二号系统。2004 年,启动北斗二号系统工程建设;2012 年年底,完成 14 颗卫星(5 颗地球静止轨道卫星、5 颗倾斜地球同步轨道卫星和 4 颗中圆地球轨道卫星)发射组网。北斗二号系统在兼容北斗一号系统技术体制基础上,增加无源定位体制,为亚太地区用户提供定位、测速、授时和短报文通信服务。

第三步,建设北斗三号系统。2009 年,启动北斗三号系统建设;2018 年年底,完成 19 颗卫星发射组网,完成基本系统建设,向全球提供服务;2020 年年底前,完成 30 颗卫星发射组网,全面建成北斗三号系统。北斗三号系统继承北斗有源服务和无源服务两种技术体制,能够为全球用户提供基本导航(定位、测速、授时)、全球短报文通信、国际搜救服务,中国及周边地区用户还可享有区域短报文通信、星基增强、精密单点定位等服务。

3. 北斗系统的特点

北斗系统的建设实践,走出了在区域快速形成服务能力、逐步扩展为全球服务的中国特色发展路径,丰富了世界卫星导航事业的发展模式。北斗系统具有以下特点。

1) 北斗系统空间段采用三种轨道卫星组成的混合星座,与其他卫星导航系统相比,高轨道卫星更多,抗遮挡能力强,尤其在低纬度地区其性能特点更为明显。

2) 北斗系统提供多个频点的导航信号,能够通过多频信号组合使用等方式提高服务精度。

3) 北斗系统创新融合了导航与通信能力,具有实时导航、快速定位、精确授时、位置报告和短报文通信服务等功能。

(1) 定位导航授时服务。为全球用户提供服务,空间信号精度优于 0.5m;全球定位精度优于 10m,测速精度优于 0.2m/s,授时精度优于 20ns;亚太地区定位精度优于 5m,测速精度优于 0.1m/s,授时精度优于 10ns,整体性能大幅提升。

(2) 短报文通信服务。区域短报文通信服务，服务容量提高到 1000 万次/h，接收机发射功率降低到 1～3W，单次通信能力 1000 汉字(14000 比特)；全球短报文通信服务，单次通信能力 40 汉字(560 比特)。

(3) 星基增强服务。按照国际民航组织标准，服务中国及周边地区用户，支持单频及双频多星座两种增强服务模式，满足国际民航组织相关性能要求。

(4) 地基增强服务。利用移动通信网络或互联网络，向北斗基准站网覆盖区内的用户提供米级、分米级、厘米级、毫米级高精度定位服务。

(5) 精密单点定位服务。服务中国及周边地区用户，提供动态分米级、静态厘米级的精密定位服务。

(6) 国际搜救服务。按照国际搜救卫星系统组织相关标准，与其他卫星导航系统共同组成全球中轨搜救系统，服务全球用户。同时提供返向链路，极大提升搜救效率和服务能力。

4. 北斗系统应用

北斗系统自建成以来，已经在各行各业得到了广泛的应用，如交通运输、农业林业、消防救援、国土测绘、公共安全、智慧城市建设等方面，在这些领域生根发芽，为社会带来显著的经济效益。

1) 道路运输车辆管理。面向旅游大巴车、危险品运输车及重型载货运输车等车辆，利用北斗定位导航服务，结合互联网通信技术，实现车辆安全驾驶管理与调度，有效降低道路事故发生风险，提升道路运输管理水平及车辆调度能力。在车辆上安装北斗车载终端，获取车辆实时位置信息、运行状态等关键行车数据，通过互联网通信技术实时回传至车辆安全管理系统。车辆安全管理系统利用终端获取的车辆位置数据，实现对车辆动态位置数据的实时查看和管理、车辆历史轨迹查询、车辆编队调度管理等功能。通过系统终端联动报警功能，对出现超速驾驶、疲劳驾驶等违规行为进行警告。

2) 铁路行业(图 6.31)。铁路勘察设计、建造施工及运营维护各个阶段均对卫星定位导航授时功能有需求，北斗系统能在铁路基础设施建设及养护维修、时间同步、客货运输调度、形变监测、作业人员安全防护、列车运行控制等领域提供解决方案，为铁路降本、提质、增效、保安全带来切实效益。北斗系统已经在铁路工程建设、运输调度、行车安全等业务领域形成成熟解决方案。一是面向铁路勘察设计需求的精密工程测量、地质调查，提供高精度位置基准，提高铁路勘察设计效率和质量；二是面向建造施工需求，提供基于北斗系统的地质灾害监测、铁路轨道测量及平顺性检测等解决方案，降低施工安全作业风险，提高施工精细化管理水平；三是面向铁路运营维护需求，提供基于北斗系统的列车接近预警防护、营运线上道路作业人员安全防护、列车控制等解决方案，推动铁路运营组织和运输服务领域科技创新。

3) 精准农业。北斗系统在精准农业领域主要有三类规模化应用场景：一是农机自动驾驶应用，提高农机作业精度，实现节本节能增效；二是农机远程运维应用，提升企业服务能力，改进农机产品质量；三是农机大数据应用，掌握农机作业效率，优化农机发展政策。

图 6.31　北斗系统在铁路行业的应用

(1) 北斗导航农机自动驾驶系统。

直接驱动农机转向系统替代驾驶员操作方向盘，实现农机自动驾驶或无人驾驶。该系统已广泛应用于播种、打药、靶地、犁地、中耕、收获、插秧、开沟和起垄等作业，在风沙天和黑夜等能见度较低的情况下也可正常作业。

(2) 北斗农机远程运维系统。

应用北斗定位、物联网和移动通信等技术，采集并回传农机的位置、作业与工况等数据，开展农机故障预警，调度售后服务网络，提供精准高效的包修、包换及包退的"三包"服务，改进农机产品质量。

4) 国际搜救。全球卫星搜救系统是全球范围的公益性卫星遇险报警系统，旨在提供准确、及时和可靠的遇险报警和定位服务，帮助搜救机构获取遇险信息，提高遇险船只、航空器和人员的搜救成功率。北斗国际搜救系统具备提供符合全球卫星搜救系统要求的卫星搜救服务能力，并具备北斗特色返向链路服务能力。当船只、航空器、人员遇险时，可通过手动或自动触发搜救信标发出报警信息，报警信息通过北斗卫星上搭载的搜救载荷进行转发，并被国际搜救地面系统接收处理，报警信息将按照遇险区域和信标国家码转发至相应的搜救协调中心，最后由搜救协调中心组织救援力量开展救援。如果搜救信标支持北斗返向链路功能，还可以通过北斗返向链路服务向遇险用户发送确认信息，增强遇险人员信心，更好地保障生命财产安全。

5) 国土测绘。利用北斗地基增强系统(也称连续运行卫星定位服务综合服务系统，CORS)高精度定位技术，结合互联网通信技术，满足不同用户对定位精度、实时性和抗干扰等性能的要求，服务城市规划、国土测绘、地籍管理、城乡建设、环境监测、防灾减灾、交通监控、矿山测量等多种应用场景。北斗基准站接收机连续跟踪所有可见卫星，并通过通信系统向移动站(用户)发送差分改正数据，移动站(用户)接收机内部进行解算，从而实时得到移动站(用户)的高精度位置信息。其测绘结果较传统测绘技术更加精确，测绘工作更加简便，受外界干扰影响较小。

6) 数字施工(图 6.32)。基于北斗定位、物联网、通信等技术，实现全方位、立体化、多层次、精细化监管，实现施工过程的科学控制和管理，降低人工和材料成本投入，有效提高安全系数，从而大幅提升公路等基础设施建设施工的效率和质量，实现建设工程全过程管理信息化。在作业机械车辆上安装北斗接收机，结合其他传感器组成一体化集成系统，对施工机械进行智能控制和远程监测。北斗系统已经在铁路路基、公路施工、水利开挖、大坝填筑、机场建设等基础设施施工中得到广泛应用。

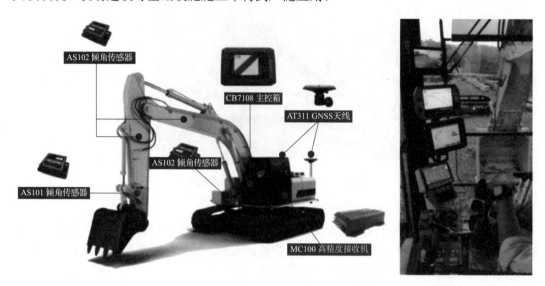

图 6.32　北斗系统在数字施工中的应用

7) 智慧矿区。基于北斗高精度定位技术，构建矿山监测系统、人员保障系统、资产监管系统，完成对矿山从开采—仓储—运输—销售的全流程监管。利用北斗高精度定位和高精度地图等技术手段，联通车辆终端、手持终端，构建"云—网—端"体系架构的矿山一体化智能监管平台，具有矿山三维实景构建、矿山安全监测、运输车辆调度管理以及矿山资产监控等能力，实现矿产从开采到运输、通关、仓储和销售的全流程时空数据集中监管。

8) 公共安全管理。基于北斗系统的可视化指挥调度系统，结合前端北斗智能终端，实现统一指挥调度。在发生突发事件时，可以将现场位置以及视频信息在第一时间回传指挥中心，使指挥中心能够及时获得现场信息，提高决策的准确性和及时性，提升精准调度和高效指挥。可视化指挥调度系统具备实时定位、语音对讲、一键视频上传、音视频通话、高清录像等功能。指挥人员可以在短时间内对突发性危机事件做出快速反应并提供妥善的应对措施预案；同时前端和指挥中心形成多级联动、数据共享，最大程度地减少突发性危机事件带来的影响和损失。

9) 野生动物保护。利用北斗定位+移动通信技术，开展珍稀野生动物栖息地调查和野生动物的追踪监测等应用。利用北斗定位标识器实时采集动物的位置、生理状态信息(如体温、脉搏)、运动状态等信息，定时回传至处理平台，通过跟踪分析，研究野生动物的生活习性；等等，为野生动物保护和科学研究提供重要支撑。

10) 精准时空智慧城市。通过统一的时空基准，将现实世界中的各类数据进行汇聚和融合，映射成高精度、实时、动态、全要素的数字孪生世界，驱动大量智能设备感知城市，赋能智慧应用创造和升级，助力城市精细化管理。聚焦城市治理方向，以高精度时空共性服务系统为支撑，落地交通运营、安全监测、绿色城管等场景应用，将精准时空能力广泛应用于城市管理，汇聚各类时空相关数据，提升时空数据智能化应用水平。

 本项目小结

1. 测量控制网的建立

遵守从整体到局部，先控制后碎部这样的程序开展测量工作，首先进行控制测量，建立测量控制网，这样可以避免测量误差累积，保证测图和施工放样的精度，同时，通过控制网的建立，将一个大测区分成若干小测区，各小测区的测量工作可同时进行，以提高工作效率，加快工作进度，缩短工期，还可以节省人力、物力、节省经费开支。

2. 坐标正算

已知直线的水平距离、坐标方位角和一个端点的坐标，求算直线另一端点的坐标的工作称为坐标正算。

3. 坐标反算

已知直线两个端点的坐标，求算直线的水平距离和坐标方位角的工作称为坐标反算。

4. 建筑基线

建筑基线是根据建筑物的分布、场地地形等因素，布设一条或几条轴线，以此作为施工控制测量的基准线。

5. 建筑基线测设的依据

(1) 根据建筑红线测设。

(2) 根据建筑控制点测设。

6. 建筑方格网的布设

建筑方格网的测设一般分两步走，先进行主轴线的测设，然后是方格网的测设。测设时须控制测角和测距的精度。

7. 水准网的布设

水准网应布设成闭合水准路线、附合水准路线或结点网形，测量精度不宜低于三等水准测量的精度，测设前应对已知高程控制点进行认真检核。

习 题

一、选择题

1. 导线测量的外业作业是( )。

A. 选点、测角、量边

B. 埋石、造标、绘草图

C. 距离丈量、水准测量、角度测量

2. 导线的布设形式有( )。

A. 一级导线、二级导线、图根导线

B. 单向导线、往返导线、多边形导线

C. 闭合导线、附合导线、支导线

3. 导线测量角度闭合差的调整方法是将闭合差反符号后(　　)。

A. 按角度大小成正比例分配

B. 按角度个数平均分配

C. 按边长成正比例分配

4. 导线坐标增量闭合差的调整方法是将闭合差反符号后(　　)。

A. 按角度个数平均分配

B. 按导线边数平均分配

C. 按边长成正比例分配

5. 四等水准测量中，黑面高差减红面高差±0.1m 应不超过(　　)。

A. 2mm　　　　　　　　B. 3mm　　　　　　　　C. 5mm

二、简答题

1. 什么叫控制点？什么叫控制测量？

2. 什么叫碎部点？什么叫碎部测量？

3. 选择测图控制点(导线点)应注意哪些问题？

4. 象限角与坐标方位角有何不同？如何换算？

5. 何谓坐标正算？何谓坐标反算？写出相应的计算公式。

6. 何谓连接角、连接边？它们有什么用处？

7. 在三角形高程测量中，取对向观测高差的平均值可消除球气差的影响，为何在计算对向观测高差的较差时还必须加入球气差的改正？

8. 施工平面控制网有几种形式？它们各适用于哪些场合？

9. 在测设 3 点一字形的建筑基线时，为什么基线点不应少于 3 个，若 3 点不在一条直线上，如何调整？

10. 什么是测量坐标？什么是建筑坐标？两者为何不一致，如何换算？

11. 与常规测量技术相比，GNSS 技术具有哪些优点？

三、计算题

1. 按表 6-19 已知数据计算闭合导线各点的坐标值。

表 6-19　闭合导线坐标计算用数据

点号	观测角(右角) /(° ′ ″)	坐标方位角 /(° ′ ″)	距离/m	坐标值		备注
				x/m	y/m	
1				1000.00	1000.00	
		128　30　30	103.85			
2	139　05　00					
			114.57			
3	94　15　54					
			162.46			
4	88　36　36					
			133.54			
5	122　39　30					
			123.68			
1	95　23　30					

2. 附合导线 $AB123CD$ 中 A、B、C、D 为高级点，已知 $\alpha_{A,B} = 48°48'48''$，$x_B = 1438.38\text{m}$，$y_B = 4973.66\text{m}$，$\alpha_{C,D} = 331°25'24''$，$x_C = 1660.84\text{m}$，$y_C = 5296.85\text{m}$。测得导线左角：$\angle B = 271°36'36''$，$\angle 1 = 94°18'18''$，$\angle 2 = 101°06'06''$，$\angle 3 = 267°24'24''$，$\angle C = 88°12'12''$。测得导线边长：$D_{B,1} = 118.14\text{m}$，$D_{1,2} = 172.36\text{m}$，$D_{2,3} = 142.74\text{m}$，$D_{3,C} = 185.69\text{m}$。计算 1、2、3 三点的坐标值。

3. 已知 A 点高程 $H_A = 182.232\text{m}$，在 A 点观测 B 点得竖直角为 $18°36'48''$，量得 A 点仪器高为 1.452m，B 点棱镜高 1.673m。在 B 点观测 A 点得竖直角为 $-18°34'42''$，B 点仪器高为 1.466m，A 点棱镜高为 1.615m。已知 $D_{A,B} = 486.751\text{m}$，试求 $h_{A,B}$ 和 H_B。

4. 图 6.33 为侧方交会图，试用表 6-20 所列数据计算 P 点坐标。

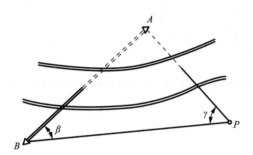

图 6.33　侧方交会图

表 6-20　用侧方交会数据计算 P 点坐标

点号	x/m	y/m
A	848.871	360.966
B	373.196	247.145
观测数据	$\beta = 49°02'36''$	
	$\gamma = 82°12'12''$	

5. 整理表 6-21 中的四等水准测量观测数据，并计算出 BM_2 的高程。

表 6-21　四等水准测量手簿

测站编号	点号	后尺 上丝 下丝	前尺 上丝 下丝	方向及尺号	水准尺读数/m 黑面	水准尺读数/m 红面	K+ 黑-红	平均高差/m	备注
		后视距	前视距						
		视距差 d/m	累积差 $\sum d$/m						
		(1)	(4)	后视	(3)	(8)	(14)		K 为尺常数：$K_1 = 4.787$ $K_2 = 4.687$
		(2)	(5)	前视	(6)	(7)	(13)		
		(9)	(10)	高差	(15)	(16)	(17)	(18)	
		(11)	(12)						

建筑工程测量（第四版）

续表

测站编号	点号	后尺 上丝 下丝	前尺 上丝 下丝	方向及尺号	水准尺读数/m		$K+$ 黑-红	平均高差/m	备注
		后视距	前视距		黑面	红面			
		视距差 d/m	累积差 $\sum d$/m						
1	$BM_1 \sim TP_1$	1.914	2.055	后视 K_1	1.726	6.513			
		1.537	1.678	前视 K_2	1.866	6.554			
				高差					
2	$TP_1 \sim BM_2$	1.965	2.141	后视 K_2	1.832	6.519			
		1.700	1.874	前视 K_1	2.007	6.793			
				高差					

民用建筑施工测量

思维导图

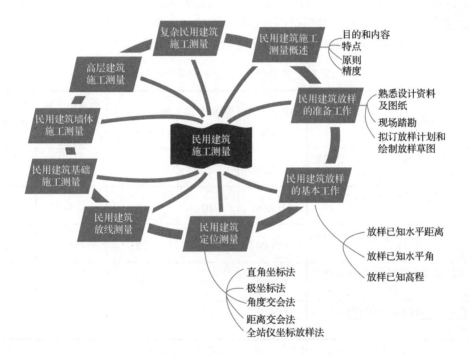

建筑工程测量（第四版）

拓展讨论

1. 学习中国营造学社测量的故宫手稿。
2. 如果参与故宫的测量，你准备怎么入手？

7.1 民用建筑施工测量概述

民用建筑

住宅楼、商店、学校、医院、食堂、办公楼、水塔等建筑物都属于民用建筑。由于建筑物类型不同，其放样方法和精度也有所不同，但总的放样过程基本相同，即建筑物定位、放线、基础工程施工测量、墙体工程施工测量等。在建筑场地完成了施工控制测量等基本工作之后，就可以根据控制点给建筑物定位，然后把所有结构轴线放样出来，设置标志，作为施工的依据。建筑物施工放样的主要技术要求如表 7-1 所示。

表 7-1 建筑物施工放样的主要技术要求

建筑物结构特征	测距相对中误差	测角中误差/(")	测站高差中误差/mm	施工水平面高程中误差/mm	竖向传递轴线点中误差/mm
钢结构、装配式混凝土结构、建筑物高度 100～120m 或跨度 30～36m	1/20000	5	1	6	4
15 层房屋或建筑物高度 60～100m 或跨度 18～30m	1/10000	10	2	5	3
5～15 层房屋或建筑物高度 15～60m 或跨度 6～18m	1/5000	20	2.5	4	2.5
5 层房屋或建筑物高度 15m 或跨度 6m 及以下	1/3000	30	3	3	2
木结构、工业管线或公路铁路专用线	1/2000	30	5	—	—
土工竖向整平	1/1000	45	10	—	—

注：①对于具有两种以上特征的建筑物，应取要求高的中误差值；
　　②特殊要求的工程项目，应根据设计对限差的要求，确定其放样精度。

7.1.1 民用建筑施工测量的目的和内容

民用建筑施工测量的目的与一般测图工作相反，它是按照设计和施工的要求将设计的建筑物、构筑物的平面位置在地面上标定出来，作为施工的依据，并在施工过程中进行的一系列的测量工作，以衔接和指导各工序之间的施工。

民用建筑施工测量贯穿于整个施工过程。从场地平整、建筑物定位、基础施工，到建筑物构件的安装等工序，都需要进行施工测量。

(1) 建立施工控制网。

(2) 建筑物、构筑物的详细放样。

(3) 检查、验收。每道施工工序完工之后，都要通过测量检查工程各部位的实际位置及高程是否与设计要求相符合。

(4) 变形观测。随着施工的进展，测定建筑物在平面和高程方向上产生的位移和沉降，收集整理各种变形资料，作为鉴定工程质量和验证工程设计、施工是否合理的依据。

7.1.2　民用建筑施工测量的特点

民用建筑施工测量与一般测量工作相比有如下特点。

(1) 目的不同。简单地说，测量工作是将地面上的地物、地貌测绘到图纸上，而施工测量是将图纸上设计的建筑物或构筑物放样到实地。

(2) 精度要求不同。施工测量的精度要求取决于工程的性质、规模、材料、施工方法等因素。一般高层建筑物的施工测量精度要求高于低层建筑物的施工测量精度，钢结构施工测量精度要求高于钢筋混凝土结构的施工测量精度，装配式建筑施工测量精度要求高于非装配式建筑的施工测量精度。此外，由于建(构)筑物的各部分相对位置关系的精度要求较高，因而工程的细部放样精度要求往往高于整体放样精度。

(3) 施工测量工序与工程施工的工序密切相关。某项工序还没有开始，就不能进行该项工序的施工测量。测量人员要了解设计的内容、性质及其对测量工作的精度要求，熟悉图纸上的标定数据，了解施工的全过程，并掌握施工现场的变动情况，使施工测量工作能够与工程施工密切配合。

(4) 受施工干扰。施工场地上工种多、交叉作业频繁，并要填、挖大量土石方，地面变动很大，又有车辆等机械震动，因此，各种测量标志必须埋设稳固且不易被破坏。常用方法是将这些控制点远离现场。但控制点常直接用于放样，且使用频繁，控制点远离现场会给放样带来不便，因此，常采用二级布设方式，即设置基准点和工作点。基准点远离现场，工作点布设于现场，当工作点密度不够或者现场受到破坏时，可用基准点增设或恢复。工作点的密度应尽可能满足安置一次仪器就可放样的要求。

7.1.3　民用建筑施工测量的原则

为了保证施工能满足设计要求，施工测量与一般测量工作一样，也必须遵循"由整体到局部，先控制后细部"的原则，即先在施工现场建立统一的施工控制网，然后以此为基础，再放样建筑物的细部位置。采取这一原则，可以减少误差积累，保证放样精度，免得因建筑物众多而引起放样工作的紊乱。

此外，施工测量责任重大，稍有差错，就会酿成工程事故，造成重大损失。因此，必须加强外业和内业的检核工作，检核是测量工作的灵魂。

建筑工程测量（第四版）

7.1.4　民用建筑施工测量的精度

　　施工测量的精度取决于工程的性质、规模、材料、施工方法等因素。因此，施工测量的精度应由工程设计人员提出的建筑限差或按工程施工规范来确定。

　　建筑限差一般是指工程竣工后的最低精度要求，它应理解为容许误差。设建筑限差为 Δ，工程竣工后的中误差 M 应为建筑限差 Δ 的一半，即 $M=\Delta/2$。

　　工程竣工后的中误差 M 由测量中误差 m_{10} 和施工中误差 m_{20} 组成，而测量中误差又由控制测量中误差 m_{11} 和细部放样中误差 m_{12} 两部分组成，则

$$M^2 = m_{11}^2 + m_{12}^2 + m_{20}^2 \tag{7-1}$$

　　上述各种误差之间的相互匹配要根据施工现场条件来确定，并以每一项作业工序的"难易度、成本比"大致相当为准则，既要保证工程质量，又要节省人力、物力。

　　一般说来，测量精度要比施工精度高。它们之间的比例关系为

$$m_{10} = \frac{m_{20}}{\sqrt{2}} \tag{7-2}$$

　　在工业场地上，控制点较密，放样点离控制点较近，因而细部放样的操作比较容易进行。误差也较小。根据这个前提，取两者的比例为

$$m_{11} = \frac{m_{12}}{\sqrt{2}} \tag{7-3}$$

　　对于桥梁和水利枢纽，放样点一般远离控制点，放样不甚方便，因而放样误差大。同时考虑到放样工作要及时配合施工，经常在有施工干扰的情况下快速进行，不大可能用增加观测次数的方法来提高精度，而在建立施工控制网时，有足够的时间和有利条件提高控制网的精度。因此，在设计控制网时，应使控制点误差所引起的放样点误差，相对施工放样的误差来说小到可忽略不计的程度，以便为今后的放样工作创造条件。

$$m_{10} = \sqrt{m_{11}^2 + m_{12}^2} = m_{12}\sqrt{1 + \left(\frac{m_{11}}{m_{12}}\right)^2} \approx m_{12}\left(1 + \frac{m_{11}^2}{2m_{12}^2}\right)$$

　　若使 $\dfrac{m_{11}^2}{2m_{12}^2} = 0.1$，即控制点误差的影响占测量误差总影响的 10%，即可忽略不计，则

$$m_{11} \approx 0.45m_{12} \approx 0.4m_{10}$$
$$m_{12} \approx 0.9m_{10}$$

综上所述，对于工业场地

$$m_{11} \approx \frac{\Delta}{6} \approx 0.17\Delta \tag{7-4}$$

$$m_{12} \approx \frac{\sqrt{2}\Delta}{6} \approx 0.24\Delta \tag{7-5}$$

对于桥梁和水利枢纽工程

$$m_{11} \approx 0.12\Delta \tag{7-6}$$

$$m_{12} \approx 0.17\Delta \tag{7-7}$$

7.2 民用建筑放样的准备工作

1. 熟悉设计资料及图纸

设计资料及图纸是施工放样的依据,在放样前应熟悉设计资料和图纸。根据建筑总平面图了解施工建筑物与地面控制点及相邻地物的关系,从而确定放样平面位置的方案,即定位。建筑总平面图如图 7.1 所示。

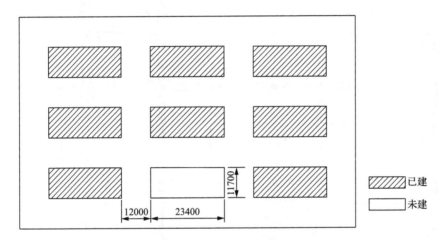

图 7.1 建筑总平面图

从建筑平面图中(包括底层及楼面平面,图 7.2)查取建筑物的总尺寸和内部各定位轴线之间的尺寸关系,它是放样的基本参照。

从建筑立面图中(图 7.3),可以清楚地表明建筑物的外形尺寸,如门窗、台阶、雨篷、阳台等位置的标高,用于查取建筑物的总标高、各楼层标高以及室内外地平标高。

基础平面图给出了建筑物的整个平面尺寸及细部结构与各定位轴线之间的尺寸关系,从而确定放样基础轴线的必要数据,如图 7.4 所示。

基础剖面图给出了基础剖面的尺寸(边线至中轴线的距离)及其设计标高(基础与设计地坪的高差),从而确定开挖边线和基坑底面的高程位置,如图 7.5 所示。还有其他各种立面图、剖面图等。

2. 现场踏勘

现场踏勘的目的是了解现场的地物、地貌和控制点分布情况,并调查与施工有关的问题。

3. 拟订放样计划和绘制放样草图

放样计划包括放样数据和所用仪器、工具的准备。一般应根据放样的精度要求,选择相应等级的仪器和工具。在放样前,对所用仪器,工具要进行严格的检验和校正。

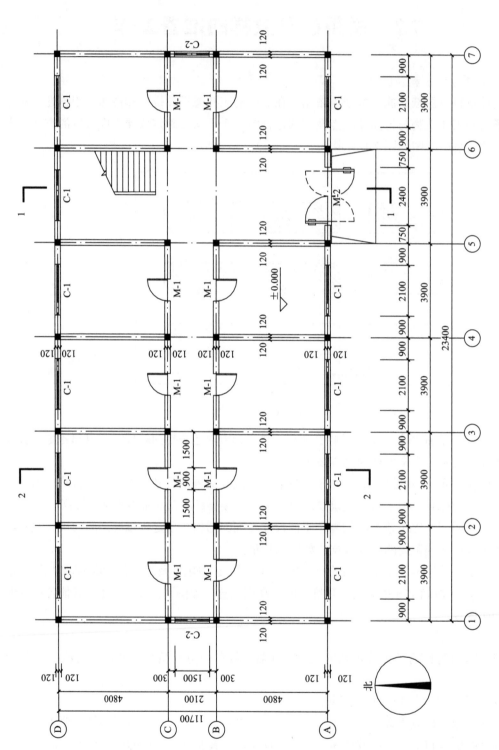

图 7.2　建筑平面图

图 7.3 建筑北立面图

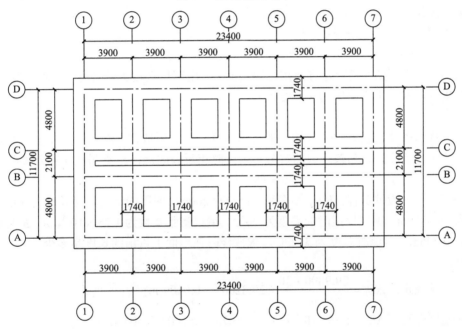

图 7.4 基础平面图

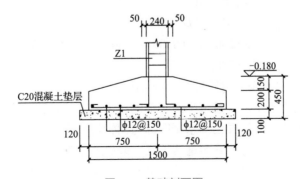

图 7.5 基础剖面图

7.3 民用建筑放样的基本工作

测量的基本工作是测距离、测角度和测高差。放样的基本工作与之相近，是放样已知水平距离、已知水平角和已知高程。

7.3.1 放样已知水平距离

放样已知水平距离就是根据已知的起点、线段方向和两点间的水平距离，找出另一端点的地面位置。放样已知水平距离所用的工具与丈量地面两点间的水平距离相同，即钢尺或光电测距仪(或全站仪)。

1. 用钢尺放样已知水平距离

1) 一般方法

从已知起点开始，沿给定方向按已知长度值，用钢尺直接丈量出另一端点。为了检核，应往返丈量，取其平均值作为最终结果。

2) 精确方法

当放样精度要求较高时，先按一般方法放样，再对所放样的距离进行精密改正，即进行三项改正，但注意三项改正数的符号与量距时相反。因此，距离测量计算公式可改写为

$$D_{放} = D - \Delta D_l - \Delta D_t - \Delta D_h \tag{7-8}$$

【例 7-1】 设欲放样 AB 的水平距离 D=29.8200m，使用的钢尺名义长度为 30m，实际长度为 29.9890m，钢尺检定时的温度为 20℃，钢尺膨胀系数为 1.25×10^{-5}，A、B 两点的高差为 h=0.345m，实测时温度为 31.5℃。求放样时在地面上量出的长度是多少?

解：

①尺长改正：$\Delta D_l = \dfrac{29.9890 - 30}{30} \times 29.8200 \approx -0.0109(\text{m})$

②温度改正：$\Delta D_t = 1.25 \times 10^{-5} \times (31.5 - 20) \times 29.8200 \approx 0.0043(\text{m})$

③倾斜改正：$\Delta D_h = -\dfrac{0.345^2}{2 \times 29.8200} \approx -0.0020(\text{m})$

④放样长度为：$D_{放} = D - \Delta D_l - \Delta D_t - \Delta D_h$

$= 29.8200 - (-0.0109) - 0.0043 - (-0.0020)$

$= 29.8286(\text{m})$

2. 用光电测距仪(或全站仪)放样已知水平距离

随着光电测距仪的普及，目前水平距离的测设，尤其是较长水平距离的测设，多采用光电测距仪。用光电测距仪放样已知水平距离与用钢尺放样已知水平距离的方式一致，先用跟踪法放出另外一端点，再精确测量其长度，最后进行改正。

如图 7-6 所示，安置仪器于 A 点，瞄准并锁定已知方向，沿此方向移动反光棱镜，使仪器显示值略大于测设的距离，定出 B' 点。在 B' 点安置反光棱镜，测出竖直角 α 及斜距 L(必

要时应加测气象改正)，计算水平距离 $D'=L\cos\alpha$，求出 D' 与应测设的水平距离 D 之差 $\Delta D = D - D'$。根据 ΔD 的符号，在实地用钢尺沿测设方向，将 B' 点改正至 B 处，并用木桩标定其点位。为了检核，应将反光镜安置在 B 点，再实测 AB 距离，其不符值应在限差之内，否则应再次进行改正，直至符合限差。

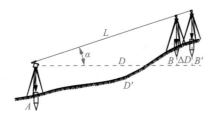

图 7-6 光电测距仪测设水平距离

7.3.2 放样已知水平角

放样已知水平角就是根据水平角的已知数据和一个已知方向，把该角的另一个方向放样在地面上。

1) 一般方法

如图 7-7 所示，已知地面上 OA 方向，若要向右放样已知水平角 β，定出 OB 方向，具体步骤如下。

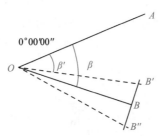

图 7-7 已知水平角一般测设方法

① 在 O 点安置经纬仪，盘左位置瞄准 A 点，并使水平度盘数为 $0°00'00''$。

② 松开水平制动螺旋，旋转照准部，使水平度盘读数为 β' 值，在此方向线定出 B' 点。

③ 在盘右位置，同上述方法定出 B'' 点，取 B'、B'' 连线的中点 B，则 $\angle AOB$ 就是要放样的水平角 β。

2) 精确方法

当对放样精度要求较高时，可按下述步骤进行。

① 如图 7-8 所示，先按一般方法样定出 B_1 点。

② 反复观测水平角 $\angle AOB_1$ 若干个测回，准确求其平均值 β_1，并计算出它与已知水平角 β 的差值 $\Delta\beta = \beta - \beta_1$。

③ 计算改正距离：

$$BB_1 = OB_1 \frac{\Delta\beta}{\rho} \tag{7-9}$$

式中：OB_1——观测点 O 至放样点 B_1 的距离；

　　　ρ——206265″。

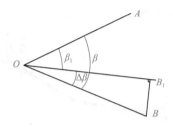

图 7.8　已知水平角精确测设

④ 从 B_1 点沿 OB_1 的垂直方向量出 BB_1，定出 B 点，则 $\angle AOB$ 就是要放样的已知水平角。

注意：如 $\Delta\beta$ 为正，则沿 OB_1 的垂直方向向外量取；反之向内量取。

当前，随着科学技术的日新月异，全站仪的智能化水平越来越高，能同时放样已知水平角和水平距离。若用全站仪放样，可自动显示需要修正的距离和移动方向，非常方便。

7.3.3　放样已知高程

根据已知水准点，在地面上标定出已知高程的工作，称为放样已知高程。如图 7.9 所示，在某设计图纸上已确定建筑物的室内地坪高程为 121.500m，附近有一水准点 A，其高程为 H_A=120.950m。现在要把该建筑物的室内地坪高程放样到木桩 B 上，作为施工时控制高程的依据。其方法如下。

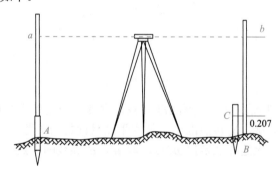

图 7.9　已知高程测设

① 安置水准仪于 A、B 两点之间，在 A 点竖立水准尺，测得后视读数为 a=1.675m。

② 在 B 点处设置木桩，在 B 点地面上竖立水准尺，测得前视读数为 b=1.332m。

③ 计算：

视线高　　　　　　　$H_i=H_A+a$=120.950+1.675=122.625(m)

放样点的高程位置　　C=121.500-(122.625-1.332)=0.207(m)

④ 与水准尺 0.207m 处对齐，在木桩上划一道红线，此线位置就是室内地坪的位置。

在深基坑内或在较高的楼层面上放样高程时，水准尺的长度不够，这时，可在坑底或楼层面上先设置临时水准点，然后将地面高程点传递到临时水准点上，再放样所需高程。

如图 7.10 所示，欲根据地面水准面点 A 放样坑内水准点 B 的高程，可在坑边架设吊杆，杆顶吊一根零点向下的钢尺，尺的下端挂上重锤，在地面和坑内各安置一台水准仪，则 B 点的标高为

$$H_B=H_A+a_1-(b_1-a_2)-b_2 \tag{7-10}$$

式中：a_1、b_1、a_2、b_2——标尺的读数。

改变钢尺悬挂位置，再次观测，以便校核。

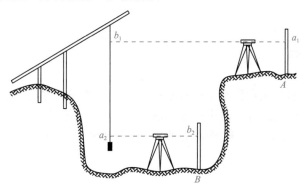

图 **7.10** 深基坑水准点高程放样

7.4 民用建筑定位测量

民用建筑定位测量常用的方法有直角坐标法、极坐标法、角度交会法、距离交会法和全站仪坐标放样法。放样时选用哪一种方法，应根据控制网的形式、现场情况、精度要求等因素综合考虑。

7.4.1 直角坐标法

当在施工现场有互相垂直的主轴线或方格网时，可以用直角坐标法放样点的平面位置。

如图 7.11 所示，1、2、3 点为方格网点，A、B、C、D 为待测的建筑物角点，各点坐标分别为 $A(20，20)$，$B(20，100)$，$C(40，20)$，$D(40，100)$。在 2 点安置经纬仪，后视 3 点，得 2-3 方向线，沿此方向分别量距 20m 和 100m 得 P、M 两点，并做出标志。再在 P 点安置经纬仪，后视 2 或 3 点中的一个较远的点，正倒镜拨角 90°取其平均值，得 PC 方向线，沿此方向分别量距 20m 和 40m，得 A、C 两点，做出标志。同法在地面标志出 B、D 两点。最后，按设计距离及角度要求检测 A、B、C、D 四点。若不满足设计精度要求，则按前述方格网放样的方法进行调整，直至这四点满足设计要求，并加固标志点。直角坐标法只量距离和直角，数据直观，计算简单，工作方便，因此，直角坐标法应用较广泛。

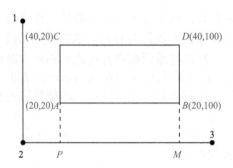

图 7.11　直角坐标法放样点的平面位置

7.4.2　极坐标法

极坐标法是根据水平角和距离来放样点的平面位置的一种方法。当已知点与放样点之间的距离较近，且便于量距时，常用极坐标法放样点的平面位置。

如图 7-12 所示，A、B 是已知平面控制点，已知其坐标为 $A(x_A,y_A)$，$B(x_B,y_B)$，P 为放样点，其设计坐标为 $P(x_P,y_P)$。

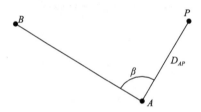

图 7.12　极坐标法放样

用极坐标法放样，需计算放样数据 D_{AP} 和 β(图中为 $\angle BAP$)。

$$
\begin{cases}
\alpha_{AP} = \arctan \dfrac{y_P - y_A}{x_P - x_A} \\[2mm]
\alpha_{AB} = \arctan \dfrac{y_B - y_A}{x_B - x_A} \\[2mm]
\beta = \alpha_{AP} - \alpha_{AB} \\[2mm]
D_{AP} = \sqrt{\left(x_P - x_A\right)^2 + \left(y_P - y_A\right)^2}
\end{cases}
\tag{7-11}
$$

放样时，把经纬仪安置在 A 点，瞄准 B 点，按顺时针方向放样 $\angle BAP=\beta$，得到 AP 方向，沿此方向放样水平距离 D_{AP}，得到 P 点的平面位置。

7.4.3　角度交会法

当放样地区受地形限制或量距困难时，常采用角度交会法放样点位。

如图 7.13 所示，根据控制点 A、B、C 和放样点 P 的坐标计算 β_1、β_2、β_3、β_4 角值。

将经纬仪安置在控制点 A 上，后视点 B，根据已知水平角 β_1 盘左、盘右值取平均值放样出 AP 方向线，在 AP 方向线上的 P 点附近打两个小木桩，桩顶钉小钉，如图 7.13(b)中 1、2 两点。同法，分别在 B、C 两点安置经纬仪，放样出 3、4、5、6 四个点，分别表示 BP 和 CP 的方向线。将各方向的小钉用细线拉紧，在地面上拉出三条线，得三个交点。由于有放样误差，由此而产生的这三个交点就构成了误差三角形。当此误差三角形的边长不超过 4cm 时，可取误差三角形的重心作为所求 P 点的位置，如图 7.13(b)所示。若误差三角形的边长超限，则应重新放样。

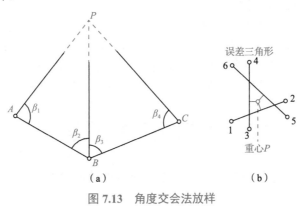

图 7.13 角度交会法放样

7.4.4 距离交会法

距离交会法又称为长度交会法，是根据测设的两段距离交会出点的平面位置。这种方法在场地平坦、量距方便，且控制点离测设点不超过一尺段长，测设精度要求不高时使用较多。该方法有测设简单，不需要其他仪器，实测速度快等优点。在施工中放样细部时常用此法。

如图 7.14 所示，A、B、C、D 为已有建筑物的四个外墙点，E、F、G、H 为新建建筑物的主轴线的四个交点。根据建筑总平面图，新建建筑物应根据已有建筑物两个角点 C、D 用距离交会法得出。

根据坐标反算公式计算放样数据 S_{CF}、S_{DF}。可根据建筑总平面图在图上量取。也可在实地分别用两把钢尺以 C、D 为圆心，S_{CF}、S_{DF} 为半径划弧，两弧的交点即为新建建筑物的交点 F，此时要求 S_{CF}、S_{DF} 长度不超过一尺段。

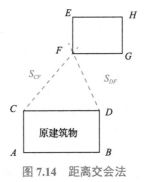

图 7.14 距离交会法

其他各点也同样按此法测设，用大钢尺量取各边边长、对角线长度进行检核，计算放样精度。

7.4.5　全站仪坐标放样法

全站仪坐标放样法的本质是极坐标法，它能适合各类地形情况，而且精度高，操作简便，在生产实践中已被广泛采用。

放样前，将全站仪设置为放样模式，输入测站点坐标、后视点坐标(或方位角)和输入放样点坐标。准备工作完成之后，用望远镜照准棱镜，按【坐标放样】功能键，则可立即显示当前棱镜位置与放样点位置的坐标差。根据坐标差值，移动棱镜位置，直至坐标差值为零，这时，棱镜所对应的位置就是放样点位置。最后，在地面做出标志。

7.5　民用建筑放线测量

民用建筑放线就是根据已定位的外墙轴线交点桩放样建筑物其他轴线的交点桩(简称中心桩)，如图 7.15 中 *A*2、*A*3、*A*4、*A*5、*B*5、*B*6 等各点为中心桩。其放样方法与角桩点相似，即以角桩为基础，用经纬仪和钢尺放样。

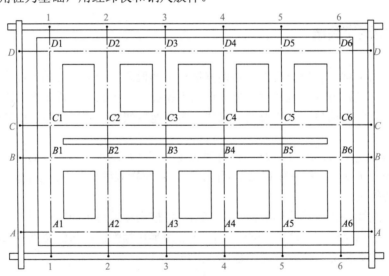

图 7.15　放样中心桩

由于基槽开挖后，角桩和中心桩将被挖掉，为了便于在施工中恢复各轴线位置，应把各轴线延长到基槽外的安全地方，并做好标志，其方法有设置轴线控制桩和龙门板两种形式。龙门板法适用于一般砖石结构的小型民用建筑物。在建筑物四角与隔墙两端基槽开挖边界线以外约 2m 处打下龙门桩，使各桩连线平行于墙基轴线，用水准仪将±0.000 的高程位置放样到每个龙门桩上。然后以龙门桩为依据，用木料或粗约 5cm 的长铁管搭设龙门板，如图 7.16 所示，使板的上边缘高程正好±0.000，并把各轴线引测到龙门板上，做出标志。图 7.15 中 *A*～*D*、1～6 各点为建筑物各轴线延长至龙门板上的标志点。也可用拉细线的方法将角桩、中心桩延长至龙门板上，即是用锤球对准桩点，然后沿两锤球线拉紧细绳，把轴线标定在龙门板上。

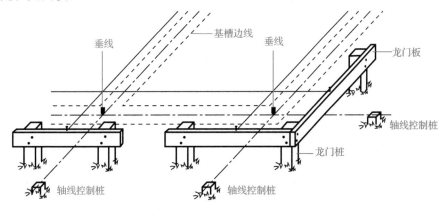

图 7.16 设置龙门板过程

轴线控制桩设置在基槽外基础轴线的延长线上，建立半永久性标志(多数为混凝土包裹木桩，如图 7.17 所示)，作为开挖基槽后恢复轴线位置的依据。为了确保轴线控制桩的精度，通常是先直接放样轴线控制桩，然后根据轴线控制网放样角桩。如果附近有已建的建筑物，也可将轴线投测到建筑物的墙上。

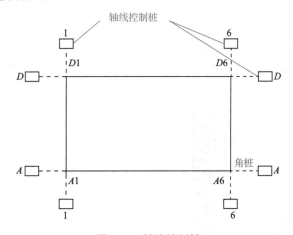

图 7.17 轴线控制桩

角桩和中心桩被引测到安全地点之后，用细绳来标定开挖边界线，并沿此线撒下白灰线，施工时按此线进行开挖。

7.6 民用建筑基础施工测量

开挖边线标定后，就可以进行基槽开挖。如果超挖基底，不得以土回填，因此，必须控制好基槽的开挖深度。如图 7.18 所示，在即将开挖的槽底设计标高处，用水准仪在基槽壁上设置一些水平桩，使水平桩表面离槽底设计标高为整分米数，用以控制开挖基槽的深度。各水平桩间距为 3～5m，在转角处必须再加设一个。以此作为修平槽底和打垫层的依据。水平桩放样的允许误差为±10mm。

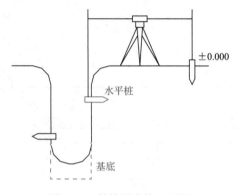

图 7.18　基槽深度施工测量

打好垫层后，先将基础轴线投影到垫层上，再按照基础设计宽度定出基础边线，并弹墨线标明。

7.7　民用建筑墙体施工测量

在垫层之上，±0.000 以下的砖墙称为基础墙。基础的高度利用皮数杆来控制。基础皮数杆是一根木制的杆子，如图 7.19 所示，在杆上预先按照设计尺寸将砖、灰缝厚度画出线条，标明±0.000、防潮层等标高位置。立皮数杆

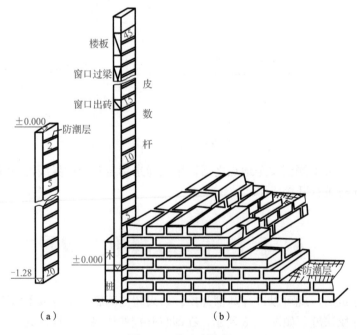

图 7.19　基础皮数杆

时，把皮数杆固定在某一空间位置上，使皮数杆上的±0.000 位置与±0.000 桩上标定的位置对齐，以此作为基础墙的施工依据。基础墙体顶面标高容许误差为±15mm。

■ 拓展讨论

为什么要设置皮数杆？

在±0.000 标高以上的墙体称为主墙体。主墙体的标高利用墙身皮数杆来控制。墙身皮数杆根据设计尺寸按砖、灰缝从底部往上依次标明±0.000、门、窗、过梁、楼板、预留孔洞以及其他各种构件的位置。同一标准楼层各层皮数杆可以共用，不是同一标准楼层，则应根据具体情况分别制作皮数杆。砌墙时，可将皮数杆撑立在墙角处，使皮数杆杆端±0.000 刻度线对准基础端标定的±0.000 位置。

砌墙之后，还应根据室内地面和装修的需要，将±0.000 标高引测到室内，在墙上弹上墨线标明，同时还要在墙上定出+0.500m 的标高线。

7.8 高层建筑施工测量

■ 拓展讨论

1. 世界十大高层建筑有哪些？
2. 高层建筑倾斜度的测量有哪些要求？

高层建筑的特点是层数多、高度大，尤其是在繁华区建筑群中施工时，场地十分狭窄，而且高空风力大，给施工放样带来较大困难。高层建筑在施工过程中，对建筑物各部位的水平位置、垂直度、标高等精度要求十分严格。高层建筑施工方法很多，目前较常用的有两种，一种是滑模施工，即分层滑升模板、逐层现浇楼板，另一种是预制构件装配式施工。国家建筑施工规范中对上述高层建筑结构的施工质量标准规定如表 7-2 所示。

表 7-2　高层建筑施工质量标准

高层施工方法	竖向偏差值/mm		高程偏差限值/mm	
	各层	总累计	各层	总累计
滑模施工	5	$H/1000$(最大 50)	10	50
装配式施工	5	20	5	50

高层建筑的施工测量主要包括基础定位及建网、轴线点投测和高层传递等工作。基础定位及建网的放样工作前文已论述，不再赘述。因此，高层建筑施工放样的主要问题是轴线投测时控制竖向传递轴线点的中误差和层高误差，也就是各轴线如何精确地向上引测的问题。

(1) 轴线点投测。

低层建筑物轴线投测，通常采用吊锤法，即从楼边吊下 5～20kg 重的锤球，使之对准基础上所标定的轴线位置，垂线在楼边缘的位置即为楼层轴线端点位置，并画出标志线。这种方法简单易行，一般能保证工程质量。

高层建筑物轴线投测，一般采用经纬仪引桩投测或激光铅垂仪投测。本书主要介绍经纬仪引桩投测法。

如图 7.20 所示的 A、B 两点的位置。然后在相互垂直的两条轴线控制桩上安置经纬仪，盘左照准轴线标志。固定照准部，仰倾望远镜，照准楼(层)板边标定一点。再用盘右同样操作一次，又可定出一点，如两点不重合，取其中点即为轴线端点，如 C_1 中点、C 中点。两端点投测完之后，再弹墨线标明轴线位置。

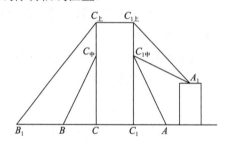

图 7.20　经纬仪引桩投测

当楼层逐渐增高时，望远镜的仰角愈来愈大，投测精度将随仰角增大而降低。此时，可将原轴线控制桩引测到附近的屋顶上，如 A_1 点，或更远的安全地方，如 B_1 点。再将经纬仪搬至 A_1 或 B_1 点，继续向上投测，如图 7.20 所示。

当建筑场地狭窄无法延长轴线时，可采用侧向借线法。如图 7.21 所示，将轴线向建筑物外侧平移出一小段距离，如 1m，得平移轴线的交点 a、b、c、d，在施工楼层的四角用钢脚手架支出操作平台，然后将经纬仪安置在地面 c 点上，瞄准 d 点，取其盘左盘右平均值在平台上交会出 a_1、b_1、c_1 点。把地面上 a、b、c、d 四点引测到平台上，以 a_1-b_1、b_1-d_1、d_1-c_1、c_1-a_1 为准，向内量出 1m，即可得到该楼层面的轴线位置。

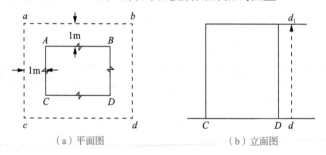

　　　（a）平面图　　　　　　　　　　　（b）立面图

图 7.21　侧向借线法引轴线

(2) 高程传递。

高程传递就是从底层±0.000 标高点沿建筑物外墙、边柱或电梯间等用钢尺向上测量。一幢高层建筑物至少由 3 个底层标高点向上传递。由下层传递上来的同一层几个标高点，必须用水准仪进行检测，看是否在同一水平面上，其误差不得超过±3mm。

对于装配式建筑物，底层墙板吊装前要在墙板两侧边线内铺设一些水泥砂浆，利用水准仪按设计高程抄平其面层。在墙板吊装就绪后，检查各开间的墙间距，并利用吊锤法检查墙板的垂直度，合格后再固定墙的位置，用水准仪在墙板上放样标高控制线，一般为整数值。然后进行墙抄平层施工，抄平层是由 1：2.5 水泥砂浆或细石混凝土在墙上、柱顶面抹平。抄平层放样是利用靠尺，将尺下端对准墙板上弹出的标高控制线，其上端即为楼板底面标高，用水泥砂浆抹平凝结后即可吊装楼板。抄平层的高程误差不得超过±5mm。

滑模施工的高程传递是先在底层墙面上放样出标高线，再沿墙面用钢尺向上垂直量取标高，并将标高放样在支撑杆上，在各支撑杆上每隔 20cm 标注一分划线，以便控制各支撑点提升的同步性。在模架提升过程中，为了确保操作平台水平，要求在每层设置提升间歇，用两台水准仪检查平台是否水平，并在各支撑杆上设置抄平标高线。

7.9 复杂民用建筑施工测量

随着城市建设的发展，具有特种功能和复杂艺术造型的建筑物相继出现，如圆形、椭圆形、双曲线形、抛物线形等建筑物。放样这类建筑物，要利用现场施工条件，依据平面曲线的数学表达式，确定放样方案。一般方法是先放样建筑物主轴线，再根据主轴线放样细部。

下面以椭圆形建筑物为例介绍这类建筑物的放样方法。

1) 直接拉线法

椭圆的几何特性是曲线上任意一点到两焦点的距离之和为定值，因此，焦点 F_1、F_2 是放样椭圆的两个主点。如图 7.22 所示，先在实地放样椭圆焦点 F_1、F_2 的位置，然后，用一长为 $2a$（a 为椭圆长半径）的细钢丝，钢丝两端固定在 F_1、F_2 两点，用铁钎套住钢丝拉紧移动，在地面上划线，并在地面上按一定密度设置标志。

此法适用于场地平坦、规模较小的椭圆形建筑物。

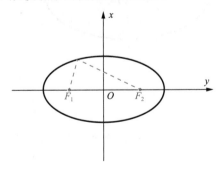

图 7.22 直接拉线椭圆放样

2) 直角坐标法

如图 7.23 所示，通过椭圆中心建立直角坐标系，椭圆的长、短轴，即为该坐标系的 x、y 轴。将 $x=0$，1，2，…代入椭圆方程，求出相应的 y 值，将结果列表。放样时根据点的坐标 $(x_i、y_i)$ 定出椭圆上的点。其放样方法参见 7.3.1。

3）中心极坐标法

如图 7.24 所示，若以 x 轴为起始方向，每隔一定的 θ 角，计算椭圆上放样点到椭圆中心的距离

$$D = \sqrt{\dfrac{1}{\left(\dfrac{\cos\alpha}{a}\right)^2 + \left(\dfrac{\sin\alpha}{b}\right)^2}} \qquad (7\text{-}12)$$

式中：α——起始方向放样边的夹角，$\alpha=k\theta(k=0，1，2，\cdots)$。

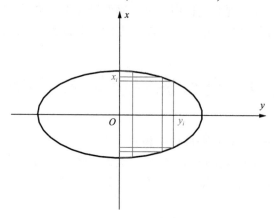

图 7.23　直角坐标法椭圆放样

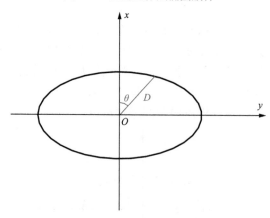

图 7.24　中心极坐标法椭圆放样

放样时，以中心 O 为测站点，以计算距离 D 为极距，每隔 θ 角拨角放样一点，以此方法放样出全部椭圆。

🧩 本项目小结 🧩

本项目是土建专业基本技能的最重要部分，因此，必须重点掌握建筑物的定位、放线、抄平的方法，以及楼层的轴线投测和高程传递的基本方法，掌握测设的基本方法，掌握地

面点的平面位置、高程位置测设的基本技能。从而达到培养基本学生的工程能力的要求。

习　题

1. 施工测量包括哪些主要内容？其基本任务是什么？

2. 施工测量有哪些特点？

3. 施工平面控制网的布网形式有哪些？各适合于什么场合？

4. 建筑基线有哪些布设形式？简述"五点十字形"基线的放样方法及步骤。

5. 某轴线 A、C、B 三个主点初步放样后，在中间点 C 检测得水平角 $179°59'12''$。已知 $AC=CB=350$m，试计算调整数据并绘图说明调整方法。

6. 设欲放样 A、B 两点的水平距离 $D=80$m，使用的钢尺的名义长度为 30m，实际长度为 29.945m，钢尺检定时的温度为 20℃，A、B 两点的高差为 $H=0.385$m。实测温度 30.5℃。试计算：放样时在地面上应量出的长度为多少？

7. 利用高程为 21.260m 的水准点，放样高程为 21.500m 的室内±0.000 标高。设尺立在水准点上时，按水准仪的水平视线在尺上画了一条线，试问：在该尺的什么地方再划一条线，才能使视线对准此线时，尺子底部就在±0.000 高程的位置。

8. 如图 7.25 所示，已知 A、B、C 三个控制点，现欲放样 P_1、P_2 两点，试确定放样方法及放样数据，并提出检核方法及数据。

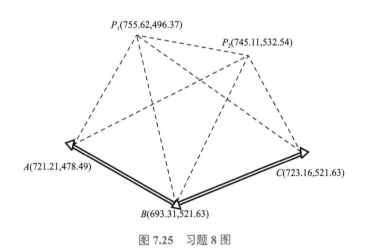

图 7.25　习题 8 图

9. 简述房屋基础放线和抄平测量的工作方法及步骤。龙门板有什么作用？

10. 如何控制墙身的竖直位置和砌筑高度？

11. 为什么要建立专门的厂房控制网？厂房控制网如何建立？

12. 图 7.26 中已给出新建建筑物与原建筑物的相对位置关系(墙厚 37cm，中线偏里)，试述放样新建建筑物的方法及步骤。

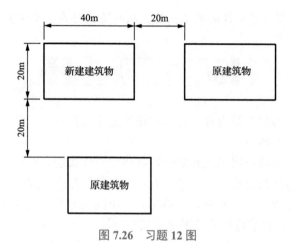

图 7.26　习题 12 图

项目 8 | 工业建筑施工测量

思维导图

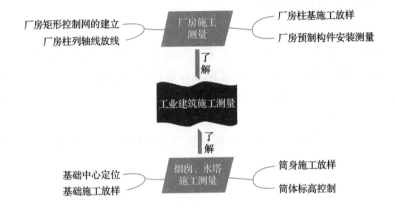

8.1　厂房施工测量

工业建筑以厂房为主体。一般厂房大多数采用预制构件在现场装配的方法施工。厂房的预制构件有柱子、吊车梁、吊车轨道和屋架等。因此，厂房施工测量的工作主要是保证这些预制构件安装到位。其主要工作包括：厂房矩形控制网的建立、厂房柱列轴线放样、厂房柱基施工放样、厂房预制构件安装测量等。

8.1.1　厂房矩形控制网的建立

厂房与一般民用建筑相比，它的柱子多、轴线多，且施工精度要求高，因而对于每幢厂房还应在建筑方格网的基础上，再建立满足厂房特殊要求的厂房矩形控制网，作为厂房施工的基本控制。如图 8.1 所示为厂房矩形控制网，描述了建筑方格网、厂房矩形控制网和厂房的相互位置关系。

厂房矩形控制网是依据已有建筑方格网按直角坐标法来建立的，其边长误差应小于1/10000，各角度误差应小于±10″。

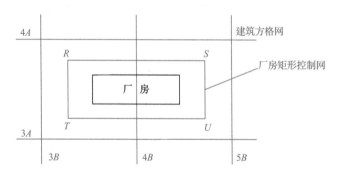

图 8.1　厂房矩形控制网

8.1.2　厂房柱列轴线放样

厂房矩形控制网建立以后，再根据各柱列轴线间的距离在矩形边上用钢尺定出柱列轴线的位置(图 8.2)，并做好标志。其放样方法是：在矩形控制桩上安置经纬仪，如在 R 端点安置经纬仪，照准另一端点 U，确定此方向线，根据设计距离，严格放样轴线控制桩。依次放样全部轴线控制桩，并逐桩检测。

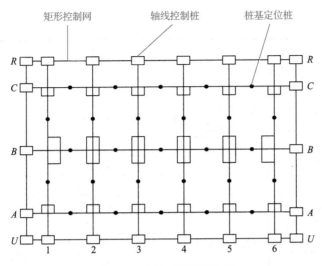

图 8.2 厂房柱列轴线的位置

8.1.3 厂房柱基施工放样

如图 8.3 所示，柱列轴线控制桩确定之后，在两条互相垂直的轴线上各安置一台经纬仪，沿轴线方向交会柱基的位置，即柱基定位桩。然后在柱基基坑外的两条轴线上打入 4 个定位小桩，即柱基定位桩，作为修坑和竖立模板的依据。柱基施工放样方法参见 7.3.3 节。

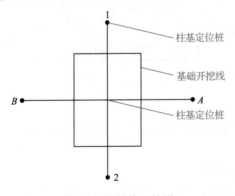

图 8.3 柱基施工放样

8.1.4 厂房预制构件安装测量

装配式单层工业厂房主要预制构件有柱、吊车梁、屋架等。在安装这些构件时，必须使用测量仪器进行严格检测、校正，才能正确安装就位，即它们的位置和高程必须与设计要求相符。厂房预制构件安装容许误差见表 8-1。

表 8-1　厂房预制构件安装容许误差

序号	项目		容许误差/mm	检验方法
1	杯形基础	中心线对轴线位置偏移	±10	尺量检查
		杯底安装标高	+0，−10	用水准仪检查
2	柱	中心线对定位轴线位置偏移	±5	尺量检查
		下上柱接口中心线位置偏移	±3	尺量检查
		垂直度　≤5m	±5	用经纬仪或吊线和尺量检查
		垂直度　>5m，<10m	±10	
		垂直度　≥10m 多节柱	1/1000 柱高，且不大于 20	
		牛腿上表面和柱顶标高　≤5m	+0，−5	用水准仪或尺量检查
		牛腿上表面和柱顶标高　>5m	+0，−8	
3	梁或吊车梁	中心线对定位轴线位置偏移	±5	尺量检查
		梁上表面标高	+0，−5	用水准仪或尺量检查

1. 柱子的吊装测量

(1) 投测柱列轴线。

根据轴线控制桩用经纬仪将柱列轴线投测到杯形基础顶面作为定位轴线，并在顶面弹出杯口中心线作为定位轴线的标志，如图 8.4 所示。

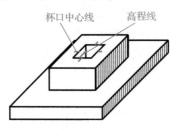

杯口中心线　高程线

图 8.4　投测柱列轴线

(2) 柱身弹线。

在柱子吊装前，应将每根柱子按轴线位置进行编号，并在柱身的三个面上弹出柱中心线，以供安装时校正使用。

(3) 柱身长度和杯底标高检查。

柱身长度是指从柱子底面到牛腿面的距离，即牛腿的设计标高与杯底标高之差。检查柱身长度时，应量出柱身 4 条棱线的长度，以最长的一条棱线长度为准，同时用水准仪测定标高。如果所测杯底标高与所量柱身长度之和不等于牛腿面的设计标高，则必须用水泥砂浆修填杯底。抄平时，应将柱身较短棱线一角填高，以保证牛腿面的标高满足设计要求。

(4) 柱子吊装时垂直度的校正。

柱子吊入杯底时，应使柱脚中心与定位轴线对齐，误差不超过±5cm。然后，在杯口处柱脚两边塞入木楔，使之临时固定，再在两条互相垂直的柱列轴线附近，离柱子约为柱高1.5 倍的地方各安置一部经纬仪，如图 8.5 所示，照准柱脚中心线后，固定照准部，仰倾望远镜，照准柱子中心线顶部。如重合，则柱子在这个方向上就是竖直的。如不重合，应用牵绳或千斤顶进行调整，使柱中心线与十字丝竖丝重合为止。当柱子两个侧面都竖直时，应立即灌浆以固定柱子的位置。

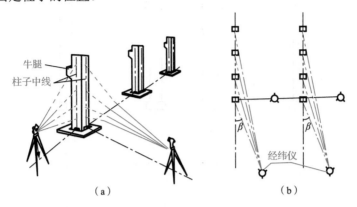

牛腿
柱子中线

（a）

β β
经纬仪

（b）

图 8.5　柱垂直度校正

　　实际安装工作中，一般是先将成排的柱子吊入杯口并初步固定，然后再逐根进行竖直校正。在这种情况下，应在柱列轴线的一侧与轴线成 15°左右的方向上安置仪器进行校正。仪器在一个位置可先后校正几根柱子，如图 8.5(b)所示。

　　厂房预制构件的安装测量所用仪器主要是经纬仪、全站仪和水准仪等常规测量仪器，所采用的安装测量方法大同小异，仪器操作基本一致。

　　2. 吊车梁的吊装测量

　　吊车梁的吊装测量主要是保证吊装后的吊车梁中心线位置和梁面标高满足设计要求。吊装前先弹出吊车梁的顶面中心线和吊车梁两端中心线，并将吊车梁中心线投到牛腿面上。如图 8.6(a)所示，吊装前，要检查预制柱、梁的施工尺寸以及牛腿面到柱底的高度，看是否与设计要求相符，如不相符且相差不大时，可根据实际情况及时做出调整，确保吊车梁安装到位。首先，利用厂房中心线 A_1A_1，根据设计吊车轨道间距，在地面上放样出吊车轨道中心线 $A'A'$ 和 $B'B'$。然后分别置经纬仪于吊车轨道中心线的一个端点 A' 上，瞄准另一个端点 A'，仰倾望远镜，即可将吊车轨道中心线投测到每根柱子的牛腿面上，并弹出墨线。吊装时使牛腿面上的中心线对齐，将吊车梁安装在牛腿上。最后，在吊装完后，还需检查吊车梁的高程，可将水准仪安置在地面上，在柱子侧面放样 50cm 的标高线，再用钢尺从该线沿柱子侧面向上量出梁面的高度，检查梁面标高是否正确，然后在梁下用钢板调整梁面高程。

　　3. 吊车轨道安装测量

　　安装吊车轨道前，一般须先用平行线法对梁上的中心线进行检测。如图 8.6(b)所示，首先在地面上从吊车轨道中心线向厂房中心线方向量出长度 $a=1m$，得到平行线 $A''A''$ 和 $B''B''$。然后安置经纬仪于平行线一侧端点 A'' 上，瞄准另一侧端点，固定照准部，仰倾望远镜进行投测，此时另一人在梁上移动横放的木尺，当视线正对准尺上 1m 刻划线时，尺的零点应与梁面上的中心线重合。如不重合应予以改正，可用撬杠移动吊车梁使吊车轨道中心线到 $A''A''$(和 $B''B''$)的间距等于 1m 为止。

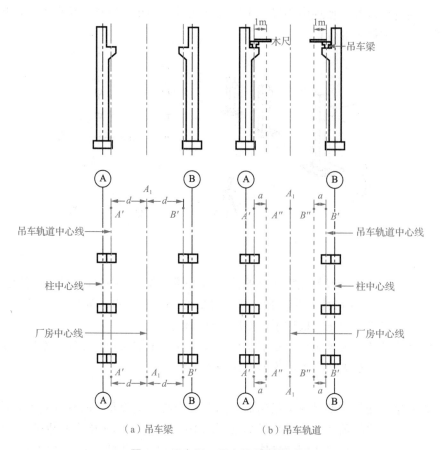

（a）吊车梁　　　　　　（b）吊车轨道

图 8.6　吊车梁、吊车轨道安装测量

吊车轨道按中心线安装就位后，可将水准仪安置在吊车梁上，水准尺直接放在轨道顶上进行检测，每隔 3m 测一点高程，并与设计高程相比较，误差应在±3mm 以内。还需要用钢尺检查两吊车轨道间的跨距，并与设计跨距相比较，误差应在±5mm 以内。

4. 屋架安装测量

屋架安装前，用经纬仪或其他方法在柱顶面上测设出屋架定位轴线，并应弹出屋架两端的中心线，以便进行定位。屋架吊装就位时，应使屋架的中心线与柱顶上的定位线对准，允许误差为±5mm。

屋架的垂直度可用锤球或经纬仪进行检查。用经纬仪检查时，在厂房矩形控制网边线的轴线控制桩上安置经纬仪，照准柱子上的中心线，固定照准部，将望远镜逐渐抬高，观察屋架的中心线是否在同一竖直面内，以此进行屋架的垂直度校正。当观察屋架顶有困难时，也可在屋架上安装三把卡尺，如图 8.7 所示。一把卡尺安装在屋架上弦中点附近，另外两把卡尺分别安装在屋架的两端。自屋架几何中心沿卡尺向外量出一定距离，一般为 500mm，并做标志。然后在地面上距屋架中心线同样距离处安置经纬仪，观测 3 把卡尺上的标志是否在同一竖直面内，若屋架竖向偏差较大，则用机具校正，最后将屋架固定。

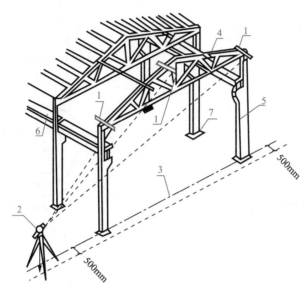

1—卡尺；2—经纬仪；3—定位轴线；4—屋架；5—柱；6—吊车梁；7—柱基。

图 **8.7**　屋架安装测量

8.2　烟囱、水塔施工测量

烟囱(图 8.8)和水塔的形式不同，但有共同特点，即基础小、主体高，其对称轴通过基础圆心的铅垂线。在施工过程中，测量工作的主要目的是严格控制它们的中心位置，保证主体竖直。其放样方法和步骤如下。

拓展讨论

1. 你知道胜利发电厂冷却塔吗？
2. 你了解胜利发电厂冷却塔的烟塔合一技术吗？

8.2.1　基础中心定位

按设计要求，利用与已有控制点或建筑物的尺寸关系，在实地定出基础中心 O 的位置。如图 8.9 所示，在 O 点安置经纬仪，定出两条相互垂直的直线 AB、CD，使 A、B、C、D 各点至 O 点的距离为烟囱或水塔直径的 1.5 倍左右。另在离开基础开挖线外 2m 左右标定 E、F、G、H 四个定位小桩，使他们分别位于相应的 AB、CD 直线上。

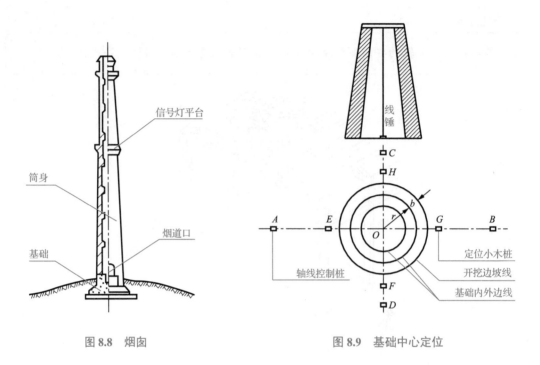

图 8.8　烟囱　　　　　　　　　　　图 8.9　基础中心定位

以中心点 O 为圆心，以基础设计半径 r 与基坑开挖时放坡宽度 b 之和为半径($R=r+b$)，在地面画圆，撒上灰线，作为开挖的边界线。

8.2.2　基础施工放样

当基础开挖到一定深度时，应在坑壁上放样水平桩，控制开挖深度。当开挖到基底时，向基底投测中心点，检查基底大小是否符合设计要求。浇筑混凝土基础时，在中心面上埋设铁桩，然后根据轴线控制桩用经纬仪将中心点投设到铁桩顶面，用钢锯刻"十"字形中心标记，作为施工时控制垂直度和半径的依据。

8.2.3　筒身施工放样

高度较低的烟囱、水塔大都是用砖砌的。为了保证筒身竖直和收坡符合设计要求，施工前要制作吊线尺和收坡尺。吊线尺用长度约等于筒脚直径的木枋子制成，以中间为零点，向两头刻注厘米分划，如图 8.10 所示。收坡尺的外形如图 8.11 所示，两侧的斜边是严格按设计的筒壁斜度制作的。使用时，把斜边贴靠在筒身外壁上，如线锤恰好通过下端缺口，则说明筒壁的收坡符合设计要求。

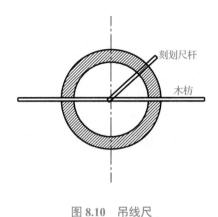

图 8.10 吊线尺

坡度靠尺板

烟囱筒身

线锤

图 8.11 收坡尺

8.2.4 筒体标高控制

筒体标高控制是用水准仪在筒壁上测出整分米数(如+50cm)的标高线,再向上用钢尺量取高度。

本项目小结

本项目介绍了厂房和烟囱、水塔等工业建筑的施工测量的方法。厂房控制网是测设厂房施工放样的依据,对厂房控制网的测设严格执行规范的规定。在厂房基础施工测量中,特别注意柱基础中心线的测设和基础标高的控制。在厂房构件安装测量中,主要做好各项准备工作,同时在安装完毕后要进行检核。烟囱和水塔是细长高耸的构筑物,在测设时一定要注意中心线垂直度的检核,以保证工程质量。

习 题

一、选择题

1. 厂房基础施工测量有( )几项。

A. 柱列轴线的测设   B. 基础定位

C. 基坑放样和抄平   D. 基础模板的定位

2. 厂房预制构件的吊装测量包括( )几项。

A. 柱子吊装测量   B. 吊车梁安装测量

C. 吊车轨道安装测量   D. 屋架吊装测量

3. 柱子吊装中的测量包括( )工作。

A. 定位测量   B. 标高控制

C. 柱子垂直度的控制　　　　　　D. 柱子垂直偏差的测算

4. 吊车梁安装前的测量是指(　　)工作。

A. 在牛腿面上测弹梁中线　　　　B. 在吊车梁上弹出中心线

C. 牛腿面标高抄平　　　　　　　D. 在柱面上量弹吊车梁面标高线

二、简答题

1. 在工业建筑的定位放线中，现场已有建筑方格网作为控制，为何还要测设矩形控制网？

2. 试述杯形基础定位放线的基本工作过程，如何检查才能满足测设要求？

3. 试述吊车梁的吊装测量过程，具体有哪些检核测量工作？

三、案例分析

如图 8.12 所示，已知机加工车间两个对角点的坐标，测设时顾及基坑开挖线范围，拟将厂房控制网设置在厂房角点以外 6m，试求厂房控制网四角点 T、U、S、R 的坐标，并简述其测设方法(利用施工控制点进行放样)。

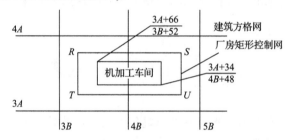

图 8.12　案例分析题图

项目 9 变形观测及竣工测量

思维导图

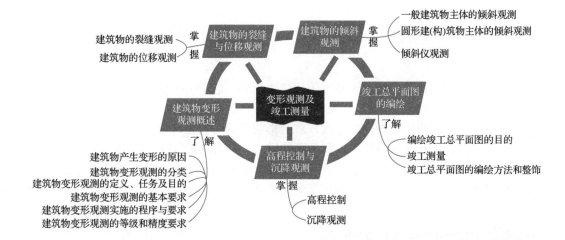

引例

　　沉降观测是变形观测的主要内容。在沉降观测中，观测点的布设起着非常重要的作用，它是沉降观测工作的基础，是能否合理、科学、准确地反映、分析和预测出整体建筑物沉降状况的关键性工作。观测点的布设是沉降观测工作中一个非常重要的环节，观测点布设的优劣直接影响到观测数据能否准确反映出建筑物的整体沉降趋势和局部与局部间的不均匀沉降。但是规范中对观测点如何布设没有明确规定，那么高层建筑物沉降观测点布设应注意哪些因素？怎样布设高层建筑物观测点更合理？

　　本项目主要介绍变形观测和竣工测量的知识。对于高耸的建筑物或构筑物，为了保证施工质量和使用安全，必须进行变形监测。虽然工程都是按图施工的，但在施工过程中由于各种原因，经常需要变更图纸，使完工的建筑物与最初的设计图纸有很多变化，因此，也必须进行竣工测量。通过本项目的学习将回答上面的问题。

9.1　建筑物变形观测概述

　　建筑物的变形观测，在我国还是一门比较"年轻"的学科。由于各种因素的影响，在这些建筑物及其设备的运营过程中，都会产生变形，这种变形在一定限度之内，应认为是正常的现象，但如果超过了规定的限度，就会影响建筑物的正常使用，严重时还会危及建筑物的安全。因此，在建筑物的施工和运营期间，必须对其进行变形观测。

　　建筑的变形观测，虽然还属于工程测量范畴，但在技术方法、精度要求等方面具有相对独立的技术体系，应作为一门专业测量学科来考虑。

9.1.1　建筑物产生变形的原因

　　在变形观测的过程中，了解其产生的原因是非常重要的。一般来讲，建筑物变形主要是由以下两方面的原因引起的。

　　1. 客观原因

　　(1) 自然条件及其变化，即建筑物地基地质构造的差别。

　　(2) 土壤的物理性质的差别。

　　(3) 大气温度。

　　(4) 地下水位的升降及其对基础的侵蚀。

　　(5) 土基的塑性变形。

　　(6) 附近新建工程对地基的扰动。

　　(7) 建筑结构与形式，建筑荷载。

　　(8) 运转过程中的风力、震动等荷载的作用。

　　2. 主观原因

　　(1) 过量地抽取地下水后，土壤固结，引起地面沉降。

(2) 地质钻探不够充分，未能发现废河道、墓穴等。

(3) 设计有误，对地基土的特性认识不足，对土的承载力与荷载估算不当，结构计算差错等。

(4) 施工质量差。

(5) 施工方法有误。

(6) 软基处理不当引起地面沉降和位移。

9.1.2 建筑物变形观测的分类

1. 沉降类

(1) 建筑物沉降观测。

(2) 基坑回弹观测。

(3) 地基土分层沉降观测。

(4) 建筑场地沉降观测。

2. 位移类

(1) 建筑物主体倾斜观测。

(2) 建筑物水平位移观测。

(3) 裂缝观测。

(4) 挠度观测。

(5) 日照变形观测。

(6) 风振观测。

(7) 建筑场地滑坡观测。

9.1.3 建筑物变形观测的定义、任务及目的

1. 定义

变形观测就是测定建筑物、构筑物及其地基在建筑荷载和外力作用下随时间而变形的工作。本项目的建筑物泛指建筑物、构筑物及其地基。

2. 任务

变形观测通过周期性地对观测点进行重复观测，从而求得其在两个观测周期内的变量。

3. 目的

变形观测的目的是监测建筑物的安全运营，延长其使用寿命，发挥其最大效益，以及检验建筑物设计与施工的合理性，为科学研究提供依据。

9.1.4 建筑物变形观测的基本要求

建筑物变形观测应能确切反映建筑物、构筑物及其地基的实际变形程度或变形趋势，

并以此作为确定作业方法和检验成果质量的基本要求。

观测开始前，应根据变形类型、观测目的、任务要求和测区条件进行施测方案的设计。施测方案要与拟测变形的类型范围、大小及变形灵敏程度相适应。观测方法与观测工具的选择，主要取决于观测精度。而观测精度则需根据变形值与变形速度来决定，如观测的目的是确保建筑物的安全，使变形值不超过某一允许的数值，则观测的中误差应小于允许变形值的 1/20～1/10。例如，设计部门允许某大楼顶点的允许偏移值为±120mm，以其 1/20 作为观测中误差，则观测精度为 $m = \pm6$mm。如果观测目的是研究其变形过程，则中误差应比这个数小得多。通常，从实用目的出发，对建筑物的观测应能反映出 1～2mm 的变形量。

9.1.5 建筑物变形观测实施的程序与要求

1. 建立观测网

按照测定沉降或位移的要求，分别选定测量点，测量点可分为控制点和观测点(变形点)，埋设相应的标石，建立高程网和平面网，也可建立三维网。高程观测可采用测区原有的高程系统，平面观测可采用独立坐标系统。

2. 变形观测

按照确定的观测周期与总次数，对观测网进行观测。变形观测的周期应以能系统地反映所测变形的变化过程而又不遗漏其变化时刻为原则。一般在施工过程中观测频率应大些，周期可以是 3 天、7 天、半个月等；到了竣工投产以后，频率可小一些，一般有 1 个月、2 个月、3 个月、半年及 1 年等周期。除了按周期观测以外，在遇到特殊情况时，有时还要进行临时观测。

3. 成果处理

对周期的观测成果应及时处理，进行平差计算和精度评定。对重要的监测成果应进行变形分析，并对变形趋势做出预报。

9.1.6 建筑物变形观测的等级和精度要求

建筑物变形观测按不同的工程要求分为 4 个等级，其等级划分及精度要求见表 9-1。

表 9-1 建筑物变形观测的等级及精度要求

变形观测等级	沉降观测 观测点测站高差中误差/mm	位移观测 观测点坐标中误差/mm	适 用 范 围
特级	≤0.05	≤0.3	特高精度要求的特种精密工程和重要科研项目变形观测
一级	≤0.15	≤1.0	高精度要求的大型建筑物和科研项目变形观测

224

变形观测等级	沉降观测	位移观测	适 用 范 围
	观测点测站高差中误差/mm	观测点坐标中误差/mm	
二级	≤0.50	≤3.0	中等精度要求的建筑物和科研项目变形观测；重要建筑物主体倾斜观测、场地滑坡观测
三级	≤1.50	≤10.0	低精度要求的建筑物变形观测；一般建筑物主体倾斜观测、场地滑坡观测

注：1. 观测点测站高差中误差，系指几何水准测量测站高差中误差或静力水准测量相邻观测点相对高差中误差。

2. 观测点坐标中误差，系指观测点相对测站点(如工作基点等)的坐标中误差、坐标差中误差，以及等价的观测点相对基准线的偏差值中误差、建(构)筑物相对底部定点的水平位移分量中误差。

9.2 高程控制与沉降观测

随着建筑物的修建，其基础和地基所承受的荷载不断增加，从而引起基础及其四周地层发生变形，而建筑物本身因基础变形及外部荷载与内部应力的作用，也要发生沉降。这种沉降在一定范围内，可视为正常现象，但超过某一限度就会影响建筑物的正常使用，严重的还会危及建筑物的安全。为了建筑物的安全使用，需要研究变形的原因和规律，为建筑物的设计、施工、管理和科学研究提供可靠的资料，因此在建筑物的施工和运行管理期间需要进行建筑物的沉降观测。建筑物的沉降观测应按照沉降产生的规律进行，并在高程控制网的基础上进行。

9.2.1 高程控制

1. 高程控制网点的布设

高程控制网点分为水准基点和工作基点。

水准基点是确认固定不动且作为沉降观测的高程基准点。水准基点应埋设在建筑物变形影响范围之外不受施工影响的基岩层或原状土层中，地质条件稳定，附近没有震动源的地方。在建筑区内，水准基点与邻近建筑物的距离应大于建筑物基础最大宽度的 2 倍，其标石埋深应大于邻近建筑物基础的深度。水准基点标石规格与埋设应符合《建筑变形测量规范》(JGJ 8—2016)要求，一般不少于 3 个点。

工作基点是对于一些特大工程，如大型水坝等，基准点距变形点较远，且无法根据这些点直接对变形点进行观测，因此，在变形点附近相对稳定的地方，设立的一些可以直接对变形点进行观测的点。当按两个层次布网观测时，测定总体变形的工作基点在使用前应利用基准点或检核点对其进行稳定性检测。测定区段变形的工作基点可直接用作起算点。

根据地质条件的不同，高程基准点(包括工作基点)可采用深埋式水准点或浅埋式水准点。深埋式的基础是通过钻孔埋设在基岩上，浅埋式的基础与一般水准点相同。点的顶部均设有半球状的不锈钢或铜质标志。

当水准基点与工作基点之间需要进行连接时应布设联系点。

沉降监测网一般是将水准基点布设成闭合水准路线或附合水准路线。通常使用 DS_{05} 或 DS_1 型精密水准仪，用光学测微器法施测。对精度要求较低的也可用中丝读数法施测。沉降监测网应经常进行检核。

2. 高程控制网的观测技术要求

(1) 对特级、一级沉降观测，应使用 DSZ_{05} 或 DS_{05} 型水准仪、因瓦合金标尺，按光学测微法观测；对二级沉降观测，应使用 DS_1 或 DS_{05} 型水准仪、因瓦合金标尺，按光学测微法观测；对三级沉降观测，可使用 DS_3 型水准仪、区格式木质标尺，按中丝读数法观测，亦可使用 DS_1、DS_{05} 型水准仪和因瓦合金标尺，按光学测微法观测。

(2) 各等级观测中，每周期的观测线路数，可根据所选等级精度和使用的仪器类型确定。

(3) 各等级水准观测的视线长度、前后视距差和视线高度，应符合表 9-2 的规定。

(4) 各等级水准观测的限差应符合表 9-3 的规定。

(5) 使用的水准仪、水准标尺，在项目开始前应进行检验，项目进行中也应定期检验。

表 9-2　水准观测的视线长度、前后视距差和视线高度

单位：m

等　级	视线长度	前后视距差	前后视距累积差	视线高度
特级	≤10	≤0.3	≤0.5	≥0.5
一级	≤30	≤0.7	≤1.0	≥0.3
二级	≤50	≤2.0	≤3.0	≥0.2
三级	≤75	≤5.0	≤8.0	三丝能读数

表 9-3　水准观测的限差

单位：mm

等级		基辅分划(黑红面)读数之差	基辅分划(黑红面)所测高差之差	往返较差及附合或环线闭合差	单程双测站所测高差较差	检测已测测段高差之差
特级		0.15	0.2	≤$0.1\sqrt{n}$	≤$0.07\sqrt{n}$	≤$0.15\sqrt{n}$
一级		0.3	0.5	≤$0.3\sqrt{n}$	≤$0.2\sqrt{n}$	≤$0.45\sqrt{n}$
二级		0.5	0.7	≤$1.0\sqrt{n}$	≤$0.7\sqrt{n}$	≤$1.5\sqrt{n}$
三级	光学测微法	1.0	1.5	≤$3.0\sqrt{n}$	≤$2.0\sqrt{n}$	≤$4.5\sqrt{n}$
	中丝读数法	2.0	3.0			

注：表中 n 为测站数。

■ 拓展讨论

1. 对于三峡大坝，你有哪些了解？

2. 了解三峡大坝安全监测系统。

9.2.2 沉降观测

1. 沉降观测点的布设

沉降观测点是设立在变形体上能反映其变形特征的点。点的位置和数量应根据地质情况、支护结构形式、基坑周边环境和建(构)筑物荷载等情况而定；点位埋设合理，就可以全面、准确地反映出变形体的沉降情况。

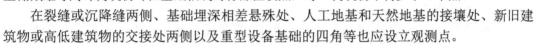

沉降观测

建筑物上的观测点可设在建筑物四角、大转角、沿外墙间隔 10～15m 布设，或在柱上每隔 2～3 根柱设一点。烟囱、水塔、电视塔、工业高炉、大型储藏罐等高耸构筑物可在基础轴线对称部位设点，每一构筑物不得少于 4 个点。

在裂缝或沉降缝两侧、基础埋深相差悬殊处、人工地基和天然地基的接壤处、新旧建筑物或高低建筑物的交接处两侧以及重型设备基础的四角等也应设立观测点。

观测点应埋设稳固，不易遭破坏，能长期保存。点的高度、朝向等要便于立尺和观测。锁口梁、设备基础上的观测点，可将直径 20mm 的铆钉或钢筋头(上部锉成半球状)埋设于混凝土中作为标志[图 9.1(a)]。墙体上或柱子上的观测点，可将直径 20mm 的钢筋按图 9.1(b)、(c)的形式设置。

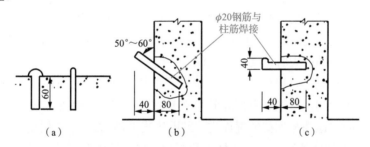

图 9.1　沉降观测点埋设(单位：mm)

知识链接

下面分析本项目开头提出的问题。

1. 布设前应考虑的几个因素

1) 地质因素

常见的建筑地基的岩土(地质类型)可分为岩石、碎石土、砂土、粉土、黏性土、人工填土及特殊土 7 种类型。参照岩土类型及其物理力学性质的差异，相对布设观测点的疏与密是科学的。特别是人工填土和特殊土一定要加大观测点的密度。

2) 结构形状

建筑物的形状不同，地表所承受的压力也不同，所产生的沉降量也有所不同。

3) 荷载因素

楼层低的布设点位要适当稀疏，楼层高的布设点位要适当密集，以能控制住整体建筑物的整体沉降和局部沉降为准则。

4) 经济因素

在布设观测点时，一定要考虑经济因素，以免造成经济上不必要的浪费。

2. 观测点的布设

1) 在受力体上布点

确定点位时，应在线的主要受力体上布点。目前，高层建筑物多以框架结构为主，附带有框剪、框筒等常见的几种结构形式。这几种结构的建筑物，它们的柱体、剪力墙、筒体均为受力体，都可选择观测点。

2) 布设局部特征点

整体网点选定后，可根据建筑物本身的局部特征及设计方的要求来布设局部特征点。

3) 点位在受力体上的方向

点位在图纸上基本确定以后，应根据建筑物的大小或根据观测点的点数，将其划分为若干个观测闭合环，然后按闭合环确定观测点在受力体上的埋设方向，以利于观测的方便和提高观测速度。

4) 沿轴线布点

层面确定以后，沿建筑物设计的轴线布点，有时还需要上下交叉(地上、地下)布设。将点连成线，以线构成网，以网代表面，才能控制整幢大楼。

2. 沉降观测周期和观测时间的确定

沉降观测的周期应根据建(构)筑物的特征、变形速率、观测精度和工程地质条件等因素综合考虑，并根据沉降量的变化情况适当调整。

深基坑开挖时，锁口梁会产生较大的水平位移，沉降观测周期应较短，一般每隔1～2天观测一次；浇筑地下室底板后，可每隔3～4天观测一次，至支护结构变形稳定。当出现暴雨、管涌或变形急剧增大时，要严密观测。

建筑物主体结构施工阶段的观测应随施工进度及时进行。一般建筑可在基础完工后或地下室砌完后开始观测，大型、高层建筑可在基础垫层或基础底部完成后开始观测。观测次数与间隔时间应视地基与加荷情况而定。民用建筑可每加高1～5层观测一次；工业建筑可按不同施工阶段(如回填基坑、安装柱子和屋架、砌筑墙体及安装设备等)分别进行观测。如建筑物均匀增高，应至少在完成荷载的25%、50%、75%和100%时各测一次。施工过程中如暂时停工，在停工时及重新开工时应各观测一次。停工期间可每隔2～3个月观测一次。

建筑物使用阶段的观测次数应视地基土类型和沉降速度大小而定。除有特殊要求者外，一般情况下可在第一年观测3～5次，第二年观测2～3次，之后每年观测1次，直至稳定为止。稳定后观测期限一般不少于如下规定：砂土地基2年，膨胀土地基3年，黏土地基5年，软土地基10年。

在观测过程中，如有基础附近地面荷载突然增减、基础四周大量积水、长时间连续降雨等情况，均应及时增加观测次数。当建筑物突然发生大量沉降、不均匀沉降或严重裂缝时，应立即进行逐日或几天一次的连续观测。

沉降是否进入稳定阶段，应由沉降量与时间关系曲线判定。对重点观测和科研观测工程，若最后3个周期观测中每周期沉降量不大于$2\sqrt{2}$倍测量中误差，可认为已进入稳定阶段。一般观测工程，若沉降速度小于(0.01～0.04)mm/d，可认为已进入稳定阶段，具体取值宜根据各地区地基土的压缩性确定。

3. 沉降观测方法

沉降观察点首次观测的高程值是以后各次观测用以比较的依据，如果首次观测的高程精度不够或存在错误，不仅无法补测，而且会造成沉降观测数据矛盾的现象。因此，必须提高初测精度，应在同期进行两次观测后取平均值。

沉降观测的水准路线(从一个水准基点到另一个水准基点)应形成闭合线路。与一般水准测量相比，不同的是视线长度较短，一般不大于25m，一次安置仪器可以有几个前视点。

每次观测应记载施工进度、增加荷载量、仓库进货吨位、气象及建筑物倾斜裂缝等各种影响沉降变化和异常的情况。

4. 沉降观测的成果整理

1) 整理原始记录

每次观测结束后，应检查记录的数据和计算是否正确，精度是否合格，然后调整高差闭合差，推算出各沉降观测点的高程，并填入《沉降观测记录表》(表9-4)中。

2) 计算沉降量

沉降量的计算内容和方法如下。

(1) 计算各沉降观测点的本次沉降量。

$$沉降观测点的本次沉降量 = 本次观测所得的高程 - 上次观测所得的高程 \qquad (9\text{-}1)$$

(2) 计算累积沉降量。

$$累积沉降量 = 本次沉降量 + 上次累积沉降量 \qquad (9\text{-}2)$$

将计算出的沉降观测点本次沉降量、累积沉降量和观测日期、荷载情况等记入《沉降观测记录表》(表9-4)中。

表 9-4 沉降观测记录表

观测次数	观测时间	各观测点的沉降情况						…	施工进展情况	荷载情况 /(t/m²)
		1			2			…		
		高程 /m	本次下沉/mm	累积下沉/mm	高程 /m	本次下沉/mm	累积下沉/mm	…		
1	2021.01.10	50.454	0	0	50.473	0	0	…	一层平口	
2	2021.02.23	50.448	−6	−6	50.467	−6	−6	…	三层平口	40
3	2021.03.16	50.443	−5	−11	50.462	−5	−11	…	五层平口	60
4	2021.04.14	50.440	−3	−14	50.459	−3	−14	…	七层平口	70
5	2021.05.14	50.438	−2	−16	50.456	−3	−17	…	九层平口	80
6	2021.06.04	50.434	−4	−20	50.452	−4	−21	…	主体完	110
7	2021.08.30	50.429	−5	−25	50.447	−5	−26	…	竣工	
8	2021.11.06	50.425	−4	−29	50.445	−2	−28	…	使用	
9	2022.02.28	50.423	−2	−31	50.444	−1	−29	…		
10	2022.05.06	50.422	−1	−32	50.443	−1	−30	…		
11	2022.08.05	50.421	−1	−33	50.443	0	−30	…		
12	2022.12.25	50.421	0	−33	50.443	0	−30	…		

注：水准点的高程 BM_1 为 49.538mm；BM_2 为 50.123mm；BM_3 为 49.776mm。

3) 绘制沉降曲线

图 9.2 所示为沉降曲线图，沉降曲线分为两部分，即时间与沉降量关系曲线和时间与荷载关系曲线。

(1) 绘制时间与沉降量关系曲线。首先，以沉降量 s 为纵轴，以时间 t 为横轴，组成直角坐标系。其次，以每次累积沉降量为纵坐标，以每次观测日期为横坐标，标出沉降观测点的位置。最后，用曲线将标出的各点连接起来，并在曲线的一端注明沉降观测点号码，这样就绘制出时间与沉降量关系曲线，如图 9.2 所示。

(2) 绘制时间与荷载关系曲线。首先，以荷载 P 为纵轴，以时间 t 为横轴，组成直角坐标系。其次，根据每次观测时间和相应的荷载标出各点，将各点连接起来，即可绘制出时间与荷载关系曲线，如图 9.2 所示。

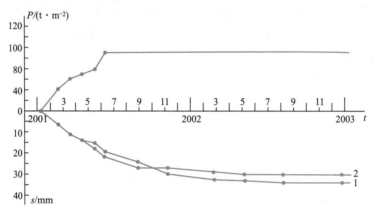

图 9.2　沉降曲线图

对观测成果的综合分析评价是沉降监测中的一项十分重要的工作。在深基坑开挖阶段，引起沉降的原因主要是支护结构产生大的水平位移和地下水位降低。沉降发生的时间往往比水平位移发生的时间滞后 2～7 天。地下水位降低会较快地引发周边地面大幅度沉降。在建筑物主体施工中，引起其沉降异常的因素较为复杂，如勘察提供的地基承载力过高，使地基剪切破坏；施工中人工降水或建筑物使用后大量抽取地下水；地质土层不均匀或地基土层厚薄不均，压缩变形差大；设计错误或打桩方法、工艺不当等都可能导致建筑物异常沉降。

由于观测存在误差，有时会使沉降量出现正值，应正确分析原因。判断沉降是否稳定，通常当 3 个观测周期的累计沉降量小于观测精度时，可作为沉降稳定的限值。

特别提示

　　为了提高观测精度，应采用"四固定"的方法，即固定的人员，固定的仪器和尺子，固定的水准点，固定的施测路线与方法。沉降观测点的观测方法和技术要求与基准点施测要求相同。为保证观测精度，观测时前、后视宜使用同一根水准尺，前、后视距尽量相等。观测时仪器应避免安置在有空压机、搅拌机、卷扬机等振动影响的范围内，塔式起重机等施工机械附近也不宜设站。

9.3 建筑物的倾斜观测

9.3.1　**一般建筑物主体的倾斜观测**

建筑物主体的倾斜观测，应测定建筑物顶部观测点相对于底部观测点的偏移值，再根据建筑物的高度，计算建筑物主体的倾斜度，即

$$i = \tan\alpha = \frac{\Delta D}{H} \tag{9-3}$$

式中，i　——建筑物主体的倾斜度；

　　　ΔD——建筑物顶部观测点相对于底部观测点的偏移值(m)；

　　　H　——建筑物的高度(m)；

　　　α　——建筑物倾斜角(°)。

由式(9-3)可知，倾斜测量主要是测定建筑物主体的偏移值ΔD。偏移值ΔD的测定一般采用经纬仪投影法，具体观测方法如下。

(1) 如图 9.3 所示，将经纬仪安置在固定测站上，该测站到建筑物的距离，为建筑物高度的 1.5 倍以上。瞄准建筑物 X 墙面上部的观测点 M，用盘左、盘右分中投点法，定出下部的观测点 N。用同样的方法，在与 X 墙面垂直的 Y 墙面上定出上观测点 P 和下观测点 Q。M、N 和 P、Q 即为所设观测标志。

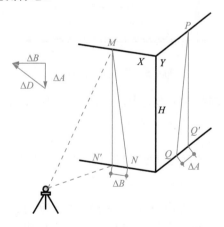

图 9.3　一般建筑物主体的倾斜观测

(2) 相隔一段时间后，在原固定测站上，安置经纬仪，分别瞄准上观测点 M 和 P，用盘左、盘右分中投点法，得到 N' 和 Q'。如果 N 与 N'、Q 与 Q' 不重合，如图 9.3 所示，说明建筑物发生了倾斜。

(3) 用尺子量出在 X、Y 墙面的偏移值ΔA、ΔB，然后用矢量相加的方法，计算出该建筑物的总偏移值ΔD，即

$$\Delta D = \sqrt{\Delta A^2 + \Delta B^2} \tag{9-4}$$

根据总偏移值ΔD和建筑物的高度H，用式(9-3)即可计算出其倾斜度i。

9.3.2　圆形建(构)筑物主体的倾斜观测

对圆形建(构)筑物的倾斜观测，是在互相垂直的两个方向上，测定其顶部中心对底部中心的偏移值。下面以烟囱为例，讲解具体观测方法。

(1) 在烟囱底部横放一根标尺，在标尺中垂线方向上，安置经纬仪，经纬仪到烟囱的距离为烟囱高度的1.5倍。

(2) 用望远镜将烟囱顶部边缘两点A、A'及底部边缘两点B、B'分别投到标尺上，得出读数为y_1、y_1'及y_2、y_2'，如图9.4所示。烟囱顶部中心O对底部中心O'在y方向上的偏移值Δy为

$$\Delta y = \frac{y_1 + y_1'}{2} - \frac{y_2 + y_2'}{2} \tag{9-5}$$

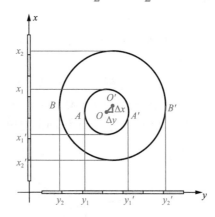

图9.4　烟囱的倾斜观测

(3) 用同样的方法，可测得在x方向上，烟囱顶部中心O的偏移值Δx为

$$\Delta x = \frac{x_1 + x_1'}{2} - \frac{x_2 + x_2'}{2} \tag{9-6}$$

(4) 用矢量相加的方法，计算出烟囱顶部中心O对底部中心O'的总偏移值ΔD，即

$$\Delta D = \sqrt{\Delta x^2 + \Delta y^2} \tag{9-7}$$

根据总偏移值ΔD和圆形建(构)筑物的高度H，用式(9-3)即可计算出其倾斜度i。

另外，也可采用激光铅垂仪或悬吊垂球的方法，直接测定建(构)筑物的倾斜量。

9.3.3　倾斜仪观测

倾斜仪一般能连续读数、自动记录和数字传输，又有较高的精度，故在倾斜观测中应用较多。常见的倾斜仪有水管倾斜仪、水平摆倾斜仪、气泡倾斜仪和电子倾斜仪4种，下

面仅以气泡倾斜仪为例进行简单介绍。

如图 9.5 所示，气泡倾斜仪由一个高灵敏度的气泡水准管 e 和一套精密的测微器组成，测微器中包括测微杆 g、读数盘 h 和指标 k。气泡水准管 e 固定在支架 a 上，a 可绕 c 点转动。a 下装一弹簧片 d，在底板 b 下为置放装置 m。将倾斜仪安置在需要的位置上，转动读数盘，使测微杆 g 向上(向下)移动，直至气泡水准管中的气泡居中为止。此时在读数盘上读数，即可得出该处的倾斜度。

一般气泡倾斜仪灵敏度为 2″，总的观测范围为 1°。气泡倾斜仪适用于观测较大的倾斜角或量测局部地区的变形，例如测定设备基础和平台的倾斜。

为了实现倾斜观测的自动化，可采用如图 9.6 所示的电子倾斜仪。它是在普通的气泡水准管的上、下方装 3 个电极——1、2、3，形成差动电容器。电子倾斜仪的工作原理是当气泡水准管倾斜时，气泡向旁边移动，介电常数发生变化，引起桥路两臂的电抗发生变化，因而桥路失去平衡，可用测量装置将其记录下来。这种电子倾斜仪可固定地安置在建筑物或设备的适当位置上，能自动地进行动态的倾斜观测。当测量范围在 200″以内时，测定倾斜值的中误差在±0.2″以下。

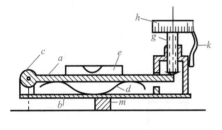

图 9.5　气泡倾斜仪

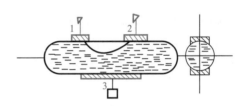

图 9.6　电子倾斜仪

9.4　建筑物的裂缝与位移观测

9.4.1　建筑物的裂缝观测

当建筑物出现裂缝之后，应及时进行裂缝观测。常用的裂缝观测方法有以下两种。

1. 石膏板标志法

用厚 10mm，宽 50～80mm 的石膏板(长度视裂缝大小而定)，固定在裂缝的两侧。当裂缝继续发展时，石膏板也随之开裂，从而观察裂缝继续发展的情况。

2. 白铁皮标志法

如图 9.7 所示，用两块白铁皮，一片取 150mm×150mm 的正方形，固定在裂缝的一侧。另一片取 50mm×200mm 的矩形，固定在裂缝的另一侧，使两块白铁皮的边缘相互平行，并使其中的一部分重叠。在两块白铁皮的表面，涂上红色油漆。如果裂缝继续发展，两块白铁皮将逐渐拉开，露出正方形上原被覆盖的没有油漆的部分，其宽度即为裂缝加大的宽度。定期分别量取两组端线与边线之间的距离，取其平均值，即为裂缝扩大的宽度，连同观测时间一并记入手簿内。此外，还应观测裂缝的走向和长度等项目。

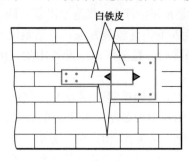

图 9.7 白铁皮标志法

9.4.2 **建筑物的位移观测**

根据平面控制点测定建筑物的平面位置随时间而移动的大小及方向，称为位移观测。位移观测要先在建筑物附近埋设测量控制点，再在建筑物上设置位移观测点。

某些建筑物只要求测定某特定方向上的位移量，如大坝在水压力方向上的位移量，这种情况可采用基准线法进行水平位移观测。图 9.8 是用导线测量法查明某建筑物的位移情况。

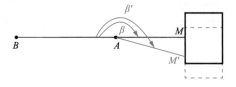

图 9.8 某建筑物的位移观测情况

观测时，先在位移方向的垂直方向上建立一条基准线，设 A、B 为施工中平面控制点，M 为在墙上设立的观测标志，用经纬仪测量 $\angle BAM = \beta$，视线方向大致垂直于厂房位移的方向。若厂房有平面位移 MM'，则测得 $\angle BAM' = \beta'$，设 $\Delta\beta = \beta' - \beta$，则位移量 MM' 按式(9-8)计算。

$$MM' = AM \frac{\Delta\beta}{\rho} \tag{9-8}$$

其中，ρ 为常数，其值为 206265″。

9.5 竣工总平面图的编绘

9.5.1 **编绘竣工总平面图的目的**

建设工程项目竣工后，应编绘竣工总平面图。竣工总平面图是设计总平面图在施工后实际情况的全面反映。工业与民用建筑工程是根据设计总平面图施工的，但在施工过程中，由于种种原因，使建(构)筑物竣工后的位置与原设计位置不完全一致，所以，设计总平面图不能完全代替竣工总平面图。

编制竣工总平面图的目的是将主要建(构)筑物、道路和地下管线等位置的工程实际状况进行记录再现，为工程交付使用后的查询、管理、检修、改建或扩建等提供实际资料，为工程验收提供依据。

竣工总平面图的编绘包括竣工测量和资料编绘两方面内容。

9.5.2 竣工测量

建(构)筑物竣工验收时进行的测量工作，称为竣工测量。

为做好竣工总平面图的编制工作，应随着工程施工进度，同步记载施工资料，并根据实际情况，在竣工时，进行竣工测量。竣工测量主要是对施工过程中设计有更改的部分、直接在现场指定施工的部分以及资料不完整无法查对的部分，根据施工控制网进行现场实测或加以补测。

在每一个单项工程完成后，必须由施工单位进行竣工测量，并提出该工程的竣工测量成果，作为编绘竣工总平面图的依据。

1. 竣工测量的内容

(1) 工业厂房及一般建筑物。测定各房角坐标、几何尺寸，各种管线进出口的位置和高程，室内地坪及房角标高，并附注房屋结构层数、面积和竣工时间。

(2) 地下管线。测定检修井、转折点、起终点的坐标，井盖、井底、沟槽和管顶等的高程，附注管道及检修井的编号、名称、管径、管材、间距、坡度和流向。

(3) 架空管线。测定转折点、结点、交叉点和支点的坐标，支架间距、基础面标高等。

(4) 交通线路。测定线路起终点、转折点和交叉点的坐标，曲线元素，路面、人行道、绿化带界线等。

(5) 特种构筑物。测定沉淀池、烟囱等的外形和四角坐标、圆形构筑物的中心坐标，基础面标高，构筑物的高度或深度等。

(6) 室外场地。测定围墙各个界址点坐标、绿化带边界等。

2. 竣工测量的方法与特点

竣工测量的基本测量方法与地形测量相似，区别在于以下几点：①竣工测量的图根控制点的密度要大于地形测量图根控制点的密度；②竣工测量的测量精度较高，地形测量的测量精度要求满足图解精度，而竣工测量的测量精度一般要满足解析精度，应精确全厘米；③竣工测量的内容更丰富，不仅测地面的地物和地貌，还要测地下各种隐蔽工程，如上、下水及热力管线等。

9.5.3 竣工总平面图的编绘方法和整饰

竣工总平面图的内容主要包括测量控制点、厂房辅助设施、生活福利设施、架空及地下管线、道路的转向点、建(构)筑物的坐标(或尺寸)和高程，以及预留空地区域的地形。

竺工总平面图一般尽可能编绘在一张图纸上，但对较复杂的工程可能会使图面线条太密集，不便识图，这时可分类编图，如房屋建筑竺工总平面图，道路及管网竺工总平面图等。

编绘竺工总平面图时需收集的资料有设计总平面图、单位工程平面图、纵横断面图、施工图及施工说明、系统工程平面图、更改设计的图纸、数据、资料(包括设计变更通知单)、施工放样资料、施工检查测量及竺工测量资料等。如果施工单位较多，多次转手，造成竺工测量资料不全，图面不完整或与现场情况不符时，只能进行实地施测，再编绘竺工总平面图。

1. 竺工总平面图的编绘方法

(1) 在图纸上绘制坐标方格网。绘制坐标方格网的方法、精度要求，与地形测量绘制坐标方格网的方法、精度要求相同。比例尺一般采用 1∶1000，如不能清楚地表示某些特别密集的地区，也可局部采用 1∶500 的比例尺。

(2) 展绘控制点。坐标方格网画好后，将施工控制点按坐标值展绘在图纸上。展点对所临近的方格而言，其容许误差为±0.3mm。

(3) 展绘设计总平面图。根据坐标方格网，将设计总平面图的图面内容，按其设计坐标，用铅笔展绘于图纸上，作为底图。

(4) 展绘竺工总平面图。对凡按设计坐标进行定位的工程，应以测量定位资料为依据，按设计坐标(或相对尺寸)和标高用红色数字在图上表示出设计数据。对原设计进行变更的工程，应根据设计变更资料展绘。对凡有竺工测量资料的工程，若竺工测量成果与设计值之差，不超过所规定的定位容许误差时，按设计值展绘；否则，按竺工测量资料展绘。竺工测量成果用黑色展绘并将其坐标和高程注在图上。黑色与红色之差，即为施工与设计之差。

2. 竺工总平面图的整饰

(1) 竺工总平面图的符号应与原设计图的符号一致。有关地形图的图例应使用国家地形图图示符号，原设计图没有的图例符号，可使用新的图例符号，但应符合现行总平面设计的有关规定。

(2) 对于厂房应使用黑色墨线，绘出该工程的竺工位置，并应在图上注明工程名称、坐标、高程及有关说明。

(3) 对于各种地上、地下管线，应用各种不同颜色的墨线，绘出其中心位置，并应在图上注明转折点及井位的坐标、高程及有关说明。

(4) 对于没有进行设计变更的工程，用墨线绘出的竺工位置，与按设计原图用铅笔绘出的设计位置应重合，但其坐标及高程数据与设计值比较可能稍有出入。

随着工程的进展，逐渐在底图上将铅笔线都绘成墨线。对于直接在现场指定位置进行施工的工程、以固定地物定位施工的工程及多次变更设计而无法查对的工程等，只好进行现场实测，这样测绘出的竺工总平面图，称为实测竺工总平面图。

竺工总平面图编绘完成后，应经原设计及施工单位技术负责人审核、会签。

本项目小结

本项目主要内容包含建筑物产生变形的原因，变形观测的分类，变形观测的基本要求，高程控制与沉降观测方法，建筑物的倾斜观测方法，建筑物的裂缝与位移观测，竣工总平面图的编绘。

本项目的教学目标是使学生了解建筑物变形基本内容及竣工测量的基本知识。

习 题

一、填空题

1. 建筑物变形观测的分类是_____和_____。

2. 建筑物产生变形主要是_____和_____两方面的原因。

3. 建筑物变形观测就是通过_____地对观测点进行_____观测，从而求得其在两个观测周期内的变量。

4. 沉降观测的"四固定"是指_____、_____、_____和_____。

5. 竣工总平面图的编绘包括_____和_____两方面内容。

二、简答题

1. 建筑物产生变形的原因是什么？

2. 高程控制网点的布设有哪些要求？沉降观测点如何布设？

3. 变形观测的种类有哪些？

4. 简述沉降观测的操作程序。

5. 简述一般建筑物主体倾斜观测的操作程序。

6. 为什么要进行竣工测量？竣工测量包括哪些内容？

三、计算题

测得某烟囱顶部中心坐标为 $x'_0 = 2042.667$m，$y'_0 = 3362.268$m，底部中心坐标为 $x_0 = 2044.326$m，$y_0 = 3360.157$m，已知烟囱高度为 50m，求它的倾斜度和倾斜方向。

项目 10 线路工程测量

思维导图

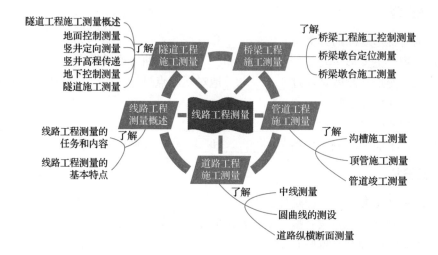

■ **拓展讨论**

1. 你了解青藏铁路吗？
2. 青藏铁路运用了哪些测量技术？

10.1 线路工程测量概述

线路工程建设过程中需要进行的测量工作，称为线路工程测量，简称线路测量。线路工程是指长宽比很大的工程，包括铁路、公路、供水明渠、输电线路、各种用途的管道工程等。这些工程的主体一般在地表，但也有在地下或空中的，如地铁、地下管道、架空索道和架空输电线路等。

10.1.1 线路工程测量的任务和内容

线路测量是为各种等级的铁路、公路、桥涵和各种管道的设计和施工服务的。它的任务有两方面：一是为线路工程的设计提供地形图和断面图；二是按设计位置要求将线路敷设于实地。它包括以下各项工作。

(1) 收集规划设计区域各种比例尺地形图、平面图和断面图资料，收集沿线水文、地质以及控制点等有关资料。

(2) 根据工程要求，利用已有地形图，结合现场勘察，在中小比例尺地形图上确定规划路线走向，编制比较方案等初步设计。

(3) 根据设计方案在实地标出线路的基本方向，沿着基本走向进行控制测量，包括平面控制测量和高程控制测量。

(4) 结合线路工程的需要，沿着基本走向测绘带状地形图或平面图。测图比例尺根据不同工程的实际要求参照表 10-1 选定。

(5) 根据定线设计把线路中心线上的各类点位测设到实地，称为中线测量。中线测量包括线路起止点、转折点、曲线主点和线路中心里程桩、加桩等。

(6) 根据工程需要测绘线路纵断面图和横断面图。比例尺则依据工程的实际要求参照表 10-1 确定。

(7) 根据线路工程的详细设计进行施工测量。工程竣工后，对照工程实体测绘竣工平面图和断面图。

10.1.2 线路工程测量的基本特点

线路工程测量的精度要求，一般取决于工程的性质。如管道工程中，无压力的自流管道的高程精度要求比有压力的管道要求高；在道路工程中，车速高的或水泥路面的道路比一般的道路测量精度要求高。又如在中线平面位置的精度要求上，对横向精度的要求均高于纵向，这是一般线路工程的特点。总之，线路工程测量精度应以满足设计和施工要求为准。

1) 全线性

测量工作贯穿于整个线路工程建设的各个阶段。以公路工程为例，测量工作开始于工程之初，深入于施工的具体点位，公路工程建设过程中时时处处离不开测量技术工作。

2) 阶段性

这种阶段性既是测量技术本身的特点，也是线路设计过程的需要。图 10.1 体现了阶段性，反映了实地勘察、平面设计、竖向设计与初测、定测、放样各阶段的对应关系。

线路工程从规划设计到施工，再到竣工经历了从粗到细的过程。

从图 10.1 中可见，线路工程的完美设计是逐步实现的。完美设计需要勘测与设计的完美结合，设计技术人员懂测量，测量技术人员懂设计，这种完美结合最终在线路工程建设的过程中实现。

表 10-1　线路工程测图种类及其比例尺

线路工程类型	带状地形图	工点地形图	纵断面图		横断面图	
			水平	垂直	水平	垂直
铁路	1∶1000 1∶2000 1∶5000	1∶200 1∶500	1∶1000 1∶2000 1∶10000	1∶100 1∶200 1∶1000	1∶100 1∶200	1∶100 1∶200
公路 渠道	1∶2000 1∶5000	1∶200 1∶500 1∶1000	1∶2000 1∶5000	1∶200 1∶500	1∶100 1∶200	1∶100 1∶200
架空索道	1∶2000 1∶5000	1∶200 1∶500	1∶2000 1∶5000	1∶200 1∶500	—	—
自流管线	1∶1000 1∶2000	1∶500	1∶1000 1∶2000	1∶100 1∶200	—	—
压力管线	1∶2000 1∶5000	1∶500	1∶2000 1∶5000	1∶200 1∶500	—	—
架空输电线路	—	1∶200 1∶500	1∶2000 1∶5000	1∶200 1∶500	—	—

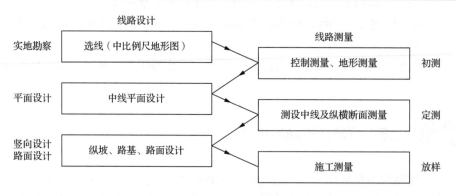

图 10.1　线路设计与测量的关系

10.2 道路工程施工测量

中线测量

中线测量的任务是根据线路设计的平面位置，将线路中心线测设在实地上。中线的平面几何线形由直线段和曲线段组成，其中曲线段一般为某曲率半径的圆弧，如图 10.2 所示。

图 10.2　线路的中线

铁路和高等级公路在直线段和圆曲线段之间还应插入一段缓和曲线，其曲率半径由无穷大逐渐变化为所接圆曲线的曲率半径，以提高行车的稳定性。

中线测量的主要任务是：测设线路中线的交点(*JD*)和转点(*ZD*)、量距和钉桩、测量交点上的转角(α)、测设曲线等内容。

1. 交点与转点的测设

1) 交点的测设

线路转折点又称交点，工程上用 *JD* 表示，它是中线测量的控制点。对于低等级公路，在地形条件不复杂时，一般根据技术标准，结合地形、地貌等条件，直接在现场标定交点；对于高等级公路或地形复杂的地段，则先在实地布设导线，测绘大比例尺带状地形图，经方案比较后在图上定出路线，然后采用穿线交点法或拨角法将交点标定在地面上。

(1) 根据中心线与相邻地物的关系测设交点。如图 10.3 所示，交点 JD_{10} 的位置已经在地形图上选定，在图上量得该点距离两房角和电线杆的距离分别为 29.81m、18.45m 和 10.53m，在现场用距离交会法测设 JD_{10}。

(2) 根据导线点测设交点。根据导线点的测量坐标和交点的设计坐标，计算出交点的测设数据，即交点到相邻导线点的水平距离和方位角(或水平角)，用极坐标法、距离交会法或角度交会法测设交点，如图 10.4 所示。根据导线点 C_4、C_5 和 JD_{10} 3 点的坐标，计算出导线边的方位角 $\alpha_{4,5}$，C_4 至 JD_{10} 的水平距离 D 和方位角 α，用极坐标法测设 JD_{10}。

(3) 穿线法测设交点。穿线法测设交点就是利用图上附近的导线点或地物点与纸上定线的直线段之间的角度和距离关系，用图解法求出测设数据，通过实地的导线点或地物点，把中线的直线段独立地测设到地面上，然后将相邻直线延长相交，定出地面交点桩的位置，其测设程序如下。

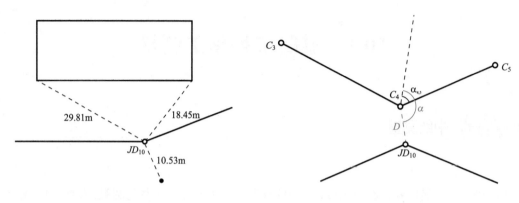

图 10.3 根据地物测设交点　　　　　图 10.4 根据导线点测设交点

① 放点。放点常用的方法有极坐标法和支距法。

极坐标法放点：如图 10.5 所示，$P_1 \sim P_4$ 为纸上定线的某直线段欲放的临时点。在图上以最近的 4、5 号导线点为依据，用量角器和比例尺分别量出放样数据 β_1、l_1、β_2、l_2 等。并在实地上用经纬仪和皮尺分别在 4、5 点按极坐标法定出各临时点的位置。

支距法放点：如图 10.6 所示，在图上从导线点 14、15、16、17 作导线边的垂线，分别与中线相交得各临时点，用比例尺量取各相应的支距 $l_1 \sim l_4$。在现场以相应导线点为垂足，用方向架标定垂线方向，按支距测设出相应的各临时点 P_1、P_2、P_3、P_4。

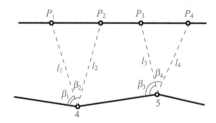

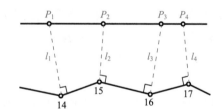

图 10.5 极坐标法放点　　　　　图 10.6 支距法放点

② 穿线。放出的临时各点理论上应在一条直线上，由于图解数据和测设工作均存在误差，实际上并不严格在一条直线上，如图 10.7(a)所示。在这种情况下可根据现场实际情况，采用目估法穿线或经纬仪视准法穿线，目的是通过比较和选择，定出一条尽可能多地穿过或靠近临时点的直线 AB。最后在 AB 或其方向上打下两个以上的转点桩，取消临时点桩。

③ 交点。如图 10.7(b)所示，当两条相交的直线 AB、CD 在地面上确定后，可进行交点。将经纬仪置于 B 点瞄准 A 点，倒镜，在视线上接近交点 JD 的概略位置前后打下两桩(骑马桩)。采用正倒镜分中法在该两桩上定出 a、b 两点，并钉以小钉，挂上细线。仪器搬至 C 点，同法定出 c、d 点，挂上细线，两细线的相交处打下木桩，并钉以小钉，得到 JD 点。

2) 转点的测设

当两交点间距离较远但能够通视或已有的转点需要加密时，可以采用经纬仪正倒镜分中法进行直接测设。

在中线测量中，当相邻两交点不能互相通视时，需要在两交点连线或延长线上，测定一点或数点，供交点、测角、量距或延长直线时瞄准用，这样的点称为转点(ZD)。转点测设方法有以下两种。

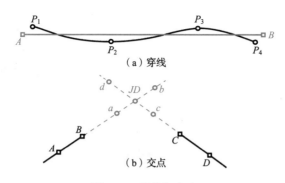

图 10.7 穿线与交点

(1) 转点位于两交点之间。如图 10.8 所示，IP_8、IP_9 为互不通视的相邻两交点，TP' 为初定转点。现检查 TP' 是否在两交点的连线上，其方法是将经纬仪安置于 TP' 处，用正倒镜分中法延长直线 IP_8TP' 于 IP'_9，若 IP'_9 与 IP_9 重合或偏差 d 在路线允许移动范围内，则转点位置即为初定转点 TP'，并将 IP_9 移至 IP'_9。若偏差 d 超过允许范围或 IP_9 不许移动时，则需重新设置转点。

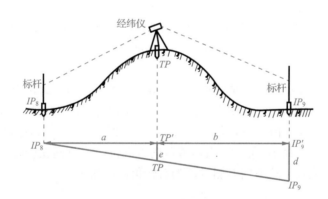

图 10.8 转点测设(转点位于两交点之间)

设 e 为 TP' 应横移的距离，a、b 分别为用视距法测定的 IP_8TP' 和 $TP'IP_9$ 的距离，则

$$e = \frac{ad}{a+b} \tag{10-1}$$

将 TP' 沿与偏差 d 相反的方向移动 e 至 TP，然后将仪器移至 TP，延长直线 IP_8TP，看其是否通过交点 IP_9 或偏差值是否在允许范围内。否则再重新设置转点，直至符合要求为止。

(2) 转点位于两交点之外。如图 10.9 所示，IP_{16}、IP_{17} 互不通视。TP' 为两交点延长线上的初定转点。将经纬仪安置于 TP' 处，盘左照准 IP_{16}，并俯视 IP_{17} 得一点；盘右又照准 IP_{16}，并俯视 IP_{17} 得另一点，取两点的中点为 IP'_{17}。若 IP'_{17} 与 IP_{17} 重合或偏差值 d 在容许范围内，即可将 IP'_{17} 作为交点，否则应调整 TP' 的位置。

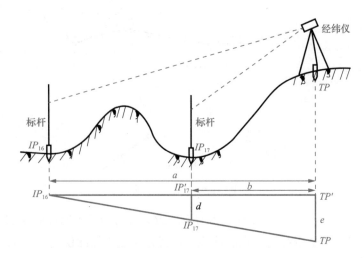

图 10.9　转点测设(转点位于两交点之外)

设 e 为 TP' 需横移的距离，a、b 分别为 $IP_{16}TP'$、$IP_{17}TP'$ 的距离，则

$$e = \frac{ad}{a-b} \tag{10-2}$$

将 TP' 沿与 d 相反的方向移动 e，即可得转点 TP。然后将仪器移至 TP，重复上述过程，直至 d 值小于或等于容许值为止，并标出转点位置。

2. 转角的测设

在线路交点上，要根据交点前后的转点测设线路的转向角，即转角。

测设好中线交点桩后，还应测出线路在交点处的偏转角(转向角)，以便测设曲线。偏转角是线路中线在交点处由一个方向转到另一个方向时，转变后的方向与原方向延长线的夹角，用 α 表示，如图 10.10 所示。当偏转后的方向位于原方向左侧时，为左转角，记为 $\alpha_{左}$；当偏转后的方向位于原方向右侧时，为右转角，记为 $\alpha_{右}$。

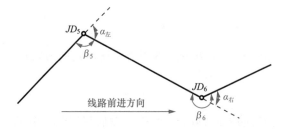

图 10.10　线路转向角

一般是通过观测线路右侧的水平角度来计算出偏转角。观测时，将 6″级经纬仪安置在交点上，用测回法观测一个测回，取盘左、盘右的平均值，得到水平角 β。当 $\beta > 180°$ 时为右转角，当 $\beta < 180°$ 时为左转角。左转角和右转角的计算式分别为

$$\alpha_{左} = 180° - \beta \tag{10-3}$$
$$\alpha_{右} = \beta - 180° \tag{10-4}$$

高速公路、一级公路应使用精度不低于 6″级经纬仪，采用方向观测法用一个测回测量右角 β。两个半测回间应变动度盘位置，角度限差为 ±20″，取其平均值，并取位至 1″；二

级及二级以下公路角度限差为±60″，取其平均值，并取位至30″。

测定偏转角β后，在不变动水平度盘位置的情况下，定出该测角β的分角线方向，以便于测设圆曲线中点QZ。

3. 里程桩的设置

为了测定线路的长度和中线的位置，在线路进行中线测设时，除了要测设中线上的交点和转点(也称关系加桩)以外，由线路起点开始，沿中线方向每隔一定距离钉设一个里程桩，还要测设里程桩。

里程桩也称中桩，它标定了中线的平面位置和里程，是线路纵、横断面的施测依据。里程桩是从路线起点开始，边丈量边设置。丈量工具通常使用钢尺或皮尺。

里程桩分为整桩和加桩两种。桩上一般写有桩号(也称里程)，表示该桩距路线起点的里程，如某桩点距线路起点的距离为5356.78m，则它的桩号应写为"K5+356.78"，桩号中"+"号前面为公里数，"+"号后面为米数。线路起点的桩号为"K0+000"。

1) 整桩

整桩是按规定桩距每隔一定距离设置桩号为整数的里程桩，百米桩和公里桩均属于整桩。通常是直线段的桩距较大，宜为20～50m，根据地形变化确定；而曲线段的桩距较小，宜为5～20m，按曲线半径和长度选定。

2) 加桩

加桩分为地形加桩、地物加桩、曲线加桩和关系加桩。地形加桩是沿中线地面起伏突变处和中线两侧地形变化较大处所设置的里程桩；地物加桩是在中线上桥梁、涵洞等人工构筑物(桥梁、涵洞等)处，以及与公路、铁路、渠道、高压线等相交处所设置的里程桩；曲线加桩是在曲线的起点、中点、终点和细部设置的桩；关系加桩是指在路线转点和交点上设置的桩。

曲线加桩要求计算至厘米。关系加桩一般量至厘米。曲线加桩和关系加桩在书写里程时，其桩号应写为"ZY K5+125.65""JD K8+598.52"等。

对于一般整桩和加桩的构造，桩顶断面为6cm×6cm的方桩，在桩顶钉以中心钉；对钉设一些主要桩，如交点桩、转点桩和曲线的主点桩时，其顶露出地面约2cm，并在其旁边钉一指示桩，并在指示桩上标明该桩的桩名和里程。

测设里程桩时，按工程的不同精度要求，可用经纬仪法或目测法确定中线方向，然后依次沿中线方向按设计间隔量距打桩。量距时可使用电磁波测距仪或经检定过的钢尺量距，精度要求较低的线路工程可用视距法量距。对于市政工程，线路中线桩位与曲线测设的精度要求应符合表10-2的规定。

表10-2　线路中线桩位与曲线测设的精度要求

线段类别		主要线路	次要线路	山地线路
直线	纵向相对误差	1/2000	1/1000	1/500
	横向偏差/cm	2.5	5	10
曲线	纵向相对闭合差	1/2000	1/1000	1/500
	横向闭合差/cm	5	7.5	10

10.2.2　圆曲线的测设

当线路由一个方向转向另一个方向时，必须用曲线来连接。曲线的形式较多，其中，圆曲线是最基本的平面连接曲线，如图 10.11 所示。圆曲线半径 R 根据地形和工程要求按设计选定，由转角 α 和圆曲线半径 R(α根据所测转角计算得到，R 则根据地形条件和工程要求在线路设计时选定)，可以计算出图中其他各测设元素值。

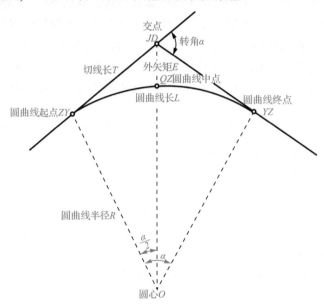

图 10.11　圆曲线的主点及测设元素

圆曲线的测设分两步进行，先测设曲线上起控制作用的主点(ZY，QZ，YZ)，称为主点测设，然后以主点为基础，详细测设其他里程桩，称为详细测设，下面进行分述。

1. 主点测设

1) 主点测设元素的计算

为测设圆曲线的主点：圆曲线起点(也称直圆点 ZY)、圆曲线中点(也称圆曲中点 QZ)、圆曲线终点(也称圆直点 YZ)的需要，应先计算出圆曲线的切线长 T、圆曲线长 L、外矢距 E 和切曲差 q，这些元素称为主点的测设元素。根据图 10.11 可以写出其如下计算公式。

$$T = R\tan\frac{\alpha}{2} \tag{10-5}$$

$$L = R\alpha\frac{\pi}{180°} \tag{10-6}$$

$$E = R\left(\sec\frac{\alpha}{2}-1\right) \tag{10-7}$$

$$q = 2T-L \tag{10-8}$$

式中，转角 α 以度(°)为单位。

2) 主点桩号的计算

曲线主点的桩号 *ZY*、*QZ*、*YZ* 是根据 *JD* 桩号和曲线测设元素计算的，计算公式如下所示。

$$ZY 桩号 = JD 桩号 - T \qquad\qquad (10\text{-}9)$$

$$QZ 桩号 = ZY 桩号 + \frac{L}{2} \qquad\qquad (10\text{-}10)$$

$$YZ 桩号 = QZ 桩号 + \frac{L}{2} \qquad\qquad (10\text{-}11)$$

$$YZ 桩号 = JD 桩号 + T - q \qquad\qquad (10\text{-}12)$$

【例 10-1】 某线路交点 *JD* 桩号为 K1+385.50m，转角 $\alpha = 42°25'00''$，设计圆曲线半径 $R = 120$m，求曲线测设元素及主点桩号。

解：由式(10-5)～式(10-8)可以求得

$$T = R\tan\frac{\alpha}{2} = 120 \times \tan\frac{42°25'00''}{2} \approx 46.56 \text{(m)}$$

$$L = R\alpha\frac{\pi}{180°} = 120 \times \frac{42°25'00''}{180°}\pi \approx 88.84 \text{(m)}$$

$$E = R\left(\sec\frac{\alpha}{2} - 1\right) = 120 \times \left(\sec\frac{42°25'00''}{2} - 1\right) \approx 8.71 \text{(m)}$$

$$q = 2T - L = 2 \times 46.56 - 88.84 = 4.28 \text{(m)}$$

曲线主点的桩号由式(10-9)～式(10-12)可以求得(单位取至 cm)

$$ZY 桩号 = K1+385.50 - 46.56 = K1+338.94$$

$$QZ 桩号 = K1+338.94 + 44.42 = K1+383.36$$

$$YZ 桩号 = K1+383.36 + 44.42 = K1+427.78$$

$$YZ 桩号 = K1+385.50 + 46.56 - 4.28 = K1+427.78$$

3) 圆曲线主点的测设

(1) 测设圆曲线起点(*ZY*)。在 *JD* 点安置经纬仪，后视相邻交点或转点方向，自 *JD* 点沿视线方向量取切线长 *T*，打下圆曲线起点桩 *ZY*。

(2) 测设圆曲线终点(*YZ*)。经纬仪照准前视相邻交点或转点方向，自 *JD* 点沿视线方向量取切线长 *T*，打下圆曲线终点桩 *YZ*。

(3) 测设圆曲线中点(*QZ*)。经纬仪照准前视(后视)相邻交点或转点方向，向测设圆曲线方向旋转角 α 的一半，沿着视线方向量取外矢距 *E*，打下圆曲线中点桩 *QZ*。

2. 圆曲线的详细测设

当地形变化不大、曲线长度小于 40m 时，测设曲线的 3 个主点已能满足设计和施工的需要。如果曲线较长、地形复杂，则除了测定 3 个主点以外，还需要按照一定的桩距 *l*(一般为 20m、10m 和 5m)，在曲线上测设整桩和加桩。测设曲线的整桩和加桩称为圆曲线的详细测设。圆曲线的详细测设方法很多，下面介绍两种常用的测设方法。

1) 偏角法

偏角法是一种极坐标定点的方法，它用偏角和弦长来测设圆曲线。

(1) 计算测设数据。如图 10.12 所示，圆曲线的偏角就是弦线和切线之间的夹角，以 δ

表示。为了计算和施工方便，把各细部点里程凑整，曲线可以分为首尾两段零头弧长 l_1、l_2 和中间几段相等的整弧长 l 之和，即

$$L = l_1 + nl + l_2 \tag{10-13}$$

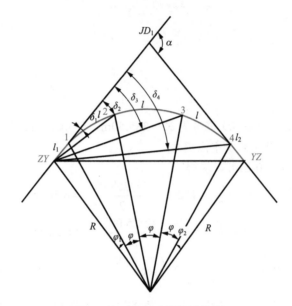

图 10.12　偏角法测设圆曲线

弧长 l_1、l_2，以及 l 所对的相应圆心角为 φ_1、φ_2 及 φ 可以按照下列公式计算。

$$\varphi_1 = \frac{180°}{\pi} \times \frac{l_1}{R} \tag{10-14}$$

$$\varphi_2 = \frac{180°}{\pi} \times \frac{l_2}{R} \tag{10-15}$$

$$\varphi = \frac{180°}{\pi} \times \frac{l}{R} \tag{10-16}$$

相对应弧长 l_1、l_2 及 l 的弦长，d_1、d_2 及 d 计算公式如下所示。

$$d_1 = 2R\sin\frac{\varphi_1}{2} \tag{10-17}$$

$$d_2 = 2R\sin\frac{\varphi_2}{2} \tag{10-18}$$

$$d = 2R\sin\frac{\varphi}{2} \tag{10-19}$$

曲线上各点的偏角等于相应弧长所对圆心角的一半，即
第 1 点的偏角

$$\delta_1 = \frac{\varphi_1}{2} \tag{10-20}$$

第 2 点的偏角

$$\delta_2 = \frac{\varphi_1}{2} + \frac{\varphi}{2} \tag{10-21}$$

第 3 点的偏角

$$\delta_3 = \frac{\varphi_1}{2} + \frac{\varphi}{2} + \frac{\varphi}{2} = \frac{\varphi_1}{2} + \varphi \qquad (10\text{-}22)$$

···

终点 YZ 的偏角

$$\delta = \frac{\varphi_1}{2} + \frac{\varphi}{2} + \cdots + \frac{\varphi_2}{2} = \frac{\alpha}{2} \qquad (10\text{-}23)$$

(2) 测设方法。

① 将经纬仪安置在曲线起点 ZY 上，以 0°00′00″后视 JD_1。

② 松开照准部，置水平度盘读数为 1 点的偏角值δ_1，在此方向上用钢尺量取弦长 d_1，钉桩 1 点。

③ 将角拨至 2 点的偏角值δ_2，将钢尺零刻划对准 1 点，以弦长 d 为半径，在经纬仪的方向线上，定出 2 点。

④ 再将角拨至 3 点的偏角值δ_3，将钢尺零刻划对准 2 点，以弦长 d 为半径，在经纬仪的方向线上，定出 3 点，其余以此类推。

⑤ 最后拨角到转角的一半处，视线应通过曲线终点 YZ。最后一个细部点到曲线终点的距离为 d_2，以此来检查测设的质量。

用偏角法测设曲线细部点时，常因障碍物挡住视线或距离太长而不能直接测设，如图 10.13 所示。经纬仪在曲线起点 ZY 上测设出细部点 1、2、3 后，建筑物挡住了视线，这时可以把经纬仪移到 3 点，使其水平度盘为 0°0′00″处，用盘右后视 ZY 点，然后纵转望远镜，并使水平度盘对在 4 点的偏角值δ_4上，此时视线在 3 点至 4 点的方向上，量取弦长 d，即可定出 4 点。其余点依次类推。

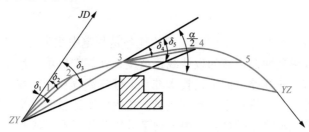

图 10.13 视线被遮挡住时的测设

2) 切线支距法

切线支距法又称直角坐标法。它是以曲线的起点(ZY)或终点(YZ)为坐标原点，以该点切线为 x 轴，过原点的半径为 y 轴建立坐标系，如图 10.14 所示。根据曲线上各细部点的坐标 $(x，y)$，按直角坐标法测设点的位置。

(1) 计算测设数据。如图 10.14 所示，圆曲线上任一点的坐标为

$$\varphi_i = \frac{180°}{\pi} \times \frac{l_i}{R} \qquad (10\text{-}24)$$

$$x_i = R\sin\varphi_i \qquad (10\text{-}25)$$

$$y_i = R(1-\cos\varphi_i) \qquad (10\text{-}26)$$

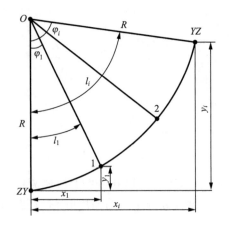

图 10.14　切线支距法测设圆曲线

(2) 测设方法。

① 在 ZY 点安置经纬仪，定出切线方向，沿视线方向分别量取 x_1，x_2，x_3，…，定出标定各点。

② 在标定的各点上安置经纬仪拨直角方向，分别量取支距 y_1，y_2，y_3，…，由此得到曲线上 1，2，3，…，各点的位置。

③ 曲线另一半也可以 YZ 为原点，用同样的方法测设。

④ 测量曲线上相邻点间的距离(弦长)与计算长度比较，以此作为测设工作的校核。

10.2.3　道路纵横断面测量

1. 纵断面测量

线路纵断面测量又称线路水准测量。它的任务是测定中线上各里程桩(又称中线桩)的地面高程，绘制中线纵断面图，作为设计线路坡度、计算中桩填挖尺寸的依据。线路水准测量分两步进行：首先在线路方向上设置水准点，建立高程控制，称为基平测量；其次是根据各水准点的高程，分段进行中桩水准测量，称为中平测量。基平测量的精度要比中平测量高，一般按四等水准测量的精度；中平测量只作单程观测，按普通水准测量精度。

1) 基平测量

高程控制测量即基平测量。布设的水准点分永久水准点和临时水准点两种，是高程测量的控制点，在勘测设计和施工阶段都要使用。因此，水准点应选在地基稳固、易于联测以及施工时不易被破坏的地方。水准点要埋设标石，也可设在永久性建筑物上，或将金属标志嵌在基岩上。

基平测量时，应将起始水准点与国家高程基准进行联测，以获得绝对高程。在沿线途中，也应尽量与附近国家水准点进行联测，以便获得更多的检核条件。若线路附近没有国家水准点，也可以采用假定高程基准。

2) 中平测量

中桩水准测量也称中平测量。从一个水准点出发，逐个测定中线桩的地面高程，附合到下一个水准点上，相邻水准点间构成一条水准路线。

测量时，在每一测站上先读取后、前两转点(TP)的标尺读数，再读取两转点间所有中线桩的地面点(间视点)的标尺读数，间视点的立尺由后司尺员来完成。

由于转点起传递高程的作用，因此，转点标尺应立在尺垫、稳固的桩顶或坚石上，尺上读数至毫米，视距一般不应超过 150m。间视点标尺读数至厘米，要求尺子立在紧靠桩的地面上。

如图 10.15 所示，水准仪置于测站①，后视水准点 BM.1，前视转点 TP.1 将观测结果分别记入表 10-3 中"后视"和"前视"栏内；然后观测中间的各个中线桩，即后司尺员将标尺依次立于 0+000，0+050，…，0+120 等各中线桩处的地面上，将读数分别记入表 10-3 中"间视"栏内；如果利用中线桩作转点，应将标尺立在桩顶上，并记录桩高。

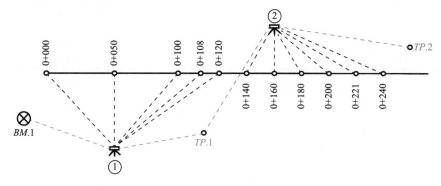

图 10.15　中平测量

表 10-3　线路纵断面水准点(中平)测量记录

测站	点名	水准标尺读数			视线高程 H_i	高程 $H_{间}$	备注
		后视 $a_{后}$	间视 $b_{间}$	前视 $b_{前}$			
1	BM.1	2.191			14.505	12.314	
	0+000		1.62			12.89	已知点
	0+050		1.90			12.61	
	0+100		0.62			13.89	
	0+108		1.03			13.48	
	0+120		0.91			13.60	ZY.1
	TP.1			1.006		13.499	
2	TP.1	2.162			15.661	13.499	
	0+140		0.50			15.16	
	0+160		0.52			15.14	
	0+180		0.82			14.84	
	0+200		1.20			14.46	QZ.1
	0+221		1.01			14.65	
	0+240		1.06			14.60	
	TP.2			1.521		14.140	

续表

测站	点名	水准标尺读数			视线高程 H_i	高程 $H_间$	备注
		后视 $a_后$	间视 $b_间$	前视 $b_前$			
3	TP.2	1.421			15.561	14.140	YZ.1
	0+260		1.48			14.08	
	0+280		1.55			14.01	
	0+300		1.56			14.00	
	0+320		1.57			13.99	
	0+335		1.77			13.79	
	0+350		1.97			13.59	
	TP.3			1.388		14.173	
4	TP.3	1.724	1.58		15.897	14.173	JD.2 (14.618)
	0+384		1.53			14.32	
	0+391		1.57			14.37	
	0+400					14.33	
	BM.2			1.281		14.616	

仪器搬至测站②，后视转点 TP.1，前视转点 TP.2，然后观测各中线桩地面点。用同法继续向前观测，直至附合到水准点 BM.2，完成附合路线的观测工作。

每一测站的各项计算依次按下列公式进行：

视线高程=后视点高程+后视读数，即

$$H_i = H_后 + a_后 \tag{10-27}$$

转点高程=视线高程−前视读数，即

$$H_转 = H_i - b_前 \tag{10-28}$$

中线桩处的地面高程=视线高程−间视读数，即

$$H_间 = H_i - b_间 \tag{10-29}$$

记录员应边记录边计算，直至下一个水准点。计算高差闭合差 f_h，若 $f_h \leq f_{h允} = \pm 50\sqrt{L}$，则符合要求，可以不进行闭合差的调整，以表中计算的各点高程作为绘制纵断面图的数据。

3) 纵断面图的绘制及施工量计算

纵断面图既可表示中线方向的地面起伏，又可在其上进行纵坡设计，是线路设计和施工的重要资料。纵断面图是在以中线桩的里程为横坐标、以其高程为纵坐标的直角坐标系中绘制的。里程(水平)比例尺和高程(垂直)比例尺根据工程要求参照表 10-1 选取。

为了明显地表示地面起伏，一般高程比例尺较里程比例尺大 10 倍或 20 倍。高程按比例尺注记，但要参考其他中线桩的地面高程确定原点高程(如 0+000 桩号的地面高程)在纵断面图中的位置，使绘出的地面线处在纵断面图中适当位置。纵断面图一般自左至右绘制在透明毫米方格纸的背面，这样可以防止用橡皮修改时把方格擦掉。

(1) 纵断面图的内容。纵断面图包括两部分，上半部分绘制断面线，进行有关注记；下半部分填写资料数据表。

如图 10.16 所示，在图的上半部分，从左至右绘有两条贯穿全图的线，一条细实线表示中线方向的地面线，另一条粗实线表示路线纵向坡度的设计线。除了断面线外，还要注记有关路线的资料，如水准点位置、编号与高程；桥涵里程、长度、结构与孔径；同其他

路线交叉的位置与说明；竖曲线里程、形状及其曲线要素；施工时的填挖高度等。有时还要注明土壤地质和钻孔资料。

在图的下半部分为五格横栏数据表，填写以下内容。

① 坡度与坡长。从左至右向上斜者为上坡(正坡)，向下斜者为下坡(负坡)，水平线表示平坡。线上注记坡度的百分数(铁路断面图为千分数)，线下注记坡长。

② 设计高程。按中线设计纵坡计算的路基高程。

③ 地面高程。按中平测量成果填写的各里程桩的地面高程。

④ 里程桩与里程。按中线测量成果，根据水平比例尺标注的里程桩号。为使纵断面图清晰，一般只标注百米桩和公里桩，为了减少书写，百米桩的里程只写1~9，公里桩则用符号❶表示，并注明公里数。

⑤ 直线和曲线。为路线中线的平面示意图，按中线测量资料绘制。直线部分用居中直线表示，曲线部分用凸出的折线表示，上凸者表示路线右弯，下凸者表示左弯，并在凸出部分注明交点编号和曲线半径等。

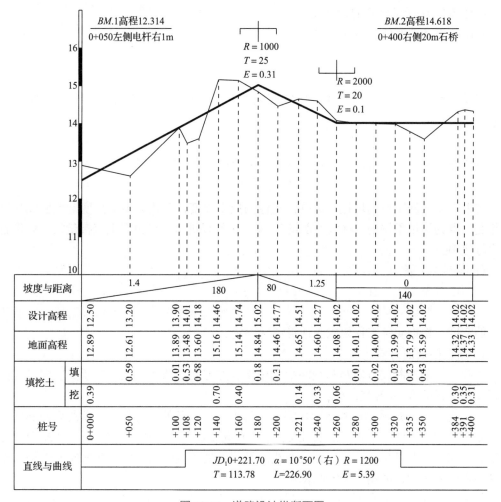

图 10.16 道路设计纵断面图

(2) 纵断面图绘制方法。

绘制纵断面图,先要确定比例尺,一般平原与微丘地区,取 1:5000 和 1:500,山地与深丘地区,取 1:2000 和 1:200。纵断面图是绘制在透明毫米方格纸的反面,可以防止用橡皮时把方格擦掉。

① 按规定尺寸绘制横栏表格。根据路线水准测量手簿在里程桩一栏内按水平比例写上百米桩号,同时在地面高程栏内,写上各桩的相应地面高程。根据中线测量手簿填写直线与曲线栏。

② 确定起始点高程在图上的位置。为方便起见,一般将高程的 10m 整倍数置于毫米方格纸的 5cm 粗横线上。然后在图上按纵横比例尺依次点出各中桩的地面点,用细实线连接,即得地面线的纵剖面形状。在山区,由于地面高差变化大,地面线可能要超出图纸以外,此时可从某点起将其高程沿同一竖直线降低(或升高)5~10cm,再继续点绘下去,使图形呈阶梯形。

③ 计算设计高程和填挖尺寸。根据已设计好的纵坡 i 和两点间的水平距离 D,便可从起点设计高程 H 计算以后的设计高程。

某段的设计坡度值按下式计算。

$$i_{设计} = \frac{H_{终设} - H_{起设}}{D_{终起}} \tag{10-30}$$

在设计高程一栏内,填写相应中线桩处的路基设计高程。某点 A 的设计高程按下式计算。

$$H_{设计} = H_{起点} + i_{设计} D_{起-A} \tag{10-31}$$

在填挖土深度一栏内,按下式进行施工量的填挖土深度计算。

$$h = H_{地面} - H_{设计} \tag{10-32}$$

式中求得的施工量的填挖土深度,正值为挖土深度,负值为填土高度。地面线与设计线相交的点为不填不挖处,称为"零点"。零点也给以桩号,可由图上直接量得,以供施工放样时使用。

2. 横断面测量

横断面测量的主要任务是在各中线桩处测定垂直于中线方向的地面起伏,然后绘成横断面图,是横断面设计、土石方等工程量计算和施工时确定断面填挖边界的依据。横断面测量的宽度,根据实际工程要求和地形情况确定。

1) 测设横断面方向

直线段上的横断面方向是与线路中线相垂直的方向。曲线段上的横断面方向是与曲线的切线相垂直的方向(图 10.17)。

在直线段上,如图 10.18 所示,将杆头有十字形木条的方向架立于欲测设横断面方向的 A 点上,用架上的 1-1′方向线照准交点 JD 或直线段上某一转点 ZD,则 2-2′即为 A 点的横断面方向,用花杆标定。为了测设曲线上里程桩处的横断面方向,在方向架上加一根可转动的定向杆 3-3′,如图 10.19 所示。

如确定 ZY 和 P_1 点的横断面方向(图 10.17),先将方向架立于 ZY 点上,用 1′方向照准 JD,则 2-2′方向即为 ZY 的横断面方向。再转动定向杆 3-3′对准 P_1 点,制动定向杆。将方

向架移至 P_1 点，用 2-2′对准 ZY 点，依照同弧两端弦切角相等的原理，3-3′方向为 P_1 点的横断面方向。为了继续测设曲线上 P_2 点的横断面方向，在 P_1 点定好横断面方向后，转动方向架，松开定向架，用 3-3′对准 P_2 点，制动定向杆。然后将方向架移至 P_2 点，用 2-2′对准 P_1 点，则 3-3′方向即为 P_2 点的横断面方向。

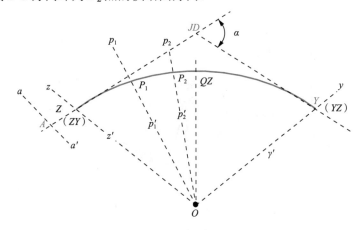

图 10.17　横断面方向测设图

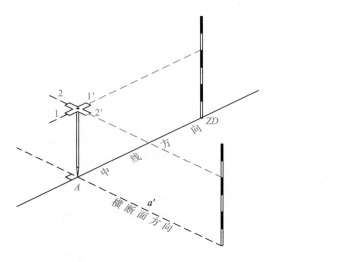

图 10.18　用方向架定横断面方向

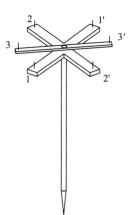

图 10.19　方向架

2) 测定横断面上点位和高差

横断面上中线桩的地面高程已在纵断面测量时测出，只需测量出各地形特征点相对于中线桩的平距和高差，就可以确定其点位和高程。平距和高差可用下述方法测量。

(1) 水准仪皮尺法。

此法适用于施测横断面较宽的平坦地区。如图 10.20 所示，安置水准仪后，以中线桩地面高程点为后视，以中线桩两侧横断面方向的地形特征点为前视，标尺读数读至厘米。用皮尺分别量出各特征点到中线桩的水平距离，量至分米。记录格式见表 10-4，表中按线路前进方向分左、右侧记录，以分式表示前视读数和水平距离。高差由后视读数与前视读数求差得到。

(2) 经纬仪视距法。

安置经纬仪于中线桩上，可直接用经纬仪定出横断面方向。量出至中线桩地面的仪器高，用视距法测出各特征点与中线桩间的平距和高差。此法适用于任何地形，包括地形复杂、山坡陡峻的线路横断面测量。利用电子全站仪则速度更快、效率更高。

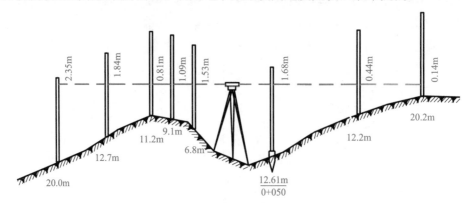

图 10.20　水准仪皮尺法测横断面

表 10-4　横断面测量记录表

前视读数(左侧)/m					后视读数/m	前视读数(右侧)/m	
水平距离/m					桩号	水平距离/m	
2.35	1.84	0.81	1.09	1.53	1.68	0.44	0.14
20.0	12.7	11.2	09.1	06.8	0＋050	12.2	20.2

(3) 横断面图的绘制。

根据实际工程要求，参照表 10-1 确定绘制横断面图的水平和垂直比例尺。依据横断面测量得到的各点的平距和高差，在毫米方格纸上绘出各中线桩的横断面图，如图 10.21 所示。绘制时，先标定中线桩位置，由中线桩开始，逐一将特征点展绘在图纸上，用细线连接相邻点，即绘出横断面的地面线。

以道路工程为例，经路基断面设计，在透明图上按相同的比例尺分别绘出路堑、路堤和半填半挖的路基设计线，称为标准断面图。依据纵断面图上该中线桩的设计高程把标准断面图套绘到横断面图上。也可将路基断面设计的标准断面图直接绘在横断面图上，绘制成路基断面图，这一工作俗称"戴帽子"。图 10.22 为半填半挖的路基横断面图。根据横断面的填、挖面积及相邻中线桩的桩号，可以算出施工的土石方量。

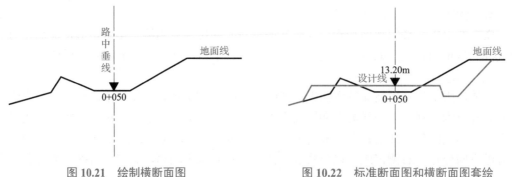

图 10.21　绘制横断面图　　图 10.22　标准断面图和横断面图套绘

3) 路基边桩放样

路基施工之前,在地面上把路基轮廓表示出来,也就是把路基两旁的边坡与原地面相交的坡脚点(或坡顶点)找出来,钉上边桩,以便施工。边桩的位置与路基的填土高度或挖土深度、边坡率和地形情况有关。

(1) 利用横断面图放样边桩。

路基横断面图为供路基施工的主要图纸,可根据已戴好帽子的横断面图放样路基边桩。坡脚点(或坡顶点)与中桩的水平距离可以从横断面图上量出(一般横断面的比例尺为 1: 200)。然后用皮尺沿着横断面方向量出来。丈量时尺子一定要拉平,如横坡较大时,须分段丈量,在量得的点处钉上坡脚桩(或坡顶桩)。

(2) 根据路基中心填挖高度放样边桩。

如果在现场没有横断面图,只有施工填挖高度时,也可以放样边桩,其方法如下。

① 平坦地面的路基边桩放样。

如图 10.23(a)所示,路堤坡脚桩至中桩的距离为

$$l = \frac{B}{2} + mH \tag{10-33}$$

如图 10.23(b)所示,路堑坡顶桩至中桩的距离为

$$l = \frac{B_1}{2} + mH \tag{10-34}$$

上两式中:B ——路基设计宽度(m);

B_1——路基与两侧边沟宽度的总和(m);

m ——边坡设计坡率;

H ——路基中心设计填挖高度(m)。

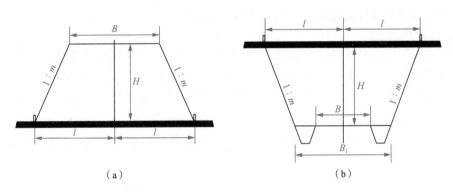

图 10.23 平坦地面的路基边桩放样

根据计算出的距离,沿横断面方向丈量,钉出路基边桩。如果在曲线上有加宽时,应在加宽一侧的 l 值上加上加宽值。

② 倾斜地面的路基边桩放样。

如图 10.24(a)所示,路堤坡脚桩至中桩的距离为

$$\begin{cases} \text{上侧坡脚 } l_1 = \dfrac{B}{2} + m(H - h_1) \\[2mm] \text{下侧坡脚 } l_2 = \dfrac{B}{2} + m(H + h_2) \end{cases} \tag{10-35}$$

如图 10.24(b)所示，路垫坡顶桩至中桩的距离为

$$\begin{cases} \text{上侧坡脚 } l_1 = \dfrac{B_1}{2} + m(H + h_1) \\[2mm] \text{下侧坡脚 } l_2 = \dfrac{B_1}{2} + m(H - h_2) \end{cases} \tag{10-36}$$

上两组式中：h_1——上侧坡脚(或坡顶)与中桩的高差(m)；

h_2——下侧坡脚(或坡顶)与中桩的高差(m)。

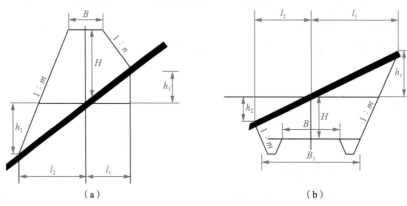

图 10.24　倾斜地面的路基边桩放样

这里应当指出，对于路堤或路堑的任何一个断面的 h_1 和 h_2 值都是未知数，因而不能根据以上两组式直接放样出边桩。一般采用逐渐趋近法。

(3) 逐渐趋近法。

根据中桩的填挖高度 H，和地面横坡的大小，先假定一个中桩到边桩的距离 l_i'，并用手水准仪和水准仪测出假定点和中桩的高差 h_i'，将上述数字代入式(10-35)和式(10-36)计算 l_i，看计算的和假定的是否一致。如果计算的距离 $l_i > l_i'$，说明假定的边桩离中桩太近，继续假定时应增长 l_i' 值，相应的重测 h_i' 值，代入公式再计算；反之，说明假定的边桩离中桩太远，继续假定时应缩短 l_i' 值。这样逐次趋近直到计算值和假定值完全一致，打下边桩。

10.3　管道工程施工测量

拓展讨论

1. 你知道大漠先锋——西气东输测量队吗？
2. 西气东输的"碳减排"。

管道工程一般属于地下构筑物。在较大的城镇及工矿企业中，各种管道通常相互穿插，纵横交错。因此在施工过程中，要严格按设计要求进行测量工作，并做到"步步有校核"，这样才能确保施工质量。

10.3.1 沟槽施工测量

1. 槽口放线

槽口放线就是按设计要求的埋深、土质情况和管径大小等计算出开槽宽度，并在地面上定出槽边线位置，划出白灰线，以便开挖施工。

2. 设置坡度板及测设中线钉

管道施工中的测量工作主要是控制管道中线设计位置和管底设计高程。为此，需设置坡度板。如图 10.25 所示，坡度板跨槽设置，间隔一般为 10～20m，编以板号。根据中线控制桩，用经纬仪把管道中心线投测到坡度板上，用小钉作标记，称作中线钉，以控制管道中心的平面位置。

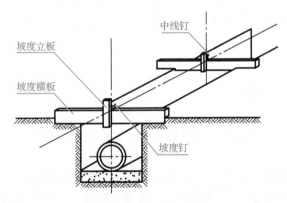

中线钉

坡度立板

坡度横板

坡度钉

图 10.25　坡度板的设置

3. 测设坡度钉

为了控制槽沟的开挖深度和管道的设计高程，还需要在坡度板上测设设计坡度。为此，在坡度横板上设一坡度立板，一侧对齐中线，在竖面上测设一条高程线，其高程与管底设计高程相差一整分米数，称为下反数。在该高程线上横向钉一小钉，称为坡度钉，以控制沟底挖土深度和管子的埋设深度，如图 10.25 所示。

10.3.2 顶管施工测量

当地下管道需要穿越其他建设物时，不能用开槽方法施工，可采用顶管施工法。在顶管施工中要做的测量工作有中线测设和高程测设两项。

1. 中线测设

挖好顶管工作坑后，根据地面上标定的中线控制桩，用经纬仪将中线引测到坑底，在坑内标定出中线方向,如图 10.26 所示。在管内前端放置一把木尺,尺上有刻划并标明中心点,用经纬仪可以测出管道中心偏离中线方向的数值,依此在顶进中进行校正。如果使用激光经纬仪,则沿中线方向发射一束可见激光,使得管道顶进中的校正更为方便。

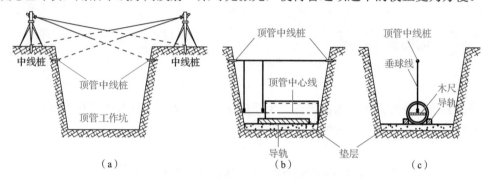

图 10.26 顶管中心线方向测设

2. 高程测设

在顶管工作坑内测设临时水准点,用水准仪测量管底前、后各点的高程,可以得到管底高程和坡度的校正数值。测量时,管内使用短水准标尺。如果将激光准直经纬仪安置的视准轴倾斜坡度与管道设计中心线重合,则可以同时控制顶管作业的方向和高程。

10.3.3 管道竣工测量

在管道工程中,竣工图反映了管道施工的成果,是管道建成后进行管理、维修和扩建不可缺少的依据。

管道竣工测量包括管道竣工平面图和管道竣工断面图的测绘。

管道竣工平面图主要测绘管道的起点、转点、中点、检查井及附属构筑物的平面位置和高程,测绘管道与附近重要地物(道路、永久性房屋、高压电线杆等)的位置关系。平面图的测绘宽度和比例尺根据需要确定,比例尺一般为 1∶500∼1∶2000。

管道竣工断面图主要反映管道及附属构筑物的高程和坡度,如管底高程及坡度、井盖及井底高程、管道所在地段的地形起伏情况等。断面图测绘应在回填土前进行,并用图根水准测量法测定检查井口顶面和管顶高程,管底高程由管顶高程和管径、管壁厚度算得。使用全站仪进行管道竣工测量将会极大提高工作效率。

10.4 桥梁工程施工测量

拓展讨论

1. 你知道我国的桥梁数量吗?
2. 党的二十大报告提出,中华优秀传统文化源远流长、博大精深,是中华文明的智慧结晶，中国传统建筑是中华优秀传统文化的重要组成部分，你知道我国古代著名的四大桥梁吗？

3. 测量在桥梁工程中的作用如何？

桥梁工程施工测量的任务是根据桥梁设计的要求和施工详图，遵循从整体到局部的原则，先进行控制测量，再进行细部放样测量。将桥梁构造物的平面和高程位置在实地放样出来，及时为不同的施工阶段提供准确的设计位置和尺寸，并检查其施工质量。

10.4.1 桥梁工程施工控制测量

1. 平面控制

为了按规定精度求出桥轴线的长度和测设墩台的位置，通常需要建立桥位平面控制网。其传统的方法是采用三角网、测边网及边角网等形式。三角网、测边网及边角网只是观测要素不同，而观测方法及布设形式是相同的。桥位平面控制网布设形式如图 10.27 所示，图 10.27(a)为双三角形，图 10.27(b)为四边形，图 10.27(c)为较大河流上采用的双四边形。

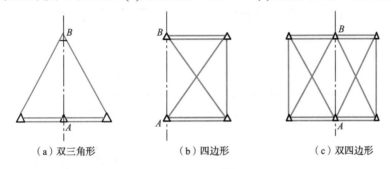

（a）双三角形　　　　　（b）四边形　　　　　（c）双四边形

图 10.27　桥位平面控制网布设形式

桥位三角网布设时应满足如下要求。

(1) 满足三角点选点的一般要求。

(2) 控制点要选在不被水淹、不受施工干扰的地方。

(3) 桥轴线应与基线一端连接且尽可能正交。

(4) 基线长度一般不小于桥轴线长度的 0.7 倍，困难地段不小于 0.5 倍。

桥位三角网的主要技术指标应符合表 10-5 的规定。

表 10-5　桥位三角网的主要技术指标

等级	桥轴线长度/m	测角中误差/(")	桥轴线相对中误差	基线相对中误差	三角形最大闭合差/(")
五	501～1000	±5.0	1/20000	1/40000	±15.0
六	201～500	±10.0	1/10000	1/20000	±30.0
七	≤200	±20.0	1/5000	1/10000	±60.0

桥位三角网基线观测采用精密量距的方法或测距仪测距的方法，三角网水平角观测采用方向观测法。

2. 高程控制

桥位的高程控制，是指在路线上通过水准测量的方法设立一系列水准点，以指导桥梁施工。在由河的一岸到另一岸时，由于过河路线较长，两岸水准点的高程应采用跨河水准测量的方法建立。桥梁在施工过程中，还必须加设施工水准点。所有桥位高程水准点不论是基本水准点还是施工水准点，都应根据其稳定性和应用情况定期检测，以保证施工高程放样测量及以后桥梁墩台变形观测的精度。检测间隔期设置一般在标石建立初期应短一些，随着标石稳定性逐步提高，间隔期亦逐步加长。桥位高程控制测量采用的高程基准必须与其连接的两端路线所采用的高程基准完全一致，一般多采用国家高程基准。跨河水准跨越的宽度大于 100m 时，必须参照《国家一、二等水准测量规范》(GB/T 12897—2006)，采用精密水准仪观测。

跨河水准测量采用两台水准仪同时对向观测，两岸测站点和立尺点布设形式，如图 10.28 所示，图中 A、B 为立尺点，C、D 为测站点，要求 A 到 D 和 B 到 C 的距离基本相等，A 到 C 与 B 到 D 的距离也基本相等，且 AC 和 BD 不小于 10m。

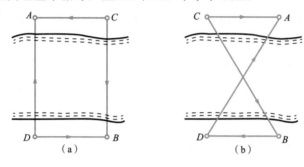

图 10.28　跨河水准测量布设

10.4.2　桥梁墩台定位测量

在桥梁墩台施工测量中，最主要的工作是准确地定出桥梁墩台的中心位置及桥梁墩台的纵横轴线。测设桥梁墩台中心位置的工作称为桥梁墩台定位测量。桥梁墩台定位测量通常都要以桥轴线两岸的控制点及平面控制点为依据，因此要保证桥梁墩台定位的精度，首先要保证桥轴线及平面控制网有足够的精度。

桥梁墩台定位测量所依据的资料为桥轴线控制桩的里程和桥梁墩台中心的设计里程。若为曲线桥梁，其墩台中心有的位于路线中线上，有的位于路线中线外侧，因此还需要考虑设计资料、曲线要素及主点里程等。

直线桥梁的墩台中心均位于桥轴线方向上，如图 10.29 所示，已知桥轴线控制桩 A、B 及各墩台中心的里程，由相邻两点的里程相减，即可求得其间的距离。桥梁墩台定位的方法，视河宽、水深，以及墩台位置的情况而异。根据条件一般可采用直接丈量法、交会法或全站仪定位法。

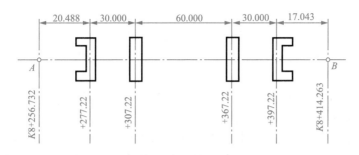

图 10.29 桥梁墩台平面图

1. 直接丈量法

当桥梁墩台位于无水河滩上，或水面较窄时，可以用钢尺或测距仪直接丈量出桥梁墩台的位置。使用的钢尺需经检定，丈量方法与精密量距法相同。由于是测设已知的长度，所以应根据地形条件将其换算为应设置的斜距，并应进行尺长、温度和倾斜改正。

为保证测设精度，施加的拉力应与检定钢尺时的拉力相同，同时丈量的方向不应偏离桥轴线的方向。在测设出的点位上要用大木桩进行标志，在桩上应钉一小钉，并在终端与桥轴线上的控制桩进行校核，也可以从中间向两端测设。按照这种顺序，有利于保证每一跨都满足精度要求。只有在不得已时，才从桥轴线两端的控制桩向中间测设，这样会将误差积累在中间衔接的一跨上，因此一定要对衔接的一跨设法进行校核。用直接丈量法定位，必须丈量两次以上作为校核。当校核结果证明定位误差不超过 1.5～2cm 时，则认为满足要求。

用电磁波测距法测设时应根据当时测出的气象参数和测设的距离求出气象改正值。

2. 交会法

如果桥梁墩台所在的位置河水较深，无法直接丈量，也不便于架设反射棱镜时，则可用交会法测设桥梁墩台的中心。

如图 10.30 所示，是利用已有的平面控制点及墩位的已知坐标，计算出在控制点上应测设的角度 α、β，将 DJ$_2$ 或 DJ$_1$ 型 3 台经纬仪分别安置在控制点 A、B、D 上，从 3 个方向(其中 DE 为桥轴线方向)交会得出。交会的误差三角形在桥轴线上的距离 C_2C_3，对于墩底定位不宜超过 25mm，对于墩顶定位不宜超过 15mm。再由 C_1 向桥轴线作垂线 C_1C，C 点即为桥墩中心。

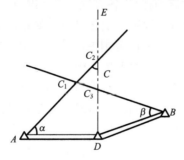

图 10.30 交会法测设桥梁墩台中心

为了保证墩位的精度，交会角应接近于 90°，但由于各个桥梁墩台位置有远有近，交会时不能将仪器始终固定在两个控制点上，因此有必要对控制点进行选择。为了获得适当的交会角，不一定要在同岸交会，而应充分利用两岸交会，选择最为有利的观测条件。

在桥梁墩台的施工过程中，随着工程的进展，需要多次交会出桥梁墩台的中心位置。为了简化工作，可把交会方向延伸到对岸，用觇牌加以固定。这样在以后交会墩位时，只要照准对岸的觇牌即可。为避免混淆，应在相应的觇牌上标示出桥梁墩台的编号。

3. 全站仪定位法

用全站仪进行桥梁墩台定位简便、快速且精确，只要在桥梁墩台中心处安置反射棱镜，而且仪器与棱镜能够通视，即使其间有水流阻碍亦可进行。

在被测设的点位上可以安置棱镜的条件下，若用极坐标法放样桥梁墩台中心位置，可以将全站仪放于任何控制点上，按计算的放样标定要素即水平角度和距离测设点位。测设时最好将仪器置于桥轴线的一个控制桩上，瞄准另一控制桩，此时望远镜所指方向为桥轴线方向。在此方向上移动棱镜，通过放样模式，定出各桥梁墩台中心位置。这样测设可有效地控制横向误差。

若在桥轴线控制桩上测设有障碍，可将仪器置于任何一个控制点上，利用墩台中心的坐标进行测设。为了确保测设点位的准确，常用换站法进行校核，即在测后将仪器迁至另一控制点上，按上述程序测设一次，只有两次测设的位置满足限差要求才能停止。

在测设前应注意将所使用的棱镜常数和当地的气象、温度和气压参数输入全站仪，仪器将可自动对所测距离进行修正。

10.4.3　桥梁墩台施工测量

在完成桥梁墩台的平面定位后，还应建立桥梁施工的高程控制网，作为桥梁墩台施工高程放样的依据。

桥梁墩台主要由基础、墩身及墩帽 3 部分组成。它的细部放样是在实地标定好的桥梁墩台中心位置和桥梁墩台纵横轴线的基础上，根据施工的需要，按照设计图自上而下，分阶段地将桥梁墩台各部分尺寸放样到施工作业面上。

1. 高程测量

1) 水准点布设

当桥长在 200m 以内时，可在河两岸各设置一个水准点。当桥长超过 200m 时，由于两岸联测起来比较困难，当水准点高程发生变化时不易复查，因此每岸至少应设置两个水准点。水准点应设在距桥中线 50～100m 范围内，选择坚实、稳固、能够长久保留、便于引测使用的地方，且不易受施工和交通的干扰。相邻水准点之间的距离小于 500m。

为了施工使用方便，可设立若干工作水准点，其位置以方便施工测量为准。但在整个施工期间，应定期复核工作水准点的高程，以确定其是否受到施工的影响或破坏。此外，对桥梁墩台较高、两岸陡峭的情况，应在不同高度设置水准点，以便于桥梁墩台高程放样。

2) 高程控制网联测

桥梁高程控制网的起算高程数据，由桥址附近的国家水准点和路线水准点引入，其目的是保证桥梁高程控制网与路线采用同一高程系统，从而取得统一的高程基准。但联测的精度可略低于桥梁高程控制网的精度，它不会影响桥梁各部分高程放样的相对精度，因此，桥梁高程控制网是个自由网。

3) 水准测量

水准测量作业之前，应按照 GB/T 12897—2006 的规定，对用于作业的水准仪和水准尺进行检验与校正；水准测量的实施方法及限差要求亦按规范规定进行。

高程控制网的平差根据具体情况可采用多边形平差法，间接观测平差以及条件观测平差。一般情况下，由于桥梁高程控制网形简单，通常只有一个闭合环，平差计算比较简单。

2. 轴线测设

在桥梁墩台施工前，需要根据已测设出的墩台中心位置，测设墩台的纵横轴线，作为放样墩台细部的依据。墩台纵轴线是指过墩台中心，垂直于路线方向的轴线；墩台横轴线是指过墩台中心，与路线方向一致的轴线。

在直线形桥上，墩台的横轴线与桥轴线重合，且所有墩台均一致，因而就可以利用桥轴线两端的控制桩标定横轴线方向，不再另行测设。

墩台的纵轴线与横轴线垂直。在测设纵轴线时，在墩台中心点上安置经纬仪，以桥轴线方向为准测设 90°方向，即为纵轴线方向。由于在施工过程中经常需要恢复墩台的纵横轴线位置，因此需要用标桩将其准确地标定在地面上，这些标桩称为护桩，如图 10.31 所示。

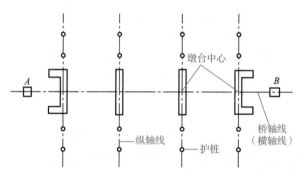

图 10.31　墩台轴线及护桩

为了消除仪器误差的影响，需要用盘左、盘右各测设一次，取其平均位置。在测设出的轴线方向上，应在桥轴线两侧各设置 2～3 个护桩，确保在个别护桩损坏后也能及时恢复。当墩台施工到一定高度时将影响两侧护桩的通视，这时利用桥轴线同一侧的护桩即可恢复纵轴线位置。护桩的位置应选在离施工场地一定距离，通视良好，地质稳定的地方，护桩一般采用木桩或混凝土桩。

位于水中的桥梁墩台，既不能安置仪器，也不能设护桩，可在初步定出的墩位处筑岛或建围堰，然后用方向交会法或其他方法精确测设墩位并设置轴线。若在深水大河上修建桥梁墩台，一般采用沉井基础，在沉井落入河床之前，用前方交会法进行定位，不断地进行观测，确保沉井位于设计位置上。利用光电测距仪进行测设时，可采用极坐标法进行定位。

3. 基础施工放样

桥梁基础形式有明挖基础、管状基础、沉井基础等，以下主要讨论明挖基础的施工放样。

明挖基础适合在地面无水的地基上施工，先挖基坑，再在坑内砌筑块材基础，如图 10.32

所示。若在水面以下采用明挖基础，则要先建立围堰，将水排出后再施工。

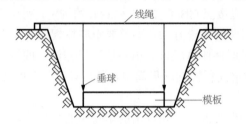

图 10.32　基础模板的放样

根据桥梁墩台中心点位及纵横轴线，按设计的平面形状测设出基础轮廓线控制点。然后进行基础开挖工作，当基坑开挖至坑底的设计高程时，应对坑底进行平整清理，进而安装模板，浇筑基础及墩身。

在进行基础及墩身的模板放样时，可将经纬仪安置在墩台中心线的一个护桩上，瞄准另一较远的护桩定向，这时仪器的视线即为中心线方向。安装时调整模板位置，使其中点与视线重合，则模板已正确就位。

如图 10.32 所示，当模板的高度低于地面时，可用仪器在邻近基坑的位置放出中心线上的两点。在这两点上挂线，用垂球将中线向下投测，引导模板的安装。在模板安装后，应检验模板内壁长、宽及与纵横轴线之间的关系尺寸，以及模板内壁的垂直度等。

基础和墩身模板的高程一般用水准测量的方法放样，当模板低于或高于地面很多时，无法用水准尺直接放样时，则用水准仪在某一适当位置先测设一高程点，然后用钢尺垂直丈量，定出放样的高程位置。

4. 墩身、墩帽施工测量

桥梁基础施工完毕后，需要利用控制点重新交会出墩台中心点。然后，在墩台中心点安置经纬仪放出纵横轴线，同时根据岸上水准点，检查基础顶面高程。根据纵横轴线即可放样承台、墩身的外轮廓线。

随着墩身砌筑(浇筑)的升高，可用较重的垂球将标定的纵横轴线转移到上一段，每升高 3～6m 须利用三角点检查一次墩台中心和纵横轴线。墩身砌筑(浇筑)至离帽底约 30cm 时，再测出墩台中心及纵横轴线，据此竖立顶帽模板、安装锚栓孔、安插钢筋等。在浇筑墩帽前，必须对桥梁墩台的中线、高程、拱座斜面及其他各部分尺寸进行复核，准确地放出墩帽的中心线。浇筑墩帽至顶部时，应埋入中心标志及水准点各 1～2 个。墩帽顶面水准点应从岸上水准点测定其高程，以作为安装桥梁上部结构的依据。

10.5　隧道工程施工测量

10.5.1　隧道工程施工测量概述

随着现代化建设的发展，我国地下隧道工程日益增多，如公路隧道、铁路隧道、水利工程输水隧道、地下铁路及矿山隧道等。

按隧道长度不同，隧道可分为特长隧道、长隧道、中隧道和短隧道。一般来说，长度在 3000m 以上的属于特长隧道；长度在 1000～3000m 之间的属于长隧道；长度在 500～1000m 之间的属于中隧道；长度在 500m 以下的属于短隧道。

由于工程性质和地质条件的不同，隧道工程的施工方法也不尽相同。施工方法不同，对测量的要求也有所不同。总的来说，隧道工程施工需要进行的测量工作主要包括以下内容。

(1) 地面控制测量，即在地面上建立平面和高程控制网。

(2) 竖井定向测量，将地面上的平面坐标、方位传递到地下隧道，建立地面地下统一坐标系统。

(3) 竖井高程传递，将地面上的高程传递到地下隧道，建立地面地下统一高程系统。

(4) 地下控制测量，包括地下平面与高程控制测量。

(5) 隧道施工测量，根据隧道设计进行放样、指导开挖及衬砌的中线及高程测量。

这些测量工作的主要目的如下。

(1) 在地下标定出地下工程建筑物的设计中心线和高程，为开挖、衬砌和施工指定方向和位置。

(2) 保证在两个相向开挖面的掘进中，施工中线在平面和高程上按设计的要求正确贯通，保证开挖不超过规定的界线，保证所有建筑物在贯通前能正确地修建。

(3) 保证设备的正确安装。

(4) 为设计和管理部门提供竣工测量资料等。

10.5.2 地面控制测量

隧道工程控制测量是保证隧道按照规定精度正确贯通，并使地下各建(构)筑物按设计位置定位的工程措施。隧道控制网分为地面和地下两部分。

1. 地面平面控制测量

地面平面控制网是包括进口控制点和出口控制点在内的控制网，并能保证进口点坐标和出口点坐标以及两者的连线方向达到设计要求。地面平面控制测量一般采用中线法、导线法及三角(边)锁法等方法。由于全球定位系统的广泛应用，因此，其也已用于隧道施工的洞外控制测量。

1) 中线法

中线法是在隧道地面上按一定距离标出中线点，施工时据此作为中线控制桩使用。隧道工程施工时，分别在两端中线控制桩上安置仪器，将中线方向延伸到洞内，作为隧道的掘进方向。该法宜用于隧道较短、洞顶地形较平坦，且无较高精度的测距设备的情况下，但必须反复测量，并要注意延伸直线的检核。其优点是中线长度误差对贯通的横向误差几乎没有影响。

2) 导线法

洞外地形复杂，量距又特别困难时，应布设导线来进行控制。施测导线时尽量使导线为直伸形，减少转折角，以减小测角误差对贯通的横向误差影响。

3) 三角(边)锁法

三角(边)锁作为隧道洞外的控制网，必须测量高精度的基线，测角精度要求也较高，一般长隧道测角精度为±2″左右。起始边精度要达到 1/300000。因此要付出较多的人力和物力。用三角(边)锁作为控制网，最好将三角(边)锁不设成直伸形，而是用单三角构成，使图形尽量简单。这样就可以将边长误差对贯通的横向误差影响大大削弱。

4) 用全球定位系统建立控制网

利用全球定位系统建立洞外的隧道施工控制网，由于无须通视，故不受地形限制，减少了工作量，提高了速度，降低了费用，并能保证施工控制网的精度。

2. 地面高程控制测量

高程控制测量的目的是按照规定的精度，测量两开挖洞口的进口点间的高差，并建立洞内统一的高程系统，以保证在贯通面上高程的正确贯通。

相向贯通的隧道，在贯通面上对高程要求的精度为±25mm，分配到地面高程控制测量的影响值为±18mm，分配到洞内高程控制的测量影响值为±17mm。根据上述精度要求，按照路线的长度确定必要的水准测量的等级。进口和出口要各设置两个以上水准点，两水准点之间最好能安置一次仪器进行联测。水准点应埋设在坚实、稳定和避开施工干扰之处。地面水准测量的技术要求，参照 GB/T 12897—2006 相应等级的规定。

10.5.3　竖井定向测量

竖井定向测量的目的是把地面的平面坐标传递到地下，使地面地下建立统一的坐标系统，以便正确指导隧道施工工作，保证贯通顺利进行。一般通过竖井采用一井定向、两井定向等方法来传递平面坐标。

1. 一井定向

一井定向是在井筒内挂两根钢丝，钢丝的上端在地面，下端投到定向水平。在地面测算两钢丝的坐标，同时在井下与永久控制点连接，如此达到将一点坐标和一个方向导入地下的目的。定向工作分为投点和连接测量两部分。

1) 投点

所谓投点是指在井筒中悬挂垂球线至定向水平。投点方法分稳定投点法和摆动投点法。投点所用垂球的质量与钢丝的直径随井深而不同。井深小于 100m 时，垂球重 30～50kg；大于 100m 时，垂球重 50～100kg。钢丝直径的大小取决于垂球的质量。

投点时，先用小垂球(2kg)将钢丝下放至井下，然后换上大垂球，并将大垂球置于油桶或水桶内，使其稳定。由于井筒内受气流、滴水的影响，在投点时，还要根据实际情况采用加防风套管、挡水等措施，降低投点误差的影响，提高投点精度。

2) 连接测量

投点工作完成后，应同时在地面和定向水平上对垂球线进行观测，地面观测是为了求得两垂球线的坐标及其连线的方位角，井下观测是以两垂球线的坐标和方位角推算导线起始点的坐标和起始边的方位角。连接测量的方法普遍使用的是连接三角形法。

如图 10.33 所示，D 点和 C 点分别为地面上近井点和连接点，A、B 两点为两垂球点，C'、D' 和 E' 为地下永久导线点。在井上下分别安置经纬仪于 C 和 C' 两点，观测角 φ、Ψ、γ 和 φ'、Ψ'、γ'。测量边长 a、b、c 和 d，以及井下的 a'、b'、c' 和 d'。由此，在井上下形成以 AB 为公共边的 $\triangle ABC$ 和 $\triangle ABC'$。由图 10.33 可以看出：已知 D 点坐标和 DE 边的方位角，观测三角形的各边长 a、b、c 及角 γ，就可推算井下导线起始边的方位角和 D' 点的坐标。

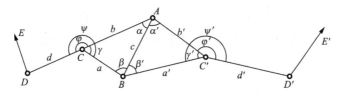

图 10.33　连接三角形

具体解算过程如下所示。

(1) 计算两垂球线之间的距离。根据实测边长 a、b 及角 γ，按余弦公式计算两垂球线之间的距离为

$$c_{计} = \sqrt{a^2 + b^2 - 2ab\cos\gamma} \tag{10-37}$$

(2) 计算实测值与计算值之差，并进行改正，即

$$c_{差} = c_{测} - c_{计} \tag{10-38}$$

地面连接三角形 $c_{差}$ 值不得超过 2mm，井下连接三角形值 $c_{差}$ 不得超过 4mm。符合要求后，按式(10-39)将其平均分配给 a、b、c。

$$\begin{cases} v_a = -\dfrac{c_{差}}{3} \\[2mm] v_b = -\dfrac{c_{差}}{3} \\[2mm] v_c = -\dfrac{c_{差}}{3} \end{cases} \tag{10-39}$$

(3) 连接三角形的解算。根据实测的及平差后的边长，可按式(10-40)计算垂球线处的角度 α、β。

$$\begin{cases} \alpha = \arcsin\left(\dfrac{a}{c}\sin\gamma\right) \\[2mm] \beta = \arcsin\left(\dfrac{b}{c}\sin\gamma\right) \end{cases} \tag{10-40}$$

(4) 坐标计算。计算方法与经纬仪导线测量计算相同。

2. 两井定向

当有两个竖井，井下有巷道相通，并能进行测量时，就可以在两井筒各下放一根垂球线，然后在地面和井下分别将其连接，形成一个闭合环，把地面坐标系统传递到井下，这就是两井定向，如图 10.34 所示。

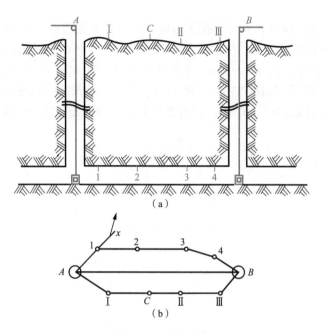

图 10.34　两井定向

两井定向的过程与一井定向大致相同，具体步骤如下。

1) 投点

投点方法与一井定向相同。

2) 连接测量

若两竖井之间的距离较短，可在两井之间建立一个近井点 C；若距离较远，可分别对两井建立近井点。地面测量时，根据近井点和已知方位角，测定 A、B 两垂球线的坐标。事先布设好导线，定向时只测量各垂球线的一个连接角和一条边。导线布设时，要求沿两井方向布设成延伸形，以减小量距带来的横向误差。

井下连接测量是把导线及垂球线进行联测。

3) 内业计算

(1) 根据地面导线计算两垂球线的坐标，反算连线的方位角 α_{AB} 和长度 c。

(2) 假定井下导线为独立坐标系，以 A 点为原点，以 $A1$ 为 x' 轴，用导线计算方法计算出 B 点的坐标，得 x'_B、y'_B，反算 AB 的假定方位角。

$$\alpha'_{AB} = \tan^{-1} \frac{y'_B}{x'_B} \tag{10-41}$$

$$c' = \sqrt{y'^2_B + x'^2_B} \tag{10-42}$$

c 和 c' 不相等，一方面由于井上、井下不在一个高程面上，另一方面由于测量误差的存在，则地下边长 c' 加上井深改正后与地面相应边长 c 的较差为

$$f_c = c - \left(c' + \frac{H}{R} c \right) \tag{10-43}$$

式中，H——井深；

$\quad\quad R$——地球曲率半径，其值为 6371km；

f_c——较差，不大于两倍连接测量的中误差。

(3) 求出 AB 边井上、井下两方位角之差，计算出井下导线边的方位角。

$$\Delta \alpha = \alpha_{AB} - a'_{AB} = \alpha_{A1} \tag{10-44}$$

井下各导线边的假定方位角，加上$\Delta \alpha$，即可求得井下各导线边的方位角。从而以地面 A 点的坐标 x_A、y_A 和 α_{AB} 为起算数据，以改正后的导线各边长 S，计算井下导线的坐标增量，并求闭合差。

$$f_x = \sum_A^B \Delta_x - \left(x_B - x_A \right) \tag{10-45}$$

$$f_y = \sum_A^B \Delta_y - \left(y_B - y_A \right) \tag{10-46}$$

$$f_s = \sqrt{f_x^2 + f_y^2} \tag{10-47}$$

其全长相对闭合差$\dfrac{f_s}{[S]} \leqslant K_容$。

Ⅰ级导线 $K_容 \leqslant 1/4000$，Ⅱ级导线 $K_容 \leqslant 1/2000$。在满足精度要求的情况下，将 f_x、f_y 反符号按边长成正比例分配在各坐标增量上，然后计算井下导线上各点的坐标。

10.5.4 竖井高程传递

将地面上的高程传递到地下去，一般采用通过横洞传递高程、通过斜井传递高程、通过竖井传递高程等方法。

通过横洞传递高程，可由地面向隧道中敷设水准路线，用一般水准测量或三角高程测量的方法进行传递高程。通过竖井传递高程，可采用钢尺导入高程、红外测距导入高程等方法。以下简要介绍钢尺导入高程的方法。

钢尺导入高程时采用专用钢尺进行，其长度有 100m、500m 两种。使用长钢尺通过井盖放入井下。钢尺零点端挂一个 10kg 垂球。地面和井下分别安置水准仪，如图 10.35 所示，在水准点 A、B 的水准尺读数 a 和 b'，两台仪器在钢尺上同时读数分别为 b 和 a'。最后再在水准点 A、B 上读数，以复核原读数是否有误差。由于钢尺受客观条件的影响，应加入尺长、温度、拉力和钢尺自重 4 项改正数。

井下 B 点高程可通过下式计算得到。

$$H_B = H_A + (a-b) + (a'-b') + \Delta l_d + \Delta l_t + \Delta l_p + \Delta l_c \tag{10-48}$$

式中：H_B——B 点高程；

H_A——A 点高程；

Δl_d——尺长改正数；

Δl_t——温度改正数；

Δl_p——拉力改正数；

Δl_c——钢尺自重改正数。

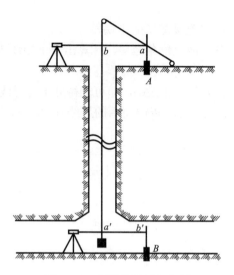

图 10.35　利用钢尺导入高程

10.5.5　地下控制测量

1. 井下平面控制测量

井下平面控制测量和地面平面控制测量一样，必须遵循高级控制低级的原则，以便控制误差累积，提高精度；其次，测量工作应与施工工程所要求的精度相适应，不必追求过高的精度；另外为了保证测量工作的正确性，要求每项测量工作都应有必要的检核步骤。

井下空间的有限性，决定了井下平面控制测量只能采用导线进行测量。在隧道施工过程中，井下导线一般采取分级布设，可分别布设施工导线、基本控制导线和主要导线。

在开挖面向前推进时，用以进行放样且指导开挖的导线测量就是施工导线，施工导线的边长为 25～50m。当掘进长度达 100～300m 以后，为了检查隧道的方向是否与设计相符合，并提高导线精度，选择一部分施工导线点布设边长较长、精度较高的基本控制导线，其边长一般为 50～100m。当隧道掘进 2km 后，可选择一部分基本控制导线点敷设主要导线，其边长一般为 150～800m。导线点多数埋设在巷道的顶板上，巷道的导线的等级与地面不同，其布设技术指标见表 10-6。

表 10-6　各级导线布设技术指标

导线类型	测角中误差	一般边长/m	角度允许闭合差		方向闭合法较差	最大相对闭合差	
			闭(附)合导线	复测支导线		闭(附)合导线	复测支导线
高级	±15″	30～90	$\pm30''\sqrt{n}$	$\pm30''\sqrt{n_1+n_2}$	30″	1/6000	1/4000
Ⅰ级	±22″	—	$\pm45''\sqrt{n}$	$\pm45''\sqrt{n_1+n_2}$	30″	1/4000	1/3000
Ⅱ级	±45″	—	$\pm90''\sqrt{n}$	$\pm90''\sqrt{n_1+n_2}$	30″	1/2000	1/1500

注：n 为闭(附)合导线测站数；n_1、n_2 为复测支导线第一次、第二次测站数。

地下导线测量分外业和内业工作。外业包括选点和埋点、测角和量边等工作，选点和埋点时应注意选在比较坚固的底板或顶板上，要便于观测和保存，通视条件较好。测角和量边方法同地面测量，只是在地下黑暗，需要照明。外业工作完成后，就进入内业计算阶段。

2. 井下高程控制测量

当隧道坡度小于 8° 时，多采用水准测量，建立高程控制；当隧道坡度大于 8° 时，采用三角高程测量比较方便。地下水准测量分两级布设，其技术指标见表 10-7。

表 10-7　地下水准测量技术指标

级别	两次高差之差或红黑面高差之差	支水准路线往返测高差不符值	闭(附)合路线闭合差
I	±4mm	$±15\sqrt{R}$	—
II	±5mm	$±30\sqrt{R}$	$±24\sqrt{L}$

注：R 为支水准路线长度，以百米计；L 为闭(附)合路线长度，以百米计。

Ⅰ级水准路线作为地下首级控制，从地下导入高程的起始水准点开始，沿主要隧道布设，可将永久导线点作为水准点，每 3 个一组，便于检查水准点是否变动。

Ⅱ级水准点以Ⅰ级水准点作为起始点，均为临时水准点，可用Ⅱ级导线点作为水准点。Ⅰ、Ⅱ级水准点在很多情况下都是支水准路线，必须往返观测进行检核。若有条件尽量闭合或附合。

井下高程控制测量方法与地面基本相同。若水准点在顶板上，用 1.5m 或 2m 的水准尺倒立于点下，高差的计算与地面相同，但读数符号相反。

地下三角高程测量方法与地面三角高程测量方法相同。三角高程测量要往返观测，两次高差之差不超过 $(10+0.3l_0)$mm，l_0 为两点间的水平距离。三角高程测量在可能的条件下要闭合或附合，其闭合差 f_h 为

$$f_h = ±30\sqrt{L} \ (\text{mm}) \tag{10-49}$$

式中，L——闭(附)合路线长度，以百米计。

10.5.6　隧道施工测量

■ **拓展讨论**

1. 你会背诵李白的《蜀道难》吗？
2. 了解秦岭终南山公路隧道的修建历史。

在隧道施工过程中，测量人员的主要任务是随时确定开挖的方向，此外还要定期检查工作进度(进尺)及计算完成的土石方数量。在隧道竣工后，还要进行竣工测量。

1. 隧道的施工测量

在隧道掘进过程中首先要给出掘进的方向，即隧道的中线，同时要给出掘进的坡度，通过腰线来标定，这样才能保证隧道按设计要求掘进。

1) 隧道中线测设

在全断面掘进的隧道中，常用中线给出隧道的掘进方向。如图 10.36 所示， Ⅰ、Ⅱ 两点为导线点，A 为设计的中线点。已知其设计坐标和中线的坐标方位角，根据 Ⅰ、Ⅱ 两点的坐标，可反算得到 $\beta_{\text{Ⅱ}}$、d 和 β_A。在 Ⅱ 点上安置仪器，测设 $\beta_{\text{Ⅱ}}$ 角和丈量 d，便得出 A 点的实际位置。在 A 点(底板或顶板)上埋设标志并安置仪器，后视 Ⅱ 点，拨 β_A 角，则得中线方向。如果 A 点离掘进工作面较远，则在工作面近处建立新的中线点 A'，A 与 A' 之间不应大于 100m，如图 10.36 所示。

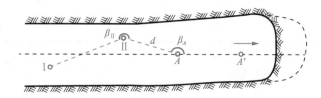

图 10.36　隧道中线测设

在工作面附近，用正倒镜分中法设立临时中线点 D、E、F，如图 10.37 所示，都埋设在顶板上，D、E、F 三点之间的距离不宜小于 5m。在这 3 点上悬挂垂球线，一人在后可以向前指出掘进的方向，标定在工作面上。当继续向前掘进时，导线也随之向前延伸，同时用导线测设中线点，以检查和修正掘进方向。

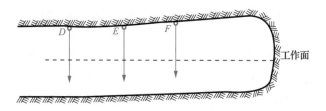

图 10.37　顶板上的临时中线点

2) 腰线的标定

在隧道掘进过程中，除给出中线外，还要给出掘进的坡度。一般用腰线放样坡度和各部位的高程。腰线标定常用的方法主要有经纬仪法和水准仪法。

(1) 经纬仪法标定腰线。通常在标定中线的同时标定腰线。如图 10.38 所示，在 A 点安置经纬仪，量仪高 i，仪器视线高程 (H_A+i)，在 A 点的腰线高程设为 (H_A+l)，则两者之差 k 为

$$k = (H_A+i)-(H_A+l) = i-l \qquad (10\text{-}50)$$

式中，l——仪器腰线高，一般取 1m。

当经纬仪所测得倾角为设计隧道的倾角 δ 时，瞄准中线上 D、E、F 这 3 点所挂的垂球线，从视点 1、2、3 向下量出 k，即得腰线点 1′、2′、3′。

在隧道掘进过程中，标志隧道坡度的腰线点并不设在中线上，往往标志在隧道的两侧壁上。如图 10.39 所示，仪器安置于 A 点，在 AD 中线上倾角为 δ；即使 B 点与 D 点同高，AB 线的倾角 δ' 也并不是 δ，通常称 δ' 为伪倾角。δ' 与 δ 之间的关系可按式(10-51)求出。

$$\tan\delta' = \cos\beta\tan\delta \qquad (10\text{-}51)$$

可根据现场观测的 β 角和设计的 δ，计算 δ' 之后就可在隧道两侧壁上标定腰线点。

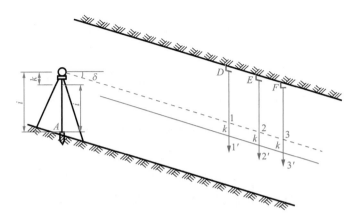

图 10.38 经纬仪标定腰线

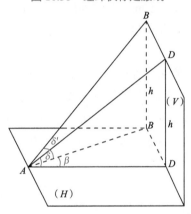

图 10.39 量测隧道倾角

(2) 水准仪法标定腰线。当隧道坡度在 8° 以下时,可用水准仪标定腰线。如图 10.40 所示,A 点高程 H_A 为已知,且已知 B 点的设计高程 $H_设$,设坡度为 i,在中线上量出 1 点距 B 点的距离 l_1 和 1、2、3 三点之间的距离 l_0,就可以计算 1、2 点与 2、3 点的设计高程,即

$$H_1 = H_设 + l_1 i \qquad (10\text{-}52)$$

$$H_2 = H_1 + l_0 i \qquad (10\text{-}53)$$

$$H_3 = H_2 + l_0 i \qquad (10\text{-}54)$$

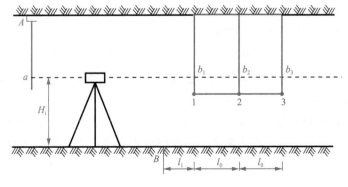

图 10.40 水准仪标定腰线

在水准点 A 与腰线点之间安置水准仪，后视点 A 水准尺，读出读数 a，则视线高程为

$$H_i = H_A + a \tag{10-55}$$

式中，a 的符号取决于水准点的位置，位于底板为正，位于顶板为负。

分别计算出视线与腰线点之间的高差为

$$b_1 = H_1 - H_i \tag{10-56}$$
$$b_2 = H_2 - H_i \tag{10-57}$$
$$b_3 = H_3 - H_i \tag{10-58}$$

根据 b_1、b_2、b_3 可以标定一组腰线点 1、2、3 点，用于指导隧道施工。

2. 隧道的竣工测量

隧道竣工后，应在直线地段每 50m、曲线地段每 20m 或需要加测断面处测绘隧道的实际净空。测量时均以线路中线为准，包括测量隧道的拱顶高程、起拱线宽度、轨顶水平宽度、铺底或抑拱高程。

在竣工测量后，应对隧道的永久性中线点用混凝土包埋金属标志。在采用地下导线测量的隧道内，可利用原有中线点或根据调整后的线路中心点埋设。直线上的永久性中线点，每 200～250m 埋设一个，曲线上应在缓和区线的起点和终点各埋设一个，在曲线中部，可根据通视条件适当增加。在隧道边墙上要画出永久性中线点的标志。洞内水准点应每公里埋设一个，并在边墙上画出标志。

本项目小结

本项目对常见线路工程测量作了详细的阐述，主要包括道路施工测量、管道施工测量、桥梁工程施工测量及隧道工程施工测量的方法。

道路施工测量涉及中线测量、圆曲线测设、道路纵横断面测量等内容。道路勘测一般分为初测和定测两个阶段，通过这两个阶段的工作为道路施工测量提供施工依据。

管道施工测量涉及沟槽施工测量、顶管施工测量、管道竣工测量等内容。管道工程多属地下构筑物，若在测量、设计和施工中出现差错，会造成严重的后果，因此应严格按照设计进行测量，这样才能保证施工质量。

桥梁工程施工测量涉及桥梁施工控制测量、桥梁墩台定位测量及桥梁墩台施工测量等内容。在桥梁工程施工时，测量工作的任务是精确地放样桥梁墩台的位置和跨越结构的各个部分，并随时检查施工质量。

隧道工程施工测量涉及隧道(包括地面和地下)控制测量、竖井定向测量、竖井高程传递及隧道施工测量等内容。这些测量工作旨在标定出隧道的设计中心线和高程，为开挖和施工指定方向和位置。

习 题

一、填空题

1. 道路勘测一般分为初测和_____两个阶段。
2. 路线中线测量的任务是_____。
3. 某桩点距线路起点的距离为 4450.78m，则它的桩号应写为_____。
4. 圆曲线主点测设元素有直圆点(ZY)、_____、_____。
5. 管道工程测量的主要工作有管道_____、_____、管道施工测量、_____和管道竣工测量。
6. 桥梁墩台定位方法有直接丈量法、_____、_____。
7. 隧道工程施工的测量工作包括地面控制测量、_____、竖井高程传递、_____、隧道施工测量。

二、简答题

1. 道路施工测量中穿线法测设交点的方法及步骤是什么？
2. 圆曲线详细测设的方法及测设步骤是什么？
3. 管道中线测量的基本内容是什么？
4. 管道坡度控制标志的测设方法及各自的测设程序是什么？
5. 桥梁墩台定位方法及步骤是什么？
6. 隧道工程施工测量工作的目的是什么？

三、计算题

1. 如图 10.3 所示，设导线点 C_4 的坐标为(200.000，400.000)，导线点 C_5 的坐标为(600.000，800.000)，线路中线交点 JD_{10} 的坐标为(400.000，600.000)，在导线点 C_4 设站，按极坐标法测设交点 JD_{10}，试计算测设角度及距离，并说明测设步骤。

2. 在某线路有一圆曲线，已知交点的桩号为 K1+600m，转角为 60°00′00″，设计圆曲线半径 $R = 200$m，求曲线测设元素及主点桩号。

项目 11 地形图的知识与应用

思维导图

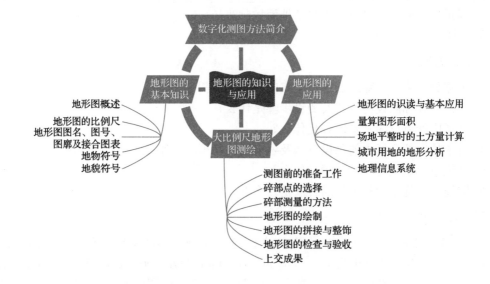

引例

在对城市进行规划设计时，要按城市各项建设对地形的要求并结合实地的地形进行分析，以便充分合理地利用和改造原有地形。规划设计所用的地形图，根据城市用地范围的大小，在总体规划阶段，常选用 1∶1 万或 1∶5000 比例尺的地形图；在详细规划阶段，为了满足房屋建筑和各项市政工程初步设计的需要，常选用 1∶2000、1∶1000 或 1∶500 比例尺的地形图。可见，地形图是城市各项工程建设的基本资料。

那么，怎样才能测得一幅完整的地形图呢？

地图史话　一张地图的诞生

11.1　地形图的基本知识

■ **拓展讨论**

你知道世界上最早的地形图是什么吗？

11.1.1　地形图概述

在国民经济建设、国防建设、科学研究、文化教育及日常社会生活中都要使用各种各样的地图。地图是按一定的法则有选择地在平面上表示地球表面若干现象的图。它具有严格的数学基础，统一的符号系统，特殊的文字注记，并按制图学的综合原则科学地反映与表示自然景观和社会经济现象的特征及相互间的关联。

地图按所表示的内容可分为专题地图和普通地图。专题地图是着重表示自然和社会经济现象的某一种或某几种要素的地图，适合于某部门或某专业的专门需要。普通地图是指通用的，描述一个地区自然地理和社会经济一般特征的地图，它比较全面地把制图区域的各个要素内容，如居民地、交通网、水系、行政区划、界限、土壤、地貌、植被等，按一定的比例尺大小，以相应详细程度予以表示。普通地图又可分为一览图和地形图。一览图是指比例尺小于 1∶100 万的普通地图。它包括范围广大，以高度概括的形式反映制图区域内的主要特征和一般概况，如世界地图、某洲地图或某国、某地区地图。它是由实测的大比例尺地形图及地图资料编绘而成的。地形图是普通地图的一种，它有较高的实用性，在国民经济建设、国防建设、科学研究中均广泛使用地形图。它是按一定的比例尺和一定的范围，表示地表某一局部区域内的地物与地貌平面位置和高程的正射投影图(图 11.1)。地物是指地球表面上相对固定性的物体，具有明确轮廓线，有自然形成的也有人工建造的，如河流、湖泊、房屋、道路、桥梁等。地貌是对地球表面各种高低起伏形态的通称，它没有明确的分界线，按形态和规模分为山地、丘陵、高原、平原、盆地等。通常习惯上把地物和地貌统称为地形。在地形图上需要把地球表面的水系、居民地、交通线、境界线、土壤植被、地貌六大类地形要素用各种符号详尽地表示出来。由于地形图是经实地测绘或根据实测及配合调查资料绘制而成的，既能充分反映地表实况，又能保证一定的数学精度。因此，在经济、国防等各种工程建设中，都需要利用地形图进行规划、设计、施工及竣工管理。

建筑工程测量(第四版)

城镇居民地

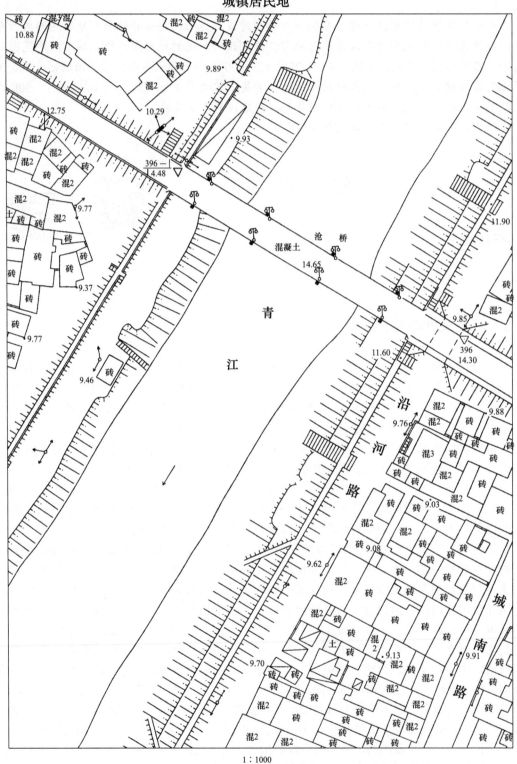

1：1000

图 11.1 某一局部区域地物与地貌平面位置和高程的正射投影图

为了使全国采用统一的符号，国家测绘地理信息局制定并颁发了各种比例尺的《地形图图式》，以供测图、读图和用图时使用。地形图的内容相当丰富，下面分别介绍地形图的比例尺，图名、图号、图廓及接合图表，以及地物符号和地貌符号。

11.1.2 地形图的比例尺

地形图上任意线段的长度 d 与它所代表的地面上的实际水平长度 D 之比称为地形图的比例尺。地形图的比例尺应注记在地形图南外图廓正下方中央位置处。

地图比例尺

1. 比例尺种类

1) 数字比例尺

数字比例尺用分子为 1 的分数表示，即

$$\frac{d}{D} = \frac{1}{\frac{D}{d}} = \frac{1}{M} \tag{11-1}$$

或写成 $1:M$，其中 M 为比例尺分母。M 越大，比值越小，比例尺越小；相反，M 越小，比值越大，比例尺越大。如数字比例尺 $1:500 > 1:1000$。

可利用式(11-1)，根据图上长度和比例尺求实际长度，也可根据实际长度和比例尺求图上长度。

我国规定 $1:500$、$1:1000$、$1:2000$、$1:5000$、$1:1$ 万、$1:2.5$ 万、$1:5$ 万、$1:10$ 万、$1:25$ 万、$1:50$ 万、$1:100$ 万 11 种比例尺地形图为国家基本比例尺地形图。通常称 $1:100$ 万、$1:50$ 万和 $1:25$ 万比例尺的地形图为小比例尺地形图；$1:10$ 万、$1:5$ 万、$1:2.5$ 万和 $1:1$ 万比例尺的地形图为中比例尺地形图；$1:5000$、$1:2000$、$1:1000$ 和 $1:500$ 比例尺的地形图为大比例尺地形图。

国家的基本地图为中比例尺地形图，由国家专业测绘部门负责测绘，目前均用航空摄影测量方法成图。小比例尺地形图一般由中比例尺地形图缩小编绘而成。城市和工程建设一般需要大比例尺地形图，其中比例尺为 $1:500$ 和 $1:1000$ 的地形图一般用平板仪、经纬仪或全站仪等测绘；比例尺为 $1:2000$ 和 $1:5000$ 的地形图一般是由 $1:500$ 或 $1:1000$ 的地形图缩小编绘而成；大面积的大比例尺地形图也可以用航空摄影测量方法成图。大比例尺地形图是直接为满足各种工程设计、工程施工而测绘的。因此，本项目重点介绍大比例尺地形图的基本知识。

2) 图示比例尺

为了便于应用，通常在地形图的正下方绘制一图示比例尺。由两条平行线构成，并把它们分成若干个 2cm 长的基本单位，最左端的一个基本单位再细化分成 10 等分。图示比例尺上所注记的数字表示以 m 为单位的实际距离。图示比例尺除直观、方便外，还有一个突出的特点就是比例尺随图纸一起产生伸缩变形，避免了数字比例尺因图纸变形而影响在图上量算的准确性。

使用时，用分规的两脚尖对准衡量距离的两点，然后将分规移至图示比例尺上，使一个脚尖对准"0"分划线右端的整分划线上，而使另一个脚尖落在"0"分划线左端的小分划段中，则所量的距离就是两个脚尖读数的总和，不足一小分划的零数可目估。

2. 比例尺精度

通常人眼能在图上分辨出的最小距离为 0.1mm。因此，地形图图上 0.1mm 所代表的实地水平距离称为比例尺精度，若用 δ 表示比例尺精度，M 表示比例尺分母，则

$$\delta = 0.1M \text{(mm)} \tag{11-2}$$

根据比例尺精度可以确定测图时测量实地距离应准确的程度，如用 1：500 比例尺测图时，其比例尺精度为 0.05m，因此，实地测量距离只需精确到 0.05m 即可。此外，当确定了要表示地物的最短距离时，可以根据比例尺精度确定测图的比例尺。例如，若规定图上应表示出的最短距离为 0.2m，则所采用的图纸比例尺不应小于 $\dfrac{0.1}{200} = \dfrac{1}{2000}$。

表 11-1 为几种常用的比例尺地形图的比例尺精度表。

表 11-1 几种常用的比例尺地形图的比例尺精度表

比例尺	1：500	1：1000	1：2000	1：5000	1：10000
比例尺精度/m	0.05	0.1	0.2	0.5	1.0

从表 11-1 中可以看出：比例尺越大，表示地形变化的状况越详细，精度也越高；比例尺越小，表示地形变化的状况越粗略，精度也越低。但比例尺越大，测图所耗费的人力、物力和精力也越多。因此，在各类工程中，究竟选用何种比例尺地形图，应从实际情况出发，合理地选择，而不要盲目追求更大比例尺地形图。

11.1.3 地形图的图名、图号、图廓及接合图表

1. 图名

图名即本图幅的名称，一般以本图幅内主要的地名、单位或行政名称命名，注记在北图廓外上方中央。如图 11.2 所示，图名为幸福镇。若图名选取有困难，也可不注图名，只注图号。

2. 图号

为了便于保管和使用地形图，每张地形图应有编号。图号就是该图幅相应分幅方法的编号，注于图幅正上方、图名的下方，如图 11.2 中"60.0—40.0"。

1) 分幅方法

大比例尺地形图常采用正方形分幅法或矩形分幅法，它是按统一的直角坐标纵、横坐标格网线划分的。

在 1：500、1：1000、1：2000 比例尺地形图上，一般采用 50cm×50cm 的正方形分幅或 40cm×50cm 的矩形分幅，根据需要也可采用其他规格的分幅。而中、小比例尺地形图则按经纬度来划分，即左、右以经线为界，上、下以纬线为界，图幅形状近似梯形，故称为梯形分幅。关于梯形分幅本书不作详细介绍。

各种大比例尺地形图图廓规格及图幅大小列入表 11-2。

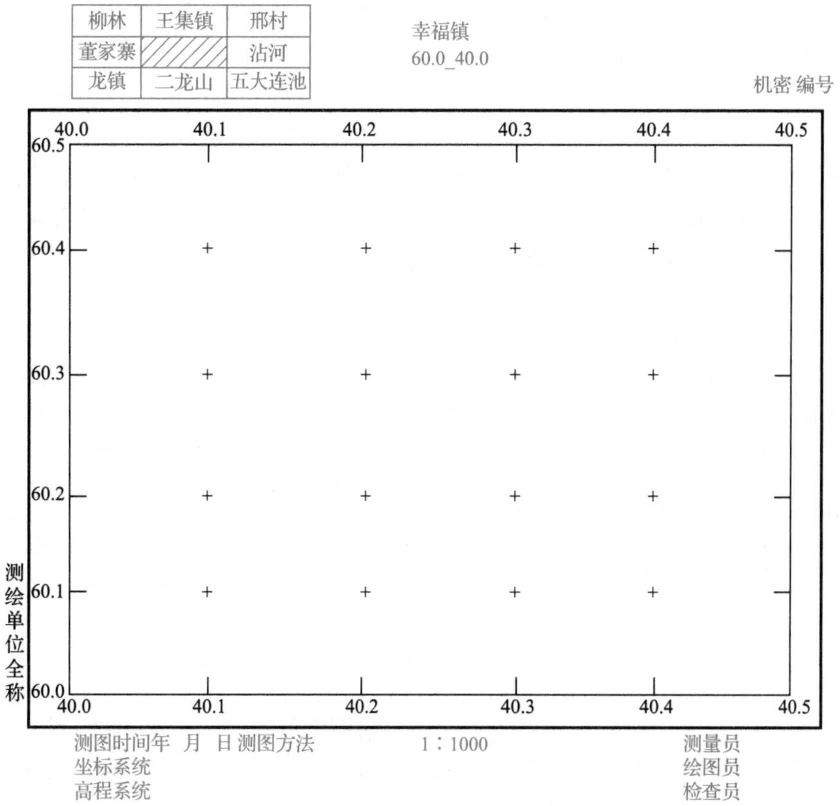

图 11.2　地形图图外注记

表 11-2　正方形、矩形分幅图廓规格及图幅大小

比例尺	图幅大小 /(cm×cm)	实地面积 /km²	一幅 1：5000 图包含的图幅数	图幅数/km²	图廓坐标值/m
1：5000	40×40	4	1	0.25	1000 的整数倍
1：2000	50×50	1	4	1	1000 的整数倍
	40×50	0.8	5	1.25	纵坐标 800 的整数倍 横坐标 1000 的整数倍
1：1000	50×50	0.25	16	4	500 的整数倍
	40×50	0.2	20	5	纵坐标 400 的整数倍 横坐标 500 的整数倍
1：500	50×50	0.0625	64	16	50 的整数倍
	40×50	0.05	80	20	纵坐标 20 的整数倍 横坐标 50 的整数倍

2) 编号方法

正方形分幅或矩形分幅的编号方法有 3 种。

(1) 坐标编号法。采用图廓西南角坐标公里数编号时，x 坐标在前，y 坐标在后，中间用"—"相连。1：500 比例尺地形图取至 0.01km，如 10.40—21.75；1：1000、1：2000 比例尺地形图取至 0.1km，如图 11.2 的图号为 60.0—40.0。对 1：5000 比例尺地形图的分幅编号是以 1：10 万比例尺地形图为基础按一定经差、纬差划分的，并采用统一的编号法。

(2) 数字顺序编号法。如图 11.3(a)所示，数字排列顺序由左到右，由上到下编定。

(3) 行列编号法。对带状测区或小面积测区，除按数字顺序编号外，还可利用行列编号。一般以代号(如 A，B，C，…)为横行，由上到下排列；以阿拉伯数字为纵列，按先行后列的顺序从左到右排列编定，如图 11.3(b)所示。

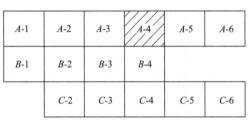

（a）数字顺序编号法　　　　　　　　（b）行列编号法

图 11.3　数字顺序编号法与行列编号法

3. 图廓

图廓是地形图的边界，有内、外图廓线之分。内图廓线就是坐标格网线，线粗为 0.1mm，外图廓线为图幅的最外围边线，线粗为 0.5mm，是修饰线。内外图廓相距 12mm。在内、外图廓线之间注记格网坐标值，如图 11.2 所示。

4. 接合图表

接合图表是为说明本图幅与相邻图幅的联系，供索取相邻图幅时用。通常把相邻图幅的图号标注在相邻图廓线的中部，或将相邻图幅的图名标注在图幅的左上方，如图 11.2 所示。

在地形图外还有一些其他注记，如外图廓左下角，应注记测图时间、坐标系统、高程系统等；右下角应注明测量员、绘图员和检查员；在图幅左侧注明测绘单位全称；在右上角标注图纸的密级及编号，如图 11.2 所示。

11.1.4　地物符号

为了便于制图和读图，在地形图中常用特定的符号来表示地物和地貌的形状和大小，这些符号总称为地形图图式。《国家基本比例尺地图图式　第 1 部分：1：500　1：1000　1：2000　地形图图式》(GB/T 20257.1—2017)、《国家基本比例尺地图图式　第 2 部分：1：500　1：1000　地形图图式》(GB/T 20257.2—2017)、《国家基本比例尺地图图式　第 3 部分：1：25000　1：50000　1：100000　地形图图式》(GB/T 20257.3—2017)、《国家基本比例尺地图图式　第 4 部分：1：250000　1：500000　1：1000000　地形图图式》

(GB/T 20257.4—2017)由国家测绘地理信息局测绘标准化研究所、北京市测绘设计研究院、建设综合勘察研究设计院起草,国家质量监督检验检疫总局、中国国家标准化管理委员会发布。它是测制、出版地形图的基本依据之一,是识别和使用地形图的重要工具,也是在地形图上表示各种地物、地貌要素的符号、注记和颜色的标准。成图的比例尺不同,符号的大小、详略也有所不同。在上述规范中没有规定的地物和地貌可自行补充,但应在技术报告书中注明。

常用地物符号和地貌符号见表 11-3。

表 11-3　常用地物符号和地貌符号

编号	符号名称	符号式样		
		1:500	1:1000	1:2000
1	三角点 a. 土堆上的 张湾岭、黄土岗——点名 156.718、203.623——高程 3.0、5.0——比高		3.0 △ 张湾岭 / 156.718 a　5.0 △ 黄土岗 / 203.623	
2	小三角点 a. 土堆上的 摩天岭、张庄——点名 294.91、156.71——高程 3.0、4.0——比高		3.0 ▽ 摩天岭 / 294.91 a　4.0 ▽ 张庄 / 156.71	
3	导线点 a. 土堆上的 I16、I23——等级、点号 84.46、94.40——高程 2.0、2.4——比高		2.0 ⊙ I 16 / 84.46 a　2.4 ⊕ I 23 / 94.40	
4	埋石图根点 a. 土堆上的 12、16——点号 275.46、175.64——高程 2.0、2.5——比高		2.0 ⊡ 12 / 275.46 a　2.5 ⊡ 16 / 175.64	
5	不埋石图根点 19——点号 84.47——高程		2.0 ⊡ 19 / 84.47	

编号	符号名称	符号式样		
		1:500	1:1000	1:2000
6	水准点 Ⅱ——等级 京石 5——点名、点号 32.805——高程		$2.0 \otimes$ $\dfrac{\text{Ⅱ京石5}}{32.805}$	
7	卫星定位连续运行站点 14——点号 495.266——高程		3.2 ◬ $\dfrac{14}{495.266}$	
8	卫星定位等级点 B——等级 14——点号 495.263——高程		3.0 ◬ $\dfrac{B14}{495.263}$	
9	单幢房屋 a. 一般房屋 b. 裙楼 b1. 楼层分割线 c. 有地下室的房屋 d. 简易房屋 e. 突出房屋 f. 艺术建筑 混、钢——房屋结构 2、3、8、28——房屋层数 (65.2)——建筑高度 -1——地下房屋层数	a 混3 c 混3-1 e 钢28 f 艺28 （0.2）	b1 0.1 b 混3 混8 ··0.2 d 简2 艺（65.2） 0.2	a c d 3 b 0.1 3 8 ··0.2 c f 1.0 28
10	建筑中房屋		建 2.0 1.0	

续表

编号	符号名称	符号式样		
		1:500	1:1000	1:2000
11	棚房 　a. 四边有墙的 　b. 一边有墙的 　c. 无墙的		a ⬚ ∴1.0 b ⬚ ∴1.0 c ⬚ ∴1.0 1.0　0.5	
12	破坏房屋		破 2.0　1.0	
13	架空房、吊脚楼 　4——楼层 　3——架空楼层 　/1、/2——空层层数	砼4　砼3/2　砼4 2.5 0.5		2　3/1 2.5 0.5
14	廊房(骑楼)、飘楼 　a. 廊房 　b. 飘楼	a 混3 ∴1.0 2.5 0.5		b 混3 ∴2.5 ∴0.5
15	露天体育场、网球场、运动场、球场 　a. 有看台的 　　a1. 主席台 　　a2. 门洞 　b. 无看台的		a　a2 ∴45° 工人体育场 ∴∴1.0 a1 b 体育场　　　球	
16	游泳场(池)		泳　　　　泳	
17	围墙 　a. 依比例尺的 　b. 不依比例尺的		a 10.0 b 0.3 10.0　0.5	
18	栅栏、栏杆		10.0　1.0	

续表

编号	符号名称	符号式样		
		1:500	1:1000	1:2000
19	篱笆		10.0　　1.0 0.5	
20	活树篱笆		10.0　　1.0 0.6	
21	铁丝网、电网		10.0　　1.0 —×——×—电—×——×—	
22	台阶		0.6 1.0　　1.0	
23	路灯、艺术景观灯 　　a. 普通路灯 　　b. 艺术景观灯	a	1.2　　　　0.8 0.3 2.4　0.6 b 0.6　2.4 0.3 0.8　　　　1.2	
24	高速公路 　　a. 隔离带 　　b. 临时停车点 　　c. 建筑中的	a c	0.4 0.2　‖　‖　○（G5）‖ 0.4 　　　b 0.4 3.0　25.0	
25	国道 　　a. 一级公路 　　　a1. 隔离设施 　　　a2. 隔离带 　　b. 二至四级公路 　　c. 建筑中的 　　①、②——技术等级代码 　　(G305)、(G301)——国道代码及编号	a b c	0.3 a1　　a2 0.15　①（G305） 0.3 0.3 ②（G301） 0.3 3.0　20.0	

续表

编号	符号名称	符号式样		
		1:500	1:1000	1:2000
26	省道 　a. 一级公路 　　a1. 隔离设施 　　a2. 隔离带 　b. 二至四级公路 　c. 建筑中的 　　①、②——技术等级代码 　　(S305)、(S301)——省道代码及编号			
27	县道、乡道及村道 　a. 有路肩的 　b. 无路肩的 　c. 建筑中的 　　⑨——技术等级代码 　　(X301)——县道代码及编号			
28	乡村路 　a. 依比例尺的 　b. 不依比例尺的			
29	小路、栈道			
30	内部道路			
31	阶梯路			
32	过街天桥、地下通道 　a. 过街天桥 　b. 地下通道			
33	地面河流 　a. 岸线(常水位岸线、实测岸线) 　b. 高水位岸线(高水界) 　　清江——河流名称			

编号	符号名称	符号式样		
		1:500	1:1000	1:2000
34	湖泊 龙湖——湖泊名称 (咸)——水质		龙湖　(咸)	
35	池塘			
36	稻田 　a. 田埂		0.2　a 2.5　10.0　10.0	
37	旱地		1.3　2.5　10.0 10.0	
38	成林		0.6 松6	
39	草地 　a. 天然草地 　b. 改良草地 　c. 人工牧草地 　d. 人工绿地		a　2.0　1.0　10.0　10.0 b　10.0　10.0 c　10.0 d　1.6　0.8　5.0　10.0	
40	花圃、花坛		1.5　0.5　10.0　10.0	

续表

编号	符号名称	符号式样		
		1:500	1:1000	1:2000
41	地级以上政府驻地		**唐山市** 粗等线体（7.5）	
42	县级(市、区)政府驻地、(高新技术)开发区管委会		**安吉县** 粗等线体（6.0）	
43	乡镇级，国有农场、林场、牧场、盐场、养殖场		**南坪镇** 正等线体（5.0）	
44	村庄(外国村、镇) 　a. 行政村，外国村、镇，主要集、场、街、圩、坝 　b. 村庄	a b	甘家寨 正等线体（4.5） 李家村　张家庄 仿宋体（3.5　4.5）	
45	等高线及其注记 　a. 首曲线 　b. 计曲线 　c. 间曲线 　d. 助曲线 　e. 草绘等高线 　25——高程	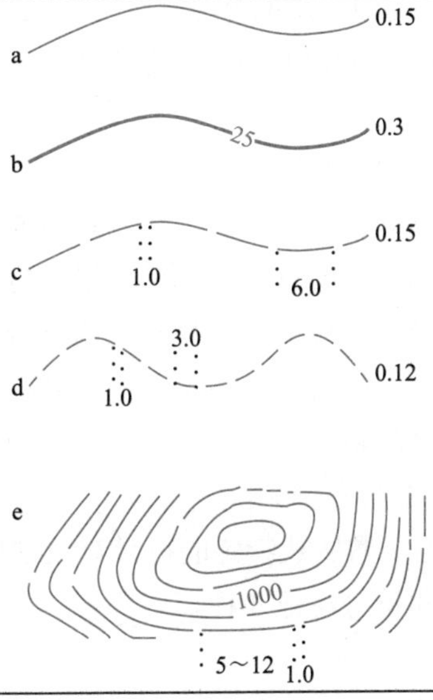		
46	高程点及其注记 1520.3、−15.3——高程		0.5 · 1520.3　　　　　　· −15.3	
47	示坡线	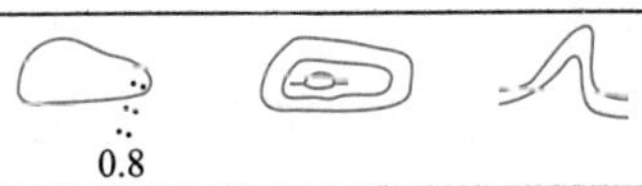	 0.8	

　　根据地物大小及描绘方法的不同，地物符号可分为比例符号、半比例符号(线形符号)、非比例符号和地物注记。

　　1. 比例符号

　　把地面上轮廓尺寸较大的地物依形状和大小按测图比例尺缩绘到图纸上称为比例符号，如房屋、道路、湖泊等，参见表 11-3 中 9～16 号、24～27 号及 30～40 号。

建筑工程测量(第四版)

2. 半比例符号(线形符号)

对一些呈带状延伸的地物，如小路、通信线路、管道等，其长度可按测图比例尺缩绘，而宽度却无法按比例尺缩绘。这种长度按比例、宽度不按比例的符号称为半比例符号或线形符号。半比例符号的中心线即为实际地物的中心线，参见表 11-3 中 17～21 号及 28～29 号。

3. 非比例符号

当地物轮廓较小，如三角点、水准点、独立树、消火栓等，无法将其形状和大小按测图比例尺缩绘到图纸上，而这些地物又很重要，必须在图上表示出来，则不管地物的实际尺寸大小，均用特定的符号表示在图上，这类符号称为非比例符号，参见表 11-3 中 1～8 号及 23 号。

非比例符号的中心位置与实际地物中心位置的关系遵循以下几点。

(1) 规则的几何图形符号，如三角点、导线点、钻孔等，该几何图形的中心即为地物的中心位置。

(2) 宽底符号，如里程碑、岗亭等，该符号底线的中心即为地物的中心位置。

(3) 底部为直角的符号，如独立树、加油站等，地物中心在该符号底部直角顶点。

(4) 由几种几何图形组成的符号，如气象站、路灯等，地物中心在其下方图形的中心点或交叉点。

(5) 下方没有底线的符号，如窑洞、亭等，地物中心在下方两端点间的中心点。

在绘制非比例符号时，除图式中要求按实物方向描绘外，如窑洞、水闸、独立屋等，其他非比例符号的方向一律按直立方向描绘，即与南图廓垂直。

必须指出，比例符号和非比例符号并非固定不变，还要依据测图比例尺和实物轮廓的大小而定。一般来说，测图比例尺越小，使用的非比例符号越多；测图比例尺越大，使用的比例符号越多。

4. 地物注记

用文字、数字或特定的符号对地物加以补充或说明，称为地物注记。它包括文字注记、数字注记和符号注记 3 种。

1) 文字注记

对行政名称、单位名称、村镇名称，以及公路、铁路、河流等的名称，在地形图上均应逐一注记，参见表 11-3 中 41～44 号及 33～34 号等。

2) 数字注记

在地形图上需用相应的数字注记河流的流速、深度，房屋的层数，控制点的高程，桥梁的长、宽及载重等，参见表 11-3 中 46 号及 1～8 号等。

3) 符号注记

用特定的符号表示地面的植被种类，如草地、耕地、林地类别等，参见表 11-3 中 36～40 号等。

11.1.5 地貌符号

地貌是指地球表面自然起伏的状态，包括山地、丘陵、平原、洼地等。在地形图上表示地貌的方法很多，在大比例尺地形图上通常用等高线表示地貌。主要因其不仅能表示出地面的起伏状态，还能科学地表示出地面的坡度和地面点的高程。

1. 等高线

等高线是地面上高程相同的相邻点所连成的闭合曲线。如图 11.4 所示，假想有一座小山全部被湖水淹没，设山顶的高程为 100m，如果水面下降 10m，则水平面与小山相截，构成一条闭合的曲线，在此曲线上各点的高程相同，这就是等高线。

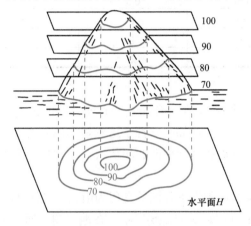

图 11.4 等高线

水面每下降 10m，可分别得出 90m、80m、70m、…一系列的等高线，这些等高线都是闭合曲线。如果将这些等高线铅直投影到某一水平面 H 上，并按一定的比例缩绘到图纸上，就获得与实地形态相似的等高线。因此，地形图上的等高线比较客观地反映了地面高低起伏的空间形状，同时具有可度量性。

2. 等高距和等高线平距

相邻两条高程不同的等高线之间的高差称为等高距，用 h 表示。相邻两条等高线之间的水平距离称为等高线平距，用 d 表示。地面的坡度 i 可以写成

$$i - \frac{h}{dM} \tag{11-3}$$

式中，M——地形图的比例尺分母。

由于在同一幅地形图上，等高距 h 是相同的，所以，式(11-3)表明 i 与 d 成反比，即在地形图上等高线越密集，表示地面坡度越大；等高线越稀疏，表示地面坡度越小。地形图上等高距的选定，取决于地形的类别和测图比例尺。只有合理地选择等高距才能既保证图面的清晰、准确，又不致增加图面负载量。等高距的选用可参见相应工程的测量规范。表 11-4 为《工程测量标准》(GB 50026—2020)所规定的地形图的基本等高距。

应用表 11-4 时注意以下几点。

(1) 一个测区同一比例尺，宜采用一种基本等高距。

(2) 水域测图的基本等深矩，可按水底地形倾角所比照的地形类别和测图比例尺选择。

(3) 地形的类别划分，是根据地面倾角 α 大小确定的。

平坦地：$\alpha < 2°$；丘陵地：$2° \leqslant \alpha < 6°$；山地：$6° \leqslant \alpha < 25°$；高山地：$\alpha \geqslant 25°$。

表 11-4　地形图的基本等高距　　　　　　　　　　　　　单位：m

地形类别	比例尺			
	1 : 500	1 : 1000	1 : 2000	1 : 5000
平 坦 地	0.5	0.5	1	2
丘 陵 地	0.5	1	2	5
山　　地	1	1	2	5
高 山 地	1	2	2	5

3. 几种基本地貌的等高线

地面上地貌的形态多种多样，但仔细分析后，就会发现它们一般由山头、洼地、山脊、山谷、鞍部等几种基本地貌组成。如果掌握了这些基本地貌的等高线特点，就能比较容易地根据地形图上的等高线分析和判别地面的起伏状态，以利于读图、用图和测图。

1) 山头和洼地

一组等高线中，里圈的高程大于外圈的高程为山头，如图 11.5(a)所示。相反，里圈的高程小于外圈的高程为洼地，如图 11.5(b)所示。在地形图上通常用一根垂直于等高线的短线，即示坡线来指示坡度降低的方向，并加注等高线的高程。

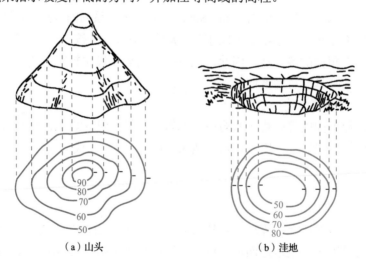

（a）山头　　　　　　　　　　（b）洼地

图 11.5　山头和洼地

2) 山脊和山谷

山脊是沿着一个方向延伸的高地，山脊的最高棱线称为山脊线。山谷是沿着一个方向延伸的洼地，贯穿山谷最低点的连线称为山谷线。山脊的等高线为一组凹向山头的曲线，山谷的等高线为一组凸向山头的曲线，如图11.6(a)所示。

山脊附近的雨水必然以山脊线为分界线，分别流向山脊的两侧，因此，山脊线又称为分水线。在山谷中，雨水必然由两侧山坡流向谷底，向山谷线汇集，因此，山谷线又称为集水线或汇水线或合水线。山脊线和山谷线统称为地性线。

3）鞍部

鞍部是相邻两山头之间呈马鞍形的低凹部位。鞍部的等高线由两组相对的山脊和山谷等高线组成，即在一圈大的闭合曲线内，套有两组小的闭合曲线，参见图11.6(b)中的相应位置。

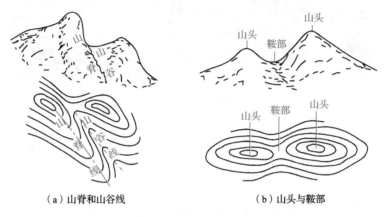

（a）山脊和山谷线   （b）山头与鞍部

图 11.6　山脊、山谷和鞍部

此外，还有一些特殊地貌，如峭壁、断崖、悬崖、冲沟、雨裂、绝壁、滑坡、崩坍等，用等高线难以表示，可按规范中所规定的符号表示。图11.7(a)、(b)、(c)分别为峭壁、断崖、悬崖的表示方法，图11.8是一块综合性地貌。

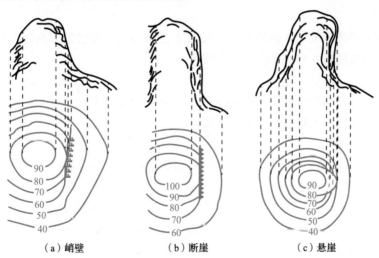

（a）峭壁   （b）断崖   （c）悬崖

图 11.7　峭壁、断崖和悬崖

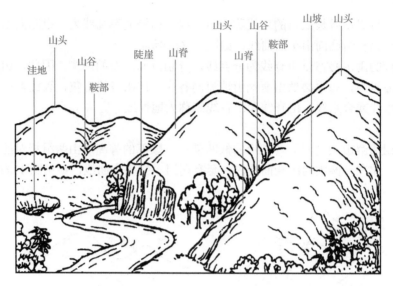

图 11.8　综合性地貌

4. 等高线分类

表示地形起伏的等高线有首曲线、计曲线、间曲线和助曲线之分，其符号及注记参见表 11-3 中 45 号。

1) 首曲线

在同一幅地形图上，按基本等高距描绘的等高线称为首曲线，又称基本等高线。首曲线用 0.15mm 的细实线绘出。

2) 计曲线

为了计算和用图的方便，每隔 4 条基本等高线，或凡高程能被 5 整除且加粗描绘的基本等高线称为计曲线，又称加粗等高线。计曲线用 0.3mm 的粗实线绘出。

3) 间曲线

当首曲线不能显示某地区的地貌时，按 1/2 基本等高距描绘的等高线，称为间曲线或半距等高线。间曲线用 0.15mm 的细长虚线表示。

4) 助曲线

有时为了显示局部间曲线所不能显示的重要地貌，按 1/4 基本等高距描绘的等高线，称为助曲线。助曲线用 0.15mm 的细短虚线表示。

5. 等高线的特性

(1) 等高性：同一条等高线上的各点高程相等，但高程相等的点，不一定在同一条等高线上。

(2) 闭合性：等高线为连续的闭合曲线，有可能在同一幅图内闭合，也可能穿越若干幅图而闭合。凡不在本幅图闭合的等高线应绘到图廓线，不能在图内中断，但间曲线和助曲线只在需要的地方绘出。

(3) 非交性：非特殊地貌，等高线不能重叠和相交，也不能分岔；非河流、房屋或数字注记处，等高线不能中断。

(4) 密陡、稀缓性：等高线平距与地面坡度成反比。在同一幅图内，等高线越密集，地面坡度越大，反之，等高线越稀疏，地面坡度越小。

(5) 正交性：等高线与山脊线、山谷线成正交。

(6) 等高线不能直穿河流，应逐渐折向上游，正交于河岸线，中断后再从彼岸折向下游。

11.2　大比例尺地形图测绘

11.2.1　概述

大比例尺地形图是指比例尺大于 1∶5000 的各类地形图。它主要应用于城市建设，是为适应城市和工程建设的需要而施测的。大比例尺测图所研究的主要问题就是在局部地区根据工程建设的需要，如何将测区范围内的地物和地貌的空间位置和相互关系通过合理的取舍，真实而准确地测绘到图纸上。测图比例尺应根据工程性质、设计阶段、规模大小、对地形图精度和内容的要求等进行选择。测绘大比例尺地形图的方法有多种，包括大平板仪测绘法、经纬仪测绘法、小平板仪和经纬仪联合测绘法、光电测距仪测绘法、摄影测量法和数字化测图等。

地形测量

11.2.2　测图前的准备工作

1. 技术计划

测量工作中应遵循"保证测量的质量，但不追求过剩的质量"这一原则。因此，对大比例尺测图进行技术设计的目的是制订切实可行的技术方案，保证测绘工作科学、高效地进行，测绘成果符合技术标准和用户要求，并获得最佳的社会效益和经济效益。

技术计划的主要内容有任务概述，测区概况，已有资料的分析、评价和利用，技术方案设计，工作量与进度计划，经费预算，质量控制与保障计划等。

(1) 任务概述。说明任务的名称、来源、作业区范围、地理位置、行政隶属、项目内容、产品种类及形式、任务量，以及要求达到的主要精度指标、质量要求、完成期限和产品接收单位等。

(2) 测区概况。简要说明测区地理特征，居民地、交通、气候情况及作业区困难类别等。

(3) 已有资料的分析、评价和利用。说明已有资料采用的平面和高程基准、比例尺、等高距，测制单位和年代，采用的技术依据，主要质量情况及评价，利用的可能性和利用方案等。

(4) 技术方案设计。说明作业依据的规范、图式、标准等；说明平面和高程基准、成图方法和图幅、等高距；平面和高程控制点的布设方案及有关的技术要求；说明平面和高程控制测量的施测方法、技术要求、限差规定和精度估算；根据所采用测图方法的特点，提出对地形图要素的表示和对地形测量的要求等；说明提交成果资料的种类等。

(5) 工作量与进度计划。根据设计方案，分别计算各工序的工作量；根据工作量统计和计划投入实际生产力，参照生产定额，分别列出进度计划和各工序的衔接计划。

(6) 经费预算。根据设计方案和进度计划，参照有关生产定额和成本定额，编制经费预算，并作必要的说明。

(7) 质量控制与保障计划。明确质量控制措施、组织与劳动计划、仪器配备及供应计划、检查验收计划、安全措施等。

按照有关规定，技术计划经过主管部门审核批准之后方可付诸执行。

2. 图根控制测量及其数据处理

图根点是直接提供测图使用的平面或高程控制点。测图前应先进行现场踏勘并选好图根点的位置，然后进行图根平面控制和图根高程控制测量。图根点的数量应根据测图比例尺和地形条件而定，平坦开阔地区的图根点数量不宜低于表 11-5 的规定。

表 11-5　平坦开阔地区的图根点数量

测图比例尺	每幅图的图根点数	每平方千米图根点数
1∶500	8	150
1∶1000	12	50
1∶2000	15	15

3. 图纸的准备

1) 图纸的选用

地形图测绘应选用质地较好的绘图纸，如聚酯薄膜图纸、普通优质绘图纸等。聚酯薄膜图纸是一面打毛的半透明图纸，其厚度为 0.07～0.1mm，伸缩率很小，且坚韧耐湿，图纸脏了可洗，在图纸上着墨后，可直接复晒蓝图。但聚酯薄膜图纸易燃，有折痕后不能消除，在测图、使用、保管时要多加注意。普通优质的绘图纸容易变形，为了减少图纸伸缩，可将图纸裱糊在铝板或胶合木板上。

2) 绘制坐标格网

在绘图纸上，首先要精确地绘制坐标格网，每个方格尺寸为 10cm×10cm。格网线的宽度为 0.15mm。常用的绘制坐标格网的对角线法如下。

如图 11.9 所示，沿图纸的 4 个角，用长直尺绘出两条对角线交于 O 点，自 O 点在对角线上量取 OA、OB、OC、OD 这 4 段相等的长度，得出 A、B、C、D 这 4 点，并做连接，即得矩形 ABCD，从 A、B 两点起，沿 AD 和 BC 向右每隔 10cm 截取一点，再从 A、D 两点起，沿 AB、CD 向上每隔 10cm 截取一点。而后连接相应的各点即得到由 10cm×10cm 的方格组成的坐标格网。

绘制坐标格网还有多种工具和方法，如坐标格网尺法、直角坐标仪法、格网板划线法、刺孔法等。此外，测绘用品商店还有印刷好坐标格网的聚酯薄膜图纸出售。

3) 格网的检查和注记

在坐标格网绘好以后，应立即进行检查：首先，检查各方格的角点应在一条直线上，偏离不应大于 0.2mm；其次，检查各个方格的对角线长度应为 141.4mm，图廓对角线长度与理论长度之差的容许误差为±0.3mm。若误差超过容许值则应将坐标格网进行修改或重绘。

坐标格网线的旁边要注记坐标值，每幅图的格网线的坐标是按照图的分幅来确定的。

4. 展绘导线点

展点时，首先要确定导线点(控制点)所在的方格。如图 11.10 所示(设比例尺为 1∶1000)，导线点 1 的坐标为：$x_1 = 625.18$m，$y_1 = 679.88$m，由坐标值确定其位置应在 kjmn 方格内。其次从 k 向 n 方向、从 j 向 m 方向各量取 79.88m，得出 a、b 两点，同样再从 k 和 n 点向上量取 25.18m，可得出 c、d 两点，连接 ab 和 cd，其交点即为导线点 1 在图上的位置。同法将其他各导线点展绘在图纸上。最后用比例尺在图纸上量取相邻导线点之间的距离和已知的距离相比较，作为展绘导线点的检核，其最大误差在图纸上应不超过±0.3mm，否则导线点应重新展绘。经检查无误，按图式规定绘出导线点符号，并注上点号和高程，这样就完成了测图前的准备工作。

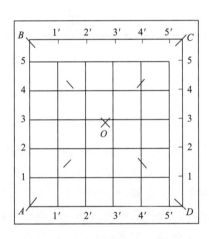

图 11.9　对角线法展绘方格网

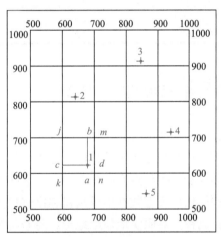

图 11.10　导线点的展绘

11.2.3 碎部点的选择

碎部测量就是测定碎部点的平面位置和高程。地形图的质量在很大程度上取决于司尺员能否正确、合理地选择地形点。碎部点应选在地物或地貌的特征点上。地物特征点就是地物轮廓的转折、交叉和弯曲等变化处的点或独立地物的中心点。地貌特征点就是控制地形的山脊线、山谷线和倾斜变化线等地形线上的最高、最低点，坡度和方向变化处，以及山头和鞍部等处的点。碎部点的密度主要根据地形的复杂程度确定，也与测图比例尺和测图的目的有关。测绘不同比例尺的地形图，对碎部点间距有不同的限定，对碎部点距测站的最远距离也有不同的限定。表 11-6、表 11-7 给出了地形图测绘采用视距测量方法测量距离时的碎部点最大间距和最大视距的允许值。

表 11-6　一般地区碎部点最大间距和最大视距

测图比例尺	碎部点最大间距/m	最大视距/m	
		主要地物特征点	次要地物特征点和地貌特征点
1∶500	15	60	100
1∶1000	30	100	150
1∶2000	50	130	250
1∶5000	100	300	350

表 11-7　城镇建筑区碎部点最大间距和最大视距

测图比例尺	碎部点最大间距/m	最大视距/m	
		主要地物特征点	次要地物特征点和地貌特征点
1∶500	15	50	70
1∶1000	30	30	120
1∶2000	50	120	200

11.2.4　碎部测量的方法

1. 经纬仪测绘法

经纬仪测绘法其实质是极坐标法。先将经纬仪安置在测站上，绘图板安置于测站近旁。用经纬仪测定碎部点方向与已知方向之间的水平角，并测定测站到碎部点的距离和碎部点的高程。然后根据数据用量角器和比例尺把碎部点的平面位置展绘于图纸上，并在点的右侧注记高程，对照实地勾绘地形。随着科技的不断进步，现代测量已普遍使用电子全站仪或者 GNSS 代替经纬仪测绘地形图的方法，称为数字化测图。其测绘步骤、计算和绘图过程与经纬仪测绘法类似，将在下一节进行介绍。经纬仪测绘法测图操作简单、灵活，适用于各种类型的测区。经纬仪测绘法的测绘工序如下。

1) 安置仪器和图板

如图 11.11 所示，观测员安置经纬仪于测站点(控制点)A 上，包括对中和整平。量取仪器高 i，测量竖盘指标差 x。记录员在"碎部测量记录手簿"中记录，包括表头的其他内容。绘图员在测站的同名点上安置量角器。

2) 定向

照准另一控制点 B 作为后视方向，置水平度盘读数为 0°00′00″。绘图员在后视方向的同名方向上画一短直线，短直线过量角器的半径，作为量角器读数的起始方向线。

3) 立尺

司尺员依次将标尺立在碎部点上。立尺前，司尺员应弄清实测范围和实地概略情况，选定立尺点，并与观测员、绘图员共同商定立尺路线。

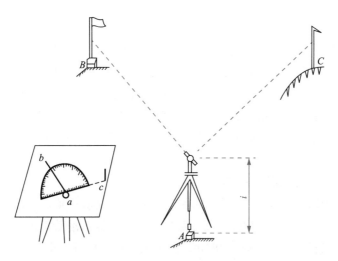

图 11.11 经纬仪测绘法的测站安置

4) 观测

观测员照准标尺,读取水平角 β、视距间隔 l、中丝读数 s 和竖盘读数 L。

5) 记录

记录员将读数依次记入手簿。有些手簿视距间隔栏为视距 K_1,由观测者直接读出视距值。对于有特殊作用的碎部点,如房角、山头、鞍部等,应在备注中加以说明。

6) 计算

记录员依据视距间隔 l、中丝读数 s、竖盘读数 L 和竖盘指标差 x、仪器高 i、测站高程 $H_站$,按视距测量公式计算平距和高程。

7) 展绘碎部点

绘图员转动量角器,将量角器上等于 β 角值(其碎部点为 115°00′)的刻划线对准起始方向线,如图 11.12 所示,此时量角器零刻划方向便是该碎部点的方向。根据图上距离,用量角器零刻划边所带的直尺定出碎部点的位置,用铅笔在图上点示,并在点的右侧注记高程。同时,应将有关碎部点连接起来,并检查测点是否有错。

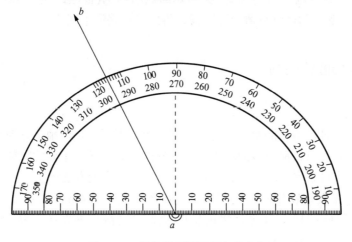

图 11.12 量角器展绘碎部点的方向

8) 测站检查

为了保证测图正确、顺利地进行，必须在工作开始即进行测站检查。检查方法是在新测站上测试已测过的碎部点，检查重复点精度在限差内即可，否则应检查测站点是否展错。此外，在工作中间和结束前，观测员可利用时间间隙照准后视点进行归零检查，归零差不应大于 4′。在每测站工作结束时进行检查，确认地物、地貌无错测或漏测时方可迁站。当测区面积较大时，测图工作需分成若干图幅进行。为了相邻图幅的拼接，每幅图应测出图廓外 5mm。

在测图过程中，应注意以下事项。

(1) 为方便绘图员工作，观测员在观测时，应先读取水平角，再读取视距尺的中丝读数和竖盘读数；在读取竖盘读数时，要注意检查竖盘指标水准管气泡是否居中；读数时，水平角估读至 5′，竖盘读数估读至 1′即可；每观测 20～30 个碎部点后，应重新瞄准起始方向检查其变化情况，经纬仪测绘法起始方向水平度盘读数偏差不得超过 3′。

(2) 司尺员在跑点前，应先与观测员和绘图员商定跑尺路线；立尺时，应将标尺竖直，并随时观察立尺点周围情况，弄清碎部点之间的关系，地形复杂时还需绘出草图，以协助绘图人员做好绘图工作。

(3) 绘图员要注意图面正确、整洁，注记清晰，并做到随测点，随展绘，随检查。

(4) 当每站工作结束后，应进行检查，在确认地物、地貌无错测或漏测时方可迁站。

2. 光电测距仪测绘法

光电测距仪测绘地形图与经纬仪测绘法基本相同，不同的是用光电测距来代替经纬仪视距法。

先在测站上安置测距仪，量出仪器高；后视另一控制点进行定向，使水平度盘读数为 $0°00'00''$。司尺员将测距仪的单棱镜装在专用测杆上，并读出棱镜标志中心在测杆上的高度 v，为计算方便，可使 $v=i$。立尺时将棱镜面向测距仪立于碎部点上。观测时，瞄准棱镜的标志中心，读出水平度盘读数 β，测出斜距 D'，竖直角 α，并作记录。

将 α、D' 输入计算器，计算平距 D 和碎部点高程 H(备注：平距 $D=D'\cos\alpha$，高差 $h=D'\sin\alpha+i-v$)，然后与经纬仪测绘法一样，将碎部点展绘于图上。

11.2.5 地形图的绘制

1. 地物描绘

在测绘地形图时，地物测绘的质量主要取决于是否正确合理地选择地物特征点，如房角、道路边线的转折点、河岸线的转折点、电杆的中心点等。主要的特征点应独立测定，一些次要的特征点可采用量距、交会、推平行线等几何作图方法绘出。

一般规定，主要地物轮廓线的凹凸长度在图上大于 0.4mm 时都要表示出来。如在 1∶500 比例尺的地形图上，主要地物轮廓凹凸大于 0.2m 时应在图上表示出来。对于大比例尺测图，应按如下原则进行取点。

(1) 有些房屋凹凸转折较多时，可只测定其主要转折角(大于两个)，取得有关长度，然后按其几何关系用推平行线法画出其轮廓线。

(2) 对于圆形建筑物可测定其中心并量其半径绘图，或在其外廓测定 3 点，然后用作图法定出圆心，绘出外廓。

(3) 公路在图上应按实测两侧边线绘出；大路或小路可只测其一侧的边线，另一侧按量得的路宽绘出。

(4) 道路转折点处的圆曲线边线应至少测定 3 点(起点、终点和中点)绘出。

(5) 围墙应实测其特征点，按半比例符号绘出其外围的实际位置。

在测图过程中，根据地物情况和仪器状况选择不同的测绘方法，如极坐标法、方向交会法、距离交会法或直角坐标法。对于已测定的地物特征点应连接起来的要随测随连，以便将图上测得的地物与地面上的实体对照。这样，测图时如有错误或遗漏就可以及时发现，给予修正或补测。

2. 地貌勾绘

在测出地貌特征点后，即开始勾绘等高线。勾绘等高线时，用铅笔轻轻描绘出山脊线、山谷线等地性线。由于等高距都是整米数或半米数，因此基本等高线通过的地面高程也都是整米数或半米数。由于所测地貌特征点大多数不会正好就在等高线上，因此必须在相邻地貌特征点之间，先用内插法定出基本等高线的通过点，再将相邻各同高程的点参照实际地貌用光滑曲线进行连接，即勾绘出等高线。不能用等高线表示的地貌，如悬崖、峭壁、土堆、冲沟、雨裂等，而应按规定的图示符号表示。对于不同的比例尺和不同的地形，基本等高距也不同。

等高线的内插如图 11.13(a)所示，等高线的勾绘如图 11.13(b)所示。等高线一般应在现场边测图边勾绘，要运用等高线的特性，至少应勾绘出计曲线，以控制等高线的走向，便于与实地地形相对照，这样可以当场发现错误和遗漏，并能及时纠正。

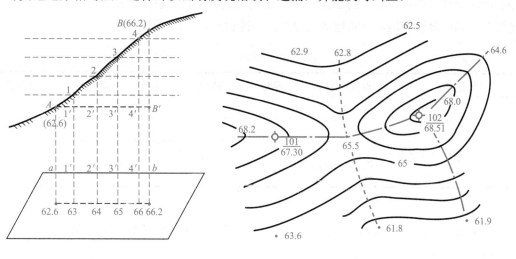

（a）等高线的内插　　　　　　　　　　　（b）等高线的勾绘

图 11.13 等高线的内插与勾绘

11.2.6 地形图的拼接与整饰

1. 地形图的拼接

测区面积较大时，整个测区必须划分为若干幅图施测。这样，在相邻图幅连接处，由于测量误差和绘图误差的影响，无论是地物轮廓线还是等高线，往往不能完全吻合。如图 11.14 所示，几幅拼接图相邻边的衔接情况，房屋、道路、等高线都有误差。拼接不透明的图纸时，用宽约 5cm 的透明图纸蒙在左图幅的图边上，用铅笔把坐标格网线、地物、地貌勾绘在透明纸上，然后再把透明纸按坐标格网线位置蒙在右图幅衔接边上，同样用铅笔勾绘地物和地貌。

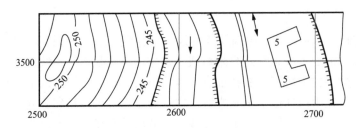

图 11.14　地形图的拼接

同一地物和等高线在两幅图上的不重合量就是接边误差。当用聚酯薄膜图纸时，不必勾绘图边，利用其自身的透明性，可将相邻两幅图的坐标格网线重叠，就可量化地物和等高线的接边误差。若地物、等高线的接边误差不超过表 11-8 中规定的地物特征点点位中误差和地貌特征点高程中误差的 $2\sqrt{2}$ 倍时，则可取其平均位置进行改正。若接边误差超过规定限差，则应分析原因，到实地测量检查，以便得到纠正。

表 11-8　地物特征点点位中误差和地貌特征点高程中误差

地区类别	点位中误差	平地	丘陵地	山地	高山地	铺装地面
山地、高山地	图上 0.8mm	高程注记点的高程中误差				
		$h/3$	$h/2$	$2h/3$	h	0.15m
城镇建筑区、工矿建筑区、平地、丘陵地	图上 0.6mm	等高线插求点的高程中误差				
		$h/2$	$2h/3$	h	h	—

2. 地形图的整饰

地形图经过上述拼接和检查后，还应清绘和整饰，使图面更加合理、清晰、美观。整饰的次序是先图内后图外，图内应先注记后符号，先地物后地貌，并按规定的图式进行整饰。图廓外应按图式要求书写，还应至少要写出图名、图号、比例尺、坐标系统和高程系统、施测单位和日期等。如为地方独立坐标，还应画出正北方向。

11.2.7 地形图的检查与验收

1. 检查

为了确保地形图的质量，除施测过程中加强检查外，在地形图测完后，必须对成图质量进行全面检查。

1) 内业检查

内业检查的内容有：图上地物、地貌是否清晰易读；各种符号注记是否正确；等高线与地貌特征点的高程是否相符，有无矛盾可疑之处；图边拼接有无问题等。如发现错误或疑问，应到野外进行实地检查解决。

2) 外业检查

(1) 巡视检查。检查时就带图沿预定的线路巡视。将原图上的地物、地貌和相应实地进行对照，查看图上有无遗漏，名称注记是否与实地一致等。这是检查原图的主要方法。一般应在整个测区范围内进行。特别是应对接边时所遗漏的问题和内业检查时发现的问题做重点检查。发现问题后应当场解决，否则应设站检查纠正。

(2) 仪器检查。对于内业检查和外业巡视检查中发现的错误、遗漏和疑点，应用仪器进行补测与检查，并进行必要的修改。仪器设站检查量一般为 10%。把测图仪器重新安置在图根控制点上，对一些主要地物和地貌进行重测。如发现点位误差超限，应按正确的观测结果修正。

2. 验收

验收是在委托人检查的基础上进行的，以鉴定各项成果是否合乎规范及有关技术指标的要求(或合同要求)。首先检查成果资料是否齐全，其次在全部成果中抽出一部分做全面的内业、外业检查，最后对其余成果进行一般性检查，以便对全部成果质量做出正确的评价。对成果质量的评价一般分优、良、合格和不合格 4 级。对于不合格的成果成图，应按照双方合同约定进行处理，或返工重测，或经济赔偿，或既经济赔偿又返工重测。

11.2.8 上交成果

测图全部工作结束后应提交下列资料。

(1) 图根点展点图、水准路线图、埋石点点之记、测有坐标的碎部点位置图、观测与计算手簿、成果表。

(2) 地形原图、图历簿、接合表、按板测图的接边纸。

(3) 技术设计书、质量检查验收报告及精度统计表、技术总结等。

11.3 数字化测图方法简介

数字化测图可概括为：利用全站仪、GNSS 或其他测量仪器进行野外数字化测图；利用手扶数字化仪或扫描数字化仪对纸质地形图进行数字化;利用航测、遥感图像进行数字化测图等技术。前者是外业数据采集,后两者主要是内业数据采集。利用这些技术将采集到的地形数据传输到计算机,由数字成图软件进行数据采集,经过编制、图形处理,生成数字地形图。

数字化测图使地形图测绘实现了数字化、自动化,改变了传统的手工作业模式。传统测图方式主要是手工绘图,外业测量人工记录,人工绘制地形图,为用图者提供晒蓝图纸。数字化测图则可以实现野外测量自动记录、自动计算处理、自动成图、自动绘图,并向用图者提供可处理的数字地图,实现了测图过程的自动化。数字化测图具有效率高,劳动强度小,错误(读错、记错、展错)概率小,绘得的地形图精确、美观、规范等特点。地面数字化测图的外业工作和白纸测图工作相比,具有以下特点。

1. 测图工作实现自动化和智能化

白纸测图在外业基本完成地形原图的绘制,地形测图的主要成果是以一定比例尺绘制在图纸或薄膜上的地形图,地形图的质量除点位精度外,往往还与地形图的手工绘制有关。地面数字化测图在野外完成观测,记录观测值是点的坐标和信息码,不需要手工绘制地形图,这使地形测量的自动化程度得到明显的提高。另外,白纸测图是以图板,即一幅图为单元组织施测,这种规则地划分测图单元的方法往往给图边测图造成困难。地面数字化测图在测区内部不受图幅的限制,作业小组的任务可按照河流、道路的自然分界来划分,以便于地形测图的施测,也减少了很多白纸测图的接边问题。

2. 测图的精度高

白纸测图先完成图根加密,按坐标将控制点和图根点展绘在图纸上,然后进行地形测图。地面数字化测图工作的地形测图和图根加密可同时进行,即使在记录观测点坐标的情况下也可在未知坐标的测站点上设站,利用电子手簿测站点的坐标计算功能,观测计算测站点的坐标后,即可进行碎部测量。例如,采用自由设站方法,通过对几个已知点进行方向和距离的观测,即可计算测站点的精确坐标。

3. 工作强度小

白纸测图作业时,地形图必须在野外绘制,工作效率低下,费时费力。而地面数字化测图主要采用极坐标法测量碎部点,根据红外测距仪的观测精度,在几百米距离范围内误差均在1cm左右,因此在通视良好、定向边较长的情况下,碎部点到测站点的距离可以放长,从而减少了迁站的工作量。此外,地面数字化测图使用的全站仪或者电子记录手簿可省却记录工作,快捷、方便、准确。

4. 数字化程度高

在地面数字化测图过程中,不受平板仪测量中某些传统观念的约束。例如,坐标格网在白纸测图时是一切点位的基础,而在数字化测图中,任何点位都是与坐标格网无关的,可以根本不展绘坐标格网,展绘了也只是一般的符号,仅供使用者使用。又如测定碎部点时,有些方法(如对称点法和导线法)在白纸测图时是不能引用的,但在数字化测图中却可广泛使用而提高工作效率。另外,由于数字化测图系统中提供了很强的图形编辑功能,在测绘一些规划规则的建筑小区时,虽然多栋房屋采用了同一设计图纸,在白纸测图时也需要逐栋详细测绘,而利用数字化测图时,只需详细测绘其中一栋房屋,其他房屋只需精确测定 1~2 个定位点，在编辑成图时将详细测绘的房屋拷贝到各栋房屋的定位点上即可。

此外，数字化测图的最终成果以数字形式存储于计算机中，因此还具有便于用户进行成果的进一步加工，易于保存和管理，方便用户进行远程传输等优点。但在费用方面，数字化测图比起传统白纸测图高得多，对仪器设备的配置、测绘人员操作测绘仪器和计算机方面的能力提出了更高的要求。有关用全站仪和 GPS 进行数字化测图的基本思想和作业模式等方面的内容详见《建筑工程测量实验与实习指导(第四版)》。

11.4   地形图的应用

地形图的一个突出特点是具有可量性和可定向性。设计人员可以在地形图上对地物、地貌作定量分析。如可以确定图上某点的平面坐标及高程；确定图上两点间的距离和方位；确定图上某部分的面积、体积；了解地面的坡度、坡向；绘制某方向线上的断面图；确定汇水区域和场地平整填挖边界等。

地形图的另一个特点是综合性和易读性。地形图提供的信息内容非常丰富，如居民地、交通网、境界线等各种社会经济要素，以及水系、地貌、土壤和植被等自然地理要素，还有控制点、坐标格网、比例尺等数字要素，此外还有文字、数字和符号等各种注记，尤其是大比例尺地形图更是建筑工程规划、设计、施工和竣工管理等不可缺少的重要资料。因此，正确地识读和应用地形图是建筑工程技术人员必须具备的基本技能。

11.4.1   地形图的识读与基本应用

1. 识读

地形图的识读是正确应用地形图的基础，这就要求能将地形图上的每一种注记、符号的含义准确地判读出来。地形图的识读可按先图外后图内、先地物后地貌、先主要后次要、先注记后符号的基本顺序逐一阅读。

1) 图外注记识读

读图时，先了解所读图幅的图名、图号、接合图表、比例尺、坐标系统、高程系统、等高距、测图时间、测图类别、图式版本等内容，然后进行地形图内地物和地貌的识读。

2) 地物识读

根据地物符号和有关注记，了解地物的分布和地物的位置。因此，熟悉地物符号是提高识图能力的关键。

3) 地貌识读

根据等高线判读出山头、洼地、山脊、山谷、山坡、鞍部等基本地貌，并根据特定的图式符号判读出雨裂、冲沟、峭壁、悬崖、崩坍、陡坎等特殊地貌。同时根据等高线的密集程度来分析地面坡度的变化情况。在地形图上，除读出各种地物和地貌外，还应根据图上配置的各种植被符号或注记说明，了解植被的分布、类别特征、面积大小等。按以上读图的基本程序和方法，可对一幅地形图获得较全面的了解，以达到真正读懂地形图的目的，为用图打下良好的基础。

2. 基本应用

1) 求点的坐标

欲确定地形图上某点的坐标，可根据格网坐标用图解法求得。

如图 11.15 所示，欲求图上 A 点的坐标，首先找出 A 点所处的小方格，并用直线连成小正方形 $abcd$，其西南角 a 点的坐标为 x_a、y_a，再量取 ap 和 an 的长度，即可获得 A 点的坐标为

$$\begin{cases} x_A = x_a + apM \\ y_A = y_a + anM \end{cases} \tag{11-4}$$

式中，M——地形图比例尺分母。

为了提高坐标量算的精度，必须考虑图纸伸缩的影响，可按式(11-5)计算 A 点的坐标。

$$\begin{cases} x_A = x_a + \dfrac{10}{ad}apM \\ y_A = y_a + \dfrac{10}{ab}anM \end{cases} \tag{11-5}$$

式中，ap、an、ab、ad——图上量取的长度(mm)，量至 0.1mm。

图解法求得的坐标精度受图解精度的限制，一般认为，图解精度为图上 0.1mm，则图解坐标精度不会高于 $0.1M$(单位为 mm)。

2) 求两点间的水平距离

如图 11.15 所示，欲确定 A、B 两点间的距离，可用以下两种方法。

(1) 图解法。用直尺直接量取 A、B 两点间的图上长度 d_{AB}，再根据比例尺计算两点间的距离 D_{AB}。其计算公式为

$$D_{AB} = d_{AB}M \tag{11-6}$$

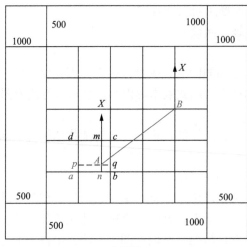

图 11.15　求点的坐标

也可以用卡规在图上直接卡出线段长度，再与图示比例尺比量，得出图上两点间的水平距离。

(2) 解析法。利用图上两点的坐标计算出两点间的距离。这种方法能消除图纸变形的影响，提高距离精度。先按式(11-5)求出 A、B 两点的坐标值(x_A, y_A)和(x_B, y_B)，然后按式(11-7)计算出两点间的距离。

$$D_{AB} = \sqrt{(x_B - x_A)^2 + (y_B - y_A)^2} = \sqrt{\Delta x_{AB}^2 + \Delta y_{AB}^2} \tag{11-7}$$

若图解坐标的求得考虑了图纸伸缩变形的影响，则解析法求距离的精度高于图解法的精度。当图纸上绘有图示比例尺时，一般用图解法量取两点间的距离，这样既方便，又能保证精度。

3) 求直线的坐标方位角

在图 11.16 中，欲确定直线 AB 的坐标方位角，可用以下两种方法。

(1) 图解法。过 A、B 两点分别作坐标纵轴的平行线，然后用测量专用量角器量出α_{AB}和α_{BA}，取其平均值作为最后结果，即

$$\bar{\alpha}_{AB} = \frac{1}{2}\left[\alpha_{AB} + \left(\alpha_{BA} \pm 180°\right)\right] \tag{11-8}$$

此法受量角器最小分划的限制，精度不高。当精度要求较高时，可用解析法。

(2) 解析法。先求出 A、B 两点的坐标，然后按式(11-9)计算直线 AB 的方位角α_{AB}。

$$\alpha_{AB} = \arctan\frac{\Delta y_{AB}}{\Delta x_{AB}} = \arctan\frac{y_B - y_A}{x_B - x_A} \tag{11-9}$$

由于坐标量算的精度比角度量测的精度高，因此，解析法所获得的方位角比图解法可靠。

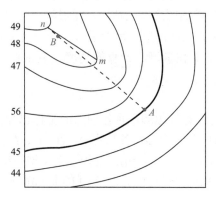

图 11.16　求点的高程

4) 求点的高程

如果所求点正好处在等高线上，则此点的高程即为该等高线的高程。如图 11.16 所示，A 点的高程 $H_A = 45$m。若所求点不在等高线上，则应根据比例内插法确定该点的高程。在图 11.16 中，欲求 B 点的高程，首先过 B 点作相邻两条等高线的近似公垂线，与等高线相交于 m、n 两点，然后在图上量取 mn 和 mB，按式(11-10)计算 B 点的高程。

$$H_B = H_m + \frac{mB}{mn}h \tag{11-10}$$

式中，h——等高距(m)；

H_m——m 点的高程(m)。

例如，用直尺量得 $mB = 6.3$mm，$mn = 9.0$mm，则有

$$H_B = 48\text{m} + \frac{6.3\text{mm}}{9.0\text{mm}} \times 1.0\text{m} = 48.7\text{m}$$

当精度要求不高时，也可用目估内插法确定待求点的高程。

5) 求两点间的坡度

设图 11.16 上直线两端点间的高差为 h，两点间的距离为 D，则地面上该直线的平均坡度为

$$i = \frac{h}{D} = \frac{h}{dM} \tag{11-11}$$

坡度 i 通常用百分率(%)或千分率(‰)表示。

例如，图 11.16 中 $h_{AB} = 48.7 - 45 = 3.7$m，若 $D_{AB} = 100$m，则 $i = 3.7\%$。

如果直线两端位于相邻两条等高线上，则所求的坡度与实地坡度相符。如果直线跨越多条等高线，且相邻等高线之间的平距不等，则所求的坡度是两点间的平均坡度，与实地坡度不完全一致。

11.4.2　量算图形面积

1. 几何图形法

几何图形法是利用分规和比例尺在地形图上量取图形的各几何要素(一般为线段长度)，通过公式计算面积。常用的图形有三角形、梯形和矩形等简单几何图形。对于较为复杂的图形可将其划分成简单的几何图形，用上述方法求出各简单几何图形的面积再相加，如图 11.17 所示。为了保证面积量测、计算的精度，要求在图上量测线段长度时精确到 0.1mm。

2. 坐标计算法

如果欲求面积的图形为任意多边形，且各顶点的坐标已知，则可根据公式计算面积。如图 11.18 所示，$ABCD$ 为任意四边形，各顶点 A、B、C、D 的坐标按顺时针方向编号，分别为 (x_1, y_1)、(x_2, y_2)、(x_3, y_3)、(x_4, y_4)，各顶点向 x 轴投影得 A'、B'、C'、D' 四点，则四边形 $ABCD$ 的面积等于 $D'DCC'$ 的面积加 $D'DAA'$ 的面积减去 $B'BCC'$ 和 $B'BAA'$ 的面积。四边形 $ABCD$ 的面积为

$$S = \frac{1}{2}[(y_3+y_4)(x_3-x_4)] + \frac{1}{2}[(y_4+y_1)(x_4-x_1)] - \frac{1}{2}[(y_3+y_2)(x_3-x_2)] - \frac{1}{2}[(y_2+y_1)(x_2-x_1)]$$

$$= \frac{1}{2}[x_1(y_2-y_4) + x_2(y_3-y_1) + x_3(y_4-y_2) + x_4(y_1-y_3)]$$

若图形有 n 个顶点，则上式可推广为

$$S = \frac{1}{2}[x_1(y_2-y_n) + x_2(y_3-y_1) + \cdots + x_n(y_1-y_{n-1})]$$

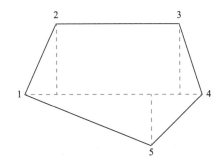

图 11.17　几何图形法求面积

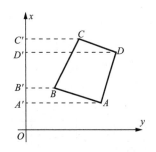

图 11.18　坐标计算法求面积

即

$$S = \frac{1}{2}\sum_{i=1}^{n} x_i \left(y_{i+1} - y_{i-1} \right) \tag{11-12}$$

若将各顶点投影于 y 轴，同理可推出

$$S = \frac{1}{2}\sum_{i=1}^{n} y_i \left(x_{i-1} - x_{i+1} \right) \tag{11-13}$$

特别提示

在式(11-12)和式(11-13)中，当 $i=1$ 时，$i-1$ 取 n 值，当 $i=n$ 时，$i+1$ 取 1。

式(11-12)和式(11-13)为坐标计算法求面积的通用公式。如果多边形顶点按顺时针方向编号，面积值为正号，反之则为负号，但最终取值为正。

3. 模片法

模片法是利用聚酯薄膜、玻璃、透明胶片等制成的模片，在模片上建立一组有单位面积的方格、平行线等，然后用这种模片去覆盖待测算面积的图形，从而求得相应的图上面积值，再根据地形图的比例尺计算出所测图形的实地面积。模片法具有量算工具简单，方法容易掌握，又能保证一定的精度等特点。因此，在图解面积测算中是一种常用的方法。

1) 方格法

如图 11.19 所示，在透明模片上绘制边长为 1mm 的正方形格网，把它覆盖在待测算面积的图形上，数出图形内的整方格数和图形边缘的零散方格个数。对零散方格采用目估凑整，通常每两个凑成一个，则所测算图形的面积为

$$S = \left(n_{整} + \frac{1}{2} n_{零} \right) a^2 M^2 \tag{11-14}$$

式中，S——图形面积(m^2)；

$\qquad n_{整}$——整方格个数；

$\qquad n_{零}$——零散方格个数；

$\qquad a$——方格边长(m)；

$\qquad M$——比例尺分母。

2) 平行线法

如图 11.20 所示，在透明模片上绘有间距为 2～5mm 的平行线(同一模片上间距相同)，把它覆盖在待测算面积的图形上，并转动模片使平行线与图形的上、下边线相切。此时，相邻两平行线之间所截的部分为若干个等高的近似梯形。量出各梯形的底边长度 l_1，l_2，$\cdots$，l_n，则各梯形的面积分别为

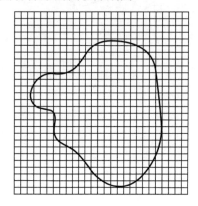

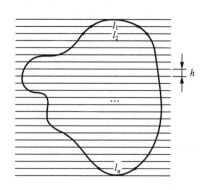

图 11.19　方格法求面积　　　　　　图 11.20　平行线法求面积

$$S_1 = \frac{1}{2}(0+l_1)hM^2$$

$$S_2 = \frac{1}{2}(l_1+l_2)hM^2$$

$$\vdots$$

$$S_{n+1} = \frac{1}{2}(l_n+0)hM^2$$

则图形的总面积为

$$S = S_1+S_2+\cdots+S_{n+1} = (l_1+l_2+\cdots+l_n)hM^2 \tag{11-15}$$

式中，S——图形面积(m^2)；

l_1，l_2，$\cdots$，l_n——梯形底边长度(m)；

h——平行线间距(m)；

M——比例尺分母。

3) 求积仪法

求积仪是一种专门用于在图纸上量算图形面积的仪器，适用于各种图形。

图 11.21 是日本 KOIZUMI 公司生产的 KP-90N 电子求积仪，仪器是在机械装置动极、动极轴、跟踪臂(相当于机械求积仪的描迹臂)等的基础上增加了电子脉冲记数设备和微处理器，能自动显示测量的面积，具有面积分块测定后相加、相减和多次测定取平均值、面积单位换算、比例尺设定等功能。面积测量的相对误差为 2/1000。

有关电子求积仪的具体操作方法和其他功能可参阅使用说明书。

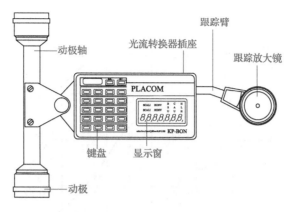

图 11.21　KP-90N 电子求积仪

11.4.3　场地平整时的土方量计算

方格网土方
计算

建筑工程施工必不可少的前期工作之一是场地平整，即按照设计的要求事先将施工场地的原始地貌整治成水平或倾斜的平面。如图 11.22 所示，需将地形图范围内的原始地貌整治成水平场地，按挖方和填方基本相等的原则设计，其步骤如下所示。

1. 确定图上网格角点的高程

在图上绘制方格网，网格的边长一般取实地 20m(在 1∶1000 地形图上为 2cm)为宜。然后根据等高线逐一确定每个方格角点的高程，注于各方格角顶的右上方(单位为 m)。

2. 计算设计高程

设计高程又称零线高程，即场地平整后的高程。为了满足挖方和填方基本相等的原则，设计高程实际上就是场地原始地貌的平均高程。

随后，在地形图上插绘出该设计高程的等高线，称为零线，即挖、填土方的分界线(图 11.22 中，虚线即为零线，其高程为算得的设计高程 26.78m)。

3. 计算挖深和填高

将每个方格角点的原有高程减去设计高程，即得该角点的挖深(差值为正)，或填高(差值为负)，注于图上相应角点的右下方(单位为 m)。

4. 计算土方量

计算土方量有两种方法。一种是分别取每个方格角点挖深或填高的平均值与每个方格内需要挖方或填方的实地面积相乘，即得该方格的挖方量或填方量；分别取所有方格挖方量与填方量之和，即得场地平整的总土方量。另一种是在图上分别量算零线及各条等高线与场地格网边界线所围成的面积(如果零线或等高线在图内闭合，则量算各闭合线所围成的面积)，根据零线与相邻等高线的高差，及各相邻等高线之间的等高距，分层计算零线与相邻等高线之间的体积及各相邻等高线之间的体积，即可通过累加，分别计算出总的填方量和挖方量。

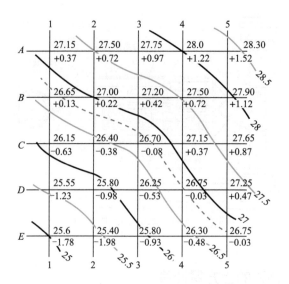

图 11.22　平整水平场地设计示意图

　城市用地的地形分析

1. 按限制坡度选择最短路线

在山区或丘陵地区进行管线或道路工程设计时，均有指定的坡度要求。在地形图上选线时，先按规定坡度找出一条最短路线，然后综合考虑其他因素，获得最佳设计路线。

如图 11.23 所示，欲在 A、B 两点间选定一条坡度不超过限制坡度 i 的线路，设图上等高距为 h，地形图的比例尺为 $1:M$，由式(11-16)可得线路通过相邻两条等高线的最短距离 d 为

$$d = \frac{h}{i_{限} M} \tag{11-16}$$

在图上选线时，以 A 点为圆心，以 d 为半径画弧，交 155m 等高线于 1、1′，再分别以 1、1′两点为圆心，以 d 为半径画弧，交 160m 等高线于 2、2′两点，依次类推直至 B 点。将这些相邻的交点依次连接起来，便可获得两条等坡度线 $A-1-2\cdots B$ 和 $A-1'-2'\cdots B$，最后通过实地调查比较，从中选定一条最合理的路线。

在作图过程中，如果出现半径小于相邻等高线平距的情况，即圆弧与等高线不能相交，说明该处的坡度小于指定坡度，此时，路线可按最短距离定线。

2. 绘制地形断面图

在道路、管线等线路工程设计中，为了合理地确定线路的纵坡，或在场地平整中进行填、挖土方量的概算，或为布设测量控制网进行图上选点，以及判断通视情况等，均需详细了解沿线方向的坡度变化情况。因此，要根据地形图并按一定比例绘制能反映某一方向地面起伏状况的断面图。

如图 11.24 所示，若要绘制 AB 方向的断面图，具体步骤如下所示。

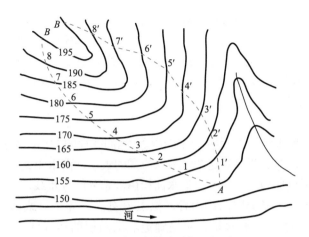

图 11.23　按限制坡度选择最短路线

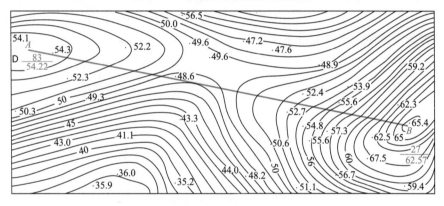

图 11.24　山顶上的 **A**、**B** 两点

(1) 在图纸上绘制一直角坐标，横轴表示水平距离，纵轴表示高程。水平距离的比例尺与地形图的比例尺一致。为了明显地反映地面的起伏情况，高程比例尺一般为水平距离比例尺的 10～20 倍，如图 11.25 所示。

(2) 在纵轴上标注高程，在横轴上适当位置标出 **A** 点。将直线 **AB** 与各等高线的交点，按其与 **A** 点之间的距离转绘在横轴上。

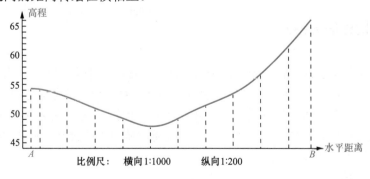

图 11.25　**AB** 方向的断面图

(3) 根据横轴上各点相应的地面高程，在坐标系中标出相应的点位。

(4) 把相邻的点用光滑的曲线连接起来，便得到地面直线 AB 的断面图，如图 11.25 所示。若要判断地面上两点是否通视，只需在这两点的断面图上用直线连接两点，如果直线与断面线不相交，说明两点通视，否则，两点之间视线受阻。在图 11.25 中，A、B 两点互相通视。这类问题的研究，对于架空索道、输电线路、水文观测、测量控制网布设、军事指挥及军事设施的兴建等都有很重要的意义。

3. 确定汇水区域

在修筑桥涵或水库大坝等工程中，确定桥梁、涵洞孔径的大小，大坝的设计位置、高度，水库的库容量大小等，都需要了解这个区域水流量的大小，而水流量是根据汇水面积来计算的。汇集水流量的面积称为汇水面积。汇水面积由一系列的分水线连接而成。

如图 11.26 所示，一条公路跨越山谷，拟在 P 处架一座桥梁或修一个涵洞，此时必须了解此处的汇水量。欲确定汇水量，应先确定汇水面积的边界线，以确定汇水区域。在图 11.26 中，由山脊线 B、C、D、E、F、G、H、I 与公路上的 AB 所围成的闭合图形的面积即为这个山谷的汇水面积。利用中面积计算的方法求得汇水面积的大小，再结合气象水文资料，可确定流经公路 P 处的水流量。

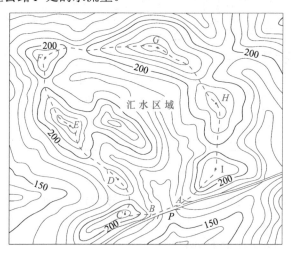

图 11.26　确定汇水区域

11.4.5　地理信息系统

地理信息系统(Geographic Information System，GIS)是一种特定的、十分重要的空间型信息系统，可定义为在计算机硬件、软件系统支持下，对整个或部分地球表层(包括大气层)空间中的有关地理分布数据进行采集、存储、管理、计算、分析、显示和描述的技术系统。其目的是为土地利用、自然资源管理、环境、交通、城市市政设施以及其他管理内容的规划和管理等领域提供决策支持。

GIS 具有以下特征。

(1) GIS 的外壳是计算机化的技术系统，它由若干相互关联的子系统构成，如数据采集子系统、数据管理子系统、数据处理和分析子系统、图像处理子系统、数据产品输出子系统等。这些子系统功能的强弱直接影响在实际应用中对 GIS 软件和开发方法的选型。

(2) GIS 的操作对象是地理空间数据，即由点、线、面这 3 类基本要素组成的地理实体。空间数据的最根本特点是每一个数据都按照统一的地理坐标进行编码，实现对其定位、定性和定量的描述。GIS 实现了空间数据的空间位置、属性和时态 3 种基本要素的统一。

(3) GIS 的技术优势在于它的数据综合、模拟和空间分析评价能力可以得到常规方法或普通信息系统难以得到的重要信息，能实现地理空间过程的演化和预测。

(4) GIS 的成功应用更强调组织体系和人的因素的作用。这是由 GIS 的复杂性和学科交叉性所提出的。

GIS 是一种应用非常广泛的信息系统。它可广泛用于土地、城市、资源、环境、交通、水利、农业、林业、海洋、矿产、电力、电信等各种信息的监测与管理，还可以用于军事上建立数字化战场环境。然而要建立一个 GIS，在数据采集上花费的时间和精力在整个工作中占了很大的比例。GIS 要发挥辅助决策的功能，需要现势性强的地理信息资料。而本项目学习的数字化测图就是常规的现代地形图测绘技术，主要由全站仪、扫描仪、数字化仪或者其他测量仪器和数字测图纪录、处理软件组成，提供地形的地面实测信息，其现势性强，经过一定的格式转换，就可直接进入 GIS 数据库，并更新 GIS 的数据库。同时还可以利用数字地图生成电子地图和数字地面模型(DTM)，以数学描述和图像描述的数字地形表达方式实现对客观世界的三维描述。数字化测图技术和现代技术遥感(RS)、全球导航卫星系统(GNSS)、三维激光扫描技术一起构成了空间数据采集技术体系，是 GIS 数据采集和更新技术体系的主要内容。

本项目小结

本项目以大比例尺地形图为主，重点介绍地形图比例尺、地形图的分幅和编号方法、地形图上地物和地貌的表示方法、地形图上注记的内容、地形图图式等内容。

测图方法上以大比例尺地形图测绘为中心，着重讲述地形图测绘的全过程，几种目前常用的测图方法，经纬仪、光电测距仪的构造和使用，以及数字化测图的基本知识。

在地形图的应用上重点介绍地形图的识读和在工程建设中的应用。内容包括：地物、地貌的识读；应用地形图求某点的坐标和高程，求某直线的坐标方位角、长度和坡度；利用地形图量算图形面积、绘制断面图、选等坡度线、确定汇水面积，以及用地形图进行场地平整时的土方量计算。

习 题

一、填空题

1. 地图按所表示的内容可分为＿＿＿＿＿和＿＿＿＿＿。

2. 地形图上任意线段的长度 d 与它所代表的地面上实际水平距离之比称为_____。

3. 1:2000 比例尺地形图上 5cm 相对应的实地长度为_____m。

4. 等高线可分为_____、_____、_____和_____。

5. 经纬仪的安置包括_____和_____。

6. 若知道某地形图上线段 AB 的长度是 5.2cm，而该长度代表实地水平距离为 1040m，则该地形图的比例尺为_____，比例尺精度为_____。

7. 在同一幅图内，等高线密集表示_____，等高线稀疏表示_____，等高线平距相等表示_____。

8. 地形图应用的基本内容包括_____、_____、_____、_____和_____。

二、简答题

1. 什么是比例尺精度？它在测绘工作中有何作用？

2. 地物符号有几种？各有何特点？

3. 何谓等高线？在同一幅图上，等高距、等高线平距与地面坡度三者之间的关系如何？

4. 等高线有哪些基本特性？

5. 测图前有哪些准备工作？控制点展绘后，怎样检查其正确性？

6. 试述用经纬仪测绘法在一个测站上测绘地形图的工作步骤。

7. 为了确保地形图质量，应采取哪些主要措施？

8. 地物、地貌一般分为哪十大类？

9. 土石方估算有哪些方法？各适合于哪种场地？

三、应用题

根据图 11.27 所示各碎部点的点位和高程，试勾绘等高距为 1m 的等高线。图中点划线表示山脊线，虚线表示山谷线。

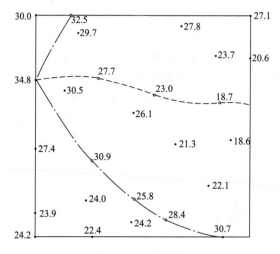

图 11.27 应用题图

参 考 文 献

本书编审委员会，2018. 测量放线工[M]. 北京：中国建筑工业出版社.

曹冲，2016. 北斗与 GNSS 系统技术概论[M]. 北京：电子工业出版社.

程效军，鲍峰，顾孝烈，2016. 测量学[M]. 5 版. 上海：同济大学出版社.

范国雄，2016. 数字测图技术[M]. 南京：东南大学出版社.

覃辉，马超，朱茂栋，2019. 南方 MSMT 道路桥梁隧道施工测量[M]. 上海：同济大学出版社.

谢爱萍，2021. 道路工程测量[M]. 武汉：武汉理工大学出版社.

张冠军，付恒友，周行泉，2018. 铁路隧道测量技术及应用[M]. 北京：中国铁道出版社.

赵长胜，孙小荣，周立，等，2020. GNSS 原理及其应用[M]. 2 版. 北京：测绘出版社.

周国树，陈振杰，章书寿，2021. 测量学教程[M]. 5 版. 北京：测绘出版社.

周文国，郝延锦，2019. 工程测量[M]. 3 版. 北京：测绘出版社.